AF671119

Andreas Hopf

Elektrische Festigkeit von SF_6 und alternativen Isoliergasen (Luft, CO_2, N_2, O_2 und C_3F_7CN-Gemisch) bis 2,6 MPa

Ilmenauer Beiträge zur elektrischen Energiesystem-, Geräte- und Anlagentechnik (IBEGA)

Herausgegeben von
Univ.-Prof. Dr.-Ing. Dirk Westermann
(Fachgebiet Elektrische Energieversorgung) und
Univ.-Prof. Dr.-Ing. Frank Berger
(Fachgebiet Elektrische Geräte und Anlagen)
an der Technischen Universität Ilmenau.

Band 27

Andreas Hopf

Elektrische Festigkeit von SF_6 und alternativen Isoliergasen (Luft, CO_2, N_2, O_2 und C_3F_7CN-Gemisch) bis 2,6 MPa

Universitätsverlag Ilmenau
2020

Impressum

Bibliografische Information der Deutschen Nationalbibliothek
Die Deutsche Nationalbibliothek verzeichnet diese Publikation in der Deutschen Nationalbibliografie; detaillierte bibliografische Angaben sind im Internet über http://dnb.d-nb.de abrufbar.

Diese Arbeit hat der Fakultät für Elektrotechnik und Informationstechnik der Technischen Universität Ilmenau als Dissertation vorgelegen.

Tag der Einreichung:	3. Dezember 2018
1. Gutachter/-in:	Univ.-Prof. Dr.-Ing. Frank Berger (Technische Universität Ilmenau)
2. Gutachter/-in:	Prof. Dr.-Ing. Michael Rossner (Hochschule Coburg)
3. Gutachter/-in:	Prof. Dr.-Ing. Andreas Küchler (Hochschule für angewandte Wissenschaften Würzburg-Schweinfurt)
Tag der Verteidigung:	12. Dezember 2019

Technische Universität Ilmenau/Universitätsbibliothek
Universitätsverlag Ilmenau
Postfach 10 05 65
98684 Ilmenau
http://www.tu-ilmenau.de/universitaetsverlag

ISSN 2194-2838
ISBN 978-3-86360-216-1 (Druckausgabe)
DOI 10.22032/dbt.41465
URN urn:nbn:de:gbv:ilm1-2019000615

Danksagung

Diese Arbeit entstand in einer Kooperation mit Trench GmbH Bamberg, der Technischen Universität Ilmenau und den Hochschulen Coburg und Schweinfurt von 2012 bis 2016.

Bei Herrn **Univ.-Prof. Dr.-Ing. Frank Berger** bedanke ich mich besonders für die intensive Unterstützung und Betreuung. Diese Arbeit lebte von den fachlichen Diskussionen und Fragestellungen. Die Doktorandenkolloquien an der Technischen Universität Ilmenau sind schöne Momente aus dieser Zeit.

Ein großer Dank geht an **Prof. Dr.-Ing. Michael Rossner** und dem Hochspannungslabor der Hochschule für angewandte Wissenschaften Coburg. Hervorzuheben sind besonders die ausgezeichnete fachliche Unterstützung, intensive Betreuung und die Nutzung des alten Hochspannungslabors. Hier wurde ein Großteil aller Durchschlagsmessungen getätigt, die vorliegende Arbeit wäre sonst nicht möglich gewesen.

Ein ganz besonderer Dank gilt Herrn **Prof. Dr.-Ing. Andreas Küchler** für die fachliche Unterstützung und für die Nutzung des Hochspannungslabors an der Hochschule Schweinfurt, dadurch waren Messungen mit sehr hohen Spannungen möglich.
Ebenso geht ein Dank an die Mitarbeiter der Trench GmbH, besonders an Herrn Dr. rer. nat. Udo Prucker für seine Betreuung und fachliche Unterstützung. Weiterhin geht ein Dank an die ehemaligen Kollegen von Trench M. Gaber, W. Knab, A. Schlögel, W. Deuerling, E. Göpfert, H. Andree, F. Neder, A. Nijhuis, S. Müller, S. Bähr, N. Oetztürk, F. Yilmaz, R. Beck, S. Hummel, R. Hennings, Dr. Judendorfer und Dr. Schuberth.
Ebenso bedanke ich mich bei den Weggefährten aus Ilmenau, Schweinfurt und Coburg M. Streck, J. Jebramcik, F. Nothnagel, F. Erhard, K. Fuchs, B. Brabu, Prof. Dr. M. Zink, Dr. F. Schober, F. Swobodnik, T. Blenk und T. Faber.
Ein freundlicher Gruß an die gewonnenen Freunde aus Russland Prof. Dr. A. Makarov, T. Shadrikov und T. Shadrikova.
Für die Unterstützung von Phenix Technologies USA bedanke ich mich bei Rudi F. Kremer, Daniel Kremer, Frank Vitéz und Jeffrey Britton.

... *„It ain't over til it's over.“* ...
Rocky Balboa (1976)

Ich bedanke mich bei den Menschen in meinem direkten Umfeld für das Verständnis der geringen gemeinsamen Zeit, danke Hartmut, Susanne, Markus und Lisann.

Diese Arbeit ist meinem Sohn Vincent und meinem Neffen Fynn gewidmet.

Kurzfassung zur Arbeit

Schwefelhexafluorid (SF_6) ist das derzeit weit verbreitetste Isoliergas der Hochspannungstechnik. Neben den hervorragenden Isoliereigenschaften besitzt SF_6 das höchste Treibhauspotential aller bekannten Gase. Die elektrische Festigkeit von Gasen ist von der Gasdichte abhängig und kann mit dem Druck signifikant gesteigert werden. SF_6 isoliert bei atmosphärischem Druck dreimal besser als Luft. Unter idealen Bedingungen kann die elektrische Festigkeit von Luft nahezu linear mit dem Druck gesteigert werden. Bei SF_6 hingegen wächst die elektrische Festigkeit degressiv mit dem Druck. Bei Drücken größer als 0,7 MPa steigt die elektrische Festigkeit von SF_6 vergleichbar wie die von Luft. Der Anstieg der Festigkeit mit dem Druck von SF_6 liegt bei 0,1 MPa bei 89 kV/MPa mm. Bei 0,7 MPa ist dieser Wert auf 20 kV/MPa mm gesunken. Luft hingegen zeigte hier nahezu einen konstanten Faktor von 28 ... 30 kV/MPa mm. Bei 0,1 MPa isoliert SF_6 (89 kV/cm) dreimal besser als Luft (30 kV/cm), bei 1,1 MPa isoliert SF_6 nur doppelt so gut wie Luft. Der Vorteil des höheren Isoliervermögens schwindet mit steigendem Druck. Aufgrund dieser Abhängigkeit der elektrischen Festigkeit bei hohen Drücken wurde die elektrische Festigkeit von unterschiedlichen Gasen (Luft, N_2, CO_2, O_2 und C_3F_7CN-Gemischen) im Vergleich zu SF_6 im Hochdruckbereich bis 2,6 MPa untersucht. Die elektrische Festigkeit wurde mit Hilfe von definierten gasisolierten Elektrodenanordnungen bei unterschiedlichen Elektrodenparametern, Feldanordnungen, Gasdrücken und unterschiedlichen Gasen untersucht. Bei hohem Druck bzw. hoher Feldstärke mindern zusätzliche Einflüsse die elektrische Festigkeit von Gasen. Diese festigkeitsmindernden Einflüsse verstärken sich mit zunehmender Feldstärke. Es lassen sich drei elementare Einflussgrößen klassifizieren: Volumen-, Oberflächen-, und Zeiteffekt.

Der Volumeneffekt ist ein reiner Effekt im Gasraum und dieser ist von Feldstärke und Raumladungen abhängig. Diese Effekte wurden mit einer Variation aus Schlagweiten und Druck in stark, schwach und quasi-homogener Feldanordnung untersucht. Der Oberflächeneffekt beschreibt den Übergang vom Elektrodenmaterial in den Gasraum, hierbei spielt die Feldstärke, das Elektrodenmaterial und die Oberflächenbeschaffenheit eine signifikante Rolle. Der Zeiteffekt beinhaltete den Einfluss der Zeit, in der es oberhalb der statischen Durchschlagspannung noch zu keinem Durchschlag kommt. Die Verwendung einer Wechsel-, Gleich- und Blitzstoßspannung ermöglicht einen Einblick in die Zeitabhängigkeit. Diese drei Effekte definieren sogleich die Randbedingungen dieser Arbeit. Die untersuchten Gase sind: Trockene, natürliche und synthetische Luft, O_2, N_2, O_2-N_2-Gemische, CO_2, SF_6-N_2-Gemische, SF_6 und das aktuell umworbene C_3F_7CN-Molekül. Die elektrische Festigkeit der Isoliergase wurde im quasi-homogenen, schwach und stark inhomogenen elektrischen Feld untersucht. Definierte Elektrodenanordnungen ermöglichen den Vergleich der elektrischen Festigkeit der untersuchten Gase bei verschiedenen Spannungsformen. Daraus konnten Aussagen über die Anwendbarkeit der Paschen-Parameter auch im Hochdruck abgeleitet werden. Aussagen über das Entstehen einer Entladungslawine konnten mit Messung des Vorentladestroms präzisiert werden. Darüber hinaus ist es mit den Messergebnissen möglich das degressive Wachstum der elektrischen Festigkeit von SF_6 in Abhängigkeit des Druckes und das lineare Isolationsverhalten von Luft, N_2 und CO_2 besser zu erklären. Die elektrische Festigkeit wurde im Bereich von 30 kV/cm bis 750 kV/cm untersucht, Spannungen bis 200 kV_{AC}, 320 kV_{DC} und 750 kV_{BIL} wurden dabei verwendet. Als Ergebnis dieser Arbeit kann die elektrische Festigkeit bzw. die Durchschlagspannung von allen untersuchten Gasen in Abhängigkeit von Druck, Schlagweite, Oberflächenrauheit und Elektrodengeometrie für schwach inhomogene Anordnungen berechnet werden. Aus dieser Arbeit leistet einen theoretischen und praktischen Beitrag zur Dimensionierung von Gas isolierten Systemen.

Abstract

Sulphur hexafluoride (SF_6) is the most common insulation gas in high voltage technology. Besides the excellent insulation properties SF_6 has the most known global warming potential. The dielectric strength of gases depends on the gas density and can be significant increased by pressure. SF_6 at atmospheric pressure insulates three times better compared to air Under ideal condition the dielectric strength of air can increased nearly linear by pressure. The dielectric strength of SF_6 increases degressive with the pressure. At pressures above p $>$ 0.8 MPa the dielectric strength of SF_6 only increases slightly with the pressure. Because of this characteristic at a pressure of 1.1 MPa SF_6 reaches only twice of the dielectric strength of air. In order to this the dielectric strength of different gases up to 2.6 MPa is investigated. At high pressure respectively at high electric field strength influences occur which degrade the dielectric strength, which also increase with pressure. Three fundamental influences can be named, volume, surface and time effect. The volume effect is only an effect in the gas volume and it depends on the electric strength, number of gas molecules and space charges and it's investigated with a variation of sparking distance, pressure and electric field arrangement with the slightly, strong and quasi homogeneous field. The surface effect describes the transection from the surface material to the gas volume. Hereby the electric strength has the major influence due to the surface conditions. The time effect contains the influence of the voltage-time-curve. By applying the AC, DC and lightning impulse voltage it is possible to investigate the time effect. These three effects also define the boundary condition of this investigation. The dielectric strength is investigated with a gas insulated electrode arrangement with different electrode parameter, field arrangement and different gases. The investigated gases are natural and synthetic air, O_2, N_2, O_2-N_2-mixtures, CO_2, SF_6, SF_6-N_2-mixtures and the new perfluorocarbon C_3F_7CN-CO_2-mixture. The dielectric strength of this insulation gases are investigated in the quasi-, slightly- and strong inhomogeneous electric field. With this defined electrode arrangement it was possible to compare the dielectric strength of the gases. In order to the fundamental results of the breakdown measurement the applicability of the estimated Paschen-parameter could be used to 2.6 MPa. The comprehension of the formation of the discharge channel could be refined with the measurements of the pre-discharge current in the strong inhomogeneous electric field. With the results of this investigation it is possible to explain the non-linear behavior of the dielectric strength of SF_6 and the nearly linear characteristic at air, N_2 and CO_2 in dependency to the pressure. The electric strength was varied between 3 MV/m until 75 MV/m at voltages up to 320 kV_{DC} and 750 kV_{BIL}.

Inhaltsverzeichnis

Abbildungsverzeichnis

Tabellenverzeichnis

Abkürzungsverzeichnis

α .... Ionisierungskoeffizient 1/m
α_{eff} .... effektiver Ionisationskoeffizient 1/m
$\bar{\alpha}$ .... mittlerer, effektiver Ionisationskoeffizient 1/m
$\bar{E}_i$ .... äquivalente initiale Feldstärke V/m
$\bar{E}_{i,rel}$ .... relative initiale Feldstärke
β_{ray} .... β-Strahler
β_{Tnsd} .... 2. Ionisierung nach TOWNSEND
δ_0 .... Luftdichtekorrekturfaktor
δ_{ab} .... Ablösungskoeffizient von angelagerten SF_6 Elektronen
δ_w .... Weibullsteigung
$\dot{n}_{ab}$ .... Ablösungsrate von angelagerten Elektronen 1/s
η_S .... Ausnutzungsfaktor nach SCHWAIGER
η_{An} .... Anlagerungskoeffizient 1/m
η_{S_G} .... Grenzhomogenitätsgrad
$\frac{\Delta E}{p_{\eta An}}$ .... Festigkeitszuwachs aufgrund der Elektronenanlagerung
γ .... Rückwirkungskoeffizient
λ_i .... Ionisationsweglänge m
λ_m .... mittlere freie Weglänge m
λ_{m_g} .... mittlere freie Weglänge der Gasteilchen
λ_{m_i} .... mittlere freie Weglänge der Ionen
λ_{m_e} .... mittlere freie Weglänge der Elektronen
λ_{ph} .... Ionisationswellenlänge m
μ .... statistischer Mittelwert der Standardabweichung
π .... Kreiszahl 3,141592654
σ .... Standardabweichung
ε_0 .... elektrische Feldkonstante 8,85418 pF/m
φ .... Potential V
φ_A .... Austrittspotential
ϱ_E .... relativer Feldstärkeüberhöhungsfaktor ϱ_E aufgrund von Oberflächenrauheit
ϑ .... Temperatur °C
$\vec{F}$ .... Coulombkraft
C .... Kapazität F
u_{wahr} .... wahrscheinliche Unsicherheit
u_{worst} .... worst-case Unsicherheit
A .... Paschen Parameter 1/(MPa · mm)
a_s .... Wirkungsquerschnitt m^2

$a_{\eta An}$ .... exponentieller Koeffizient im Gemisch durch Anlagerung
a_{a_s} .... exponentieller Koeffizient im Gemisch der Stoßquerschnitt
a_{An} .... Anlagerungsquerschnitt m^2
a_{FE} .... Feldemissionsparameter
AC .... Alternative Current - (Synonym für Wechselspannung)
B .... Paschen Parameter kV/(MPa · mm)
b_e, b_{Ion} .... Ladungsträgerbeweglichkeit cm^2/Vs
BIL .... Basic Impulse Level - Blitzstoßspannung
C .... C_3F_7CN Konzentration
c_0 .... Lichtgeschwindigkeit $c_0 = 299792$ km/s
C_3F_7CN .... 2,3,3,3-Tetrafluoro-2-(trifluoromethyl)propannitril, 4710 NOVEC
CCl_2F_2 .... Difluorodichlormethan
CCl_4 .... Tetrachlormethan
CO_2 .... Kohlenstoffdioxid
CSF_8 .... Schwefel-pentafluoro(trifluoromethyl)
D .... Diffusionskoeffizient
d .... Schlagweite mm
d* .... äquivalente Homogen-Feld-Schlagweite, Schlagweite die zum Durchschlag führt, sobald Zündbedingung erfüllt ist
d_I .... Schlagweite der inhomogenen Feldanordnung
D_k .... Kugeldurchmesser m
d_{FE} .... Feldemissionsparameter
D_{var} .... druckabhängige Diffusionskonstante
DC .... Direct Current (Synonym für Gleichspannung)
E .... Elektrische Feldstärke kV/cm
E_0 .... Elektrische Grundfeldstärke kV/cm
E_a .... Anfangsfeldstärke V/m
E_e .... Elektronenenergie
E_i .... initiale Feldstärke V/m
E_{ab} .... Ablösefeldstärke kV/cm
E_{ph} .... photonische Ionisierungsenergie eV
E_{pot_e} .... potentielle Elektronenenergie eV
E_{St} .... Streamer Feldstärke kV/cm
EN-Wert .... Elektronegativitätswert auf der Paulinskala
F .... Kraft N
f .... Frequenz Hz
GFK .... Glasfaserverstärker Kunststoff
GIL .... Gas Insulated Line
GIS .... Gas Insulated Switchgear
h .... Plancksches Wirkungsquantum $6{,}626 \cdot 10^{-34}$ Js
h_{sp} .... Steigung des Hubgetriebes
J_{FE} .... Stromdichte der Feldemission
J_{Te} .... Stromdichte der Thermoemission
k_1 .... Ablösungskoeffizient $\frac{1}{cm^3 \mu s}$
k_2 .... Ablösungskoeffizient
k_B .... Boltzmann-Konstante $1{,}38065 \cdot 10^{-23}\ J/K$
k_N .... C_3F_7CN-Konzentration

k_{ab} .... Ablösungsratenkoeffizient
k_G .... Ionisationszahl nach Townsend
K_{SF_6} .... Ionisationssteigungskoeffizient für SF_6
k_{SF_6} .... SF_6-Konzentration
k_{St} .... Ionisationszahl nach Streamer
KERMA .... Kinetic Energy Released in Matter
LSD .... Least Significant Digit
m .... Masse kg
m_E .... Maßstabsfaktor zur Berechnung des absoluten Feldverlaufes E(x)
m_e .... Elektronenmasse 9,10938 $\cdot$ 10^{-31} kg
MPa .... Einheit des Druckes 10^6 N/m^2
MWB .... Messwandlerbau Bamberg
N_2 .... Stickstoffmolekül
n_B .... Teilchendichte m^{-3}
n_B .... Teilchendichte
N_e .... Anzahl der Elektronen
O_2 .... Sauerstoffmolekül
p .... Druck 1 MPa = 1 $\cdot$ 10^6 N/m^2 = 10 bar
p_{diff} .... Differenzdruck N/m^2
PFC .... Perfluorocarbons - Perfluorierte Kohlenwasserstoffe
ppm .... parts per million
ppt .... parts per trillion
q_e .... Elementarladung q_e = 1,602 $\cdot$ 10^{-19} As
R .... Widerstand Ω
r_0 .... Atomradius
r_e .... Elektroden-Elektron-Abstand
r_k .... Krümmungsradius der stärker gekrümmten Elektrode
r_s .... Streamerradius
r_{Ks} .... Radius der stärker gekrümmten Elektrode nach SCHWAIGER
R_{max} .... maximale Oberflächenrauheit
r_{S1} .... Stoßpartner 1
r_{S2} .... Stoßpartner 2
r_{St} .... Streamer-Kopf-Radius
rms .... Effektivwert root mean square
s .... Schlagweite
S_1 .... Stoßpartner 1
S_2 .... Stoßpartner 2
$S_{1,2}$ .... Stoßpartner 1,2
SF_6 .... Schwefelhexafluorid
SIL .... switching impulse level - Schaltstoßspannung
T_0 .... absoluter Nullpunkt ϑ_0 = −273,15 °C = 0 K
t_0 .... Zeit bis zum erreichen der Durchschlagspannung s
t_B .... Zusammenbruchszeit bzw. Funkenaufbauzeit s
t_d .... Verzugszeit bis zum Durchschlag s
t_s .... Zeit bis zum Auftreten eines Startelektrons s
T_{20} .... Raumtemperatur ϑ_{20} = 20 °C = 293,15 K
T_{Crest} .... Ansprechzeit zwischen Scheitelwert und Durchschlagszeit

tan δ .... dielektrischer Verlustfaktor
TEO .... Transformator Einphasig oelisoliert, MWB Baukasten
U_A .... Ablösespannung V
U_e .... Einsatzspannung V
U_I .... Ionisationsspannung V
$U_{d0\%}$ .... Spannungswert der 0%ige Durchschlagswahrscheinlichkeit nach Weibull
$U_{d63\%}$ .... Spannungswert der 63%ige Durchschlagswahrscheinlichkeit nach Weibull
U_{d_I} .... Durchschlagspannung des inhomogenen Feldes
$U_{d_{start}}$ .... Spannung Randbedingung FEM Simulation z.B. 100 kV
UVC .... Ultraviolettstrahlung Bereich C 280 - 100 nm
v .... Geschwindigkeit
v_m .... mittlere Teilchengeschwindigkeit m/s
v_w .... wahrscheinliche Teilchengeschwindigkeit m/s
v_{eff} .... effektive Teilchengeschwindigkeit m/s
VFT .... Very Fast Transients, sehr schnelle transiente Spannungen
W_A .... Ablösearbeit
W_A .... Austrittsarbeit eV
W_I .... Ionisationsenergie J, eV
x .... Wegstrecke, Weg

Kapitel 1

Einleitung und Motivation

In der Hochspannungstechnik findet die gekapselt gasisolierte Bauweise von Hochspannungsschaltanlagen (GIS) Verwendung. Seit der Entdeckung von Schwefelhexafluorid (SF_6) im Jahre 1901 durch Henri Moissan und Paul Lebeau [24], bis hin zur ersten gasisolierten Schaltanlage vergingen einige Jahrzehnte. Seit den späten 1960er Jahren wird SF_6 als das meist genutzte Isoliergas, vor allem in den gekapselten Mittel- und Hochspannungsanlagen, aber auch in Transformatoren und Kabeln verwendet. Ein Isolator ist ein Material, das ideal keinen elektrischen Strom leiten kann. Die elektrische Festigkeit ist ein Maß für die Fähigkeit elektrische Spannungen und elektrische Feldstärken zu widerstehen. Ist die elektrische Festigkeit überschritten, ist die Isolationsfähigkeit nicht weiter gewährleistet. Ein Durchschlag der Isolation erfolgt und ein hoher elektrischer Strom beginnt zu fließen. Ab einem Betriebsdruck von p = 0,5 MPa erreicht SF_6 eine vergleichbare elektrische Festigkeit wie die von Isolierölen, ohne die aufwendige Öl-Papier-Barriere-Anordnung, sowie Umwelt- und Brandrisiken. Feuchtigkeit von wenigen Millionstel Anteilen (ppm) im Isolierstoff mindert die elektrische Festigkeit von Isolatoren stark. Die Kunststoffisolation die hauptsächlich bei gasisolierten Systemen verwendet wird, ist leicht zu trocken. Durch den geringen Verlustfaktor von Gasen $\tan\delta << 10^{-4}$ [53, S. 287], der hohen Elektronenaffinität und des inerten Charakters, ist SF_6 ein hervorragendes Isolier- und Lichtbogen-Löschgas. Die geringe Baugröße bei Hoch- und Höchstspannungen von gasisolierten im Vergleich zu öl-isolierten Hochspannungsbetriebsmitteln ist das Hauptargument, neben geringer Brandlast und Explosionssicherheit. Alle diese Vorteile führten dazu, dass sich die GIS-Technologie weltweit neben der Ölisolation etablierte und immer öfter verwendet wird.

Neben den hervorragenden Isoliereigenschaften hat SF_6 aufgrund des symmetrischen Aufbaus, der Reaktionsträgheit und der Langzeitstabilität das höchste Treibhauspotential aller bekannten Gase (23900/1 CO_2-Äquivalent [8] auf 100 Jahre bezogen). Seit 1997 ist SF_6 im Kyoto-Protokoll und seit 2005 in Deutschland in der F-Gas-Verordnung gelistet, wodurch die Verwendung von SF_6 reguliert ist, [7]. Die SF_6 verarbeitende Industrie der Hoch- und Höchstspannungstechnik verpflichtete sich selbst Emissionen von SF_6 mit speziellen Maßnahmen zu unterbinden (garantierte Leckrate $<$ 0,5 % pro Jahr, SF_6-Monitoring, Gas-Dichtewächter und SF_6 - Rückgewinnung nach Ende der Lebensdauer). Neben der industriellen Verwendung in der Hochspannungstechnik wurde SF_6 in vielen weiteren Applikationen verwendet, z.B. Reifengas, Treibgas in Schaumstoffen und zur Wärmedämmung. Durch Maßnahmen und Aufklärung reduzierte sich die Emissionsrate um ca. 50 % von 1995 bis 2005. Seit 2005 stagniert die jährliche Emission in Deutschland von SF_6 bei ca. 140 t SF_6 ($<$ 3,3 Mio.t - CO_2 Äquivalent). Emissionen aus der Elektroindustrie werden weiter reduziert, aber dennoch

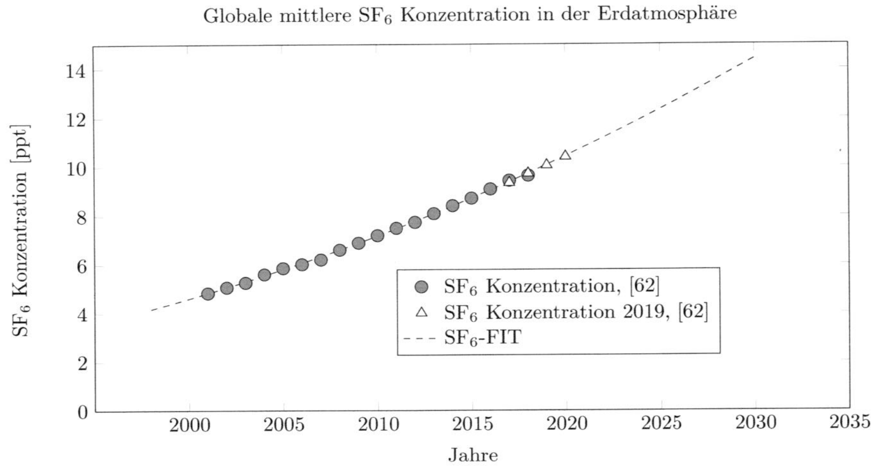

Abbildung 1.1: Globale SF_6 Konzentration in der Erdatmosphäre

steigt die globale-Gesamt-Emission in den letzten Jahren linear an, siehe Abb. 1.1. Wird der absolute SF_6-Anteil von 9,7 ppt in der Atmosphäre mit dem CO_2 - Anteil von 400 ppm verglichen, so beträgt der Beitrag von SF_6 nur 0,6 ‰ zum Gesamttreibhauseffekt. Dieser Anteil in Bezug auf CO_2 ist relativ gering, dennoch steigt der Bedarf an alternativen umweltfreundlichen Isoliergasen. Durch gesetzliche Vorgaben muss die Emission von F-Gasen, speziell die SF_6-Emission bei den Mittel- und Hochspannungsschaltanlagen von aktuell 22600 kg SF_6 bis 2020 auf 17000 kg (- 25 %) reduziert werden [15]. Aktuell ändern deutsche Netzbetreiber ihre Strategie, denn zukünftig werden hauptsächlich nur SF_6-freie Hochspannungsbetriebsmittel neu installiert.
Diese Arbeit fokussiert sich hauptsächlich auf die Untersuchung umweltfreundlicher Gase bzw. Gasmoleküle und stellt deren elektrische Festigkeit der elektrischen Festigkeit von SF_6 gegenüber. Prinzipiell sind zwei Wege verfolgt worden, um hohe elektrische Festigkeit zu erreichen. Natürlich vorkommende Gase (N_2, CO_2, O_2 und Luft) müssen unter hohen Druck gesetzt werden. Gase mit der Eigenschaft Elektronen zu binden (Elektronenaffität, z.B. SF_6 oder C_3F_7CN), erreichen bereits bei geringen Drücken eine vergleichsweise hohe elektrische Festigkeit. Diese sind meist synthetische hergestellte Gasmoleküle und können wie SF_6 unerwünschte Nachteile (F-Gase, Treibhausgas, toxisch) haben, [50] und [1]. Die persönliche Motivation dieser Arbeit ist es, die Dimensionierungskriterien von umweltfreundlichen Gasen zu untersuchen und einen Beitrag zur aktuellen Fragestellung beizusteuern. Das Ziel ist es, einen erfolgreichen und nutzbaren Beitrag zur Isolationstechnik zu leisten.

1.1 Stand der Technik

Die gasisoliert gekapselte Bauweise von Schaltanlagen (GIS) und Übertragungsleitungen (GIL) wird seit den 1960er Jahre von SF_6 dominiert. Zwischen 1900 und 1950 gab es zahlreiche wissenschaftliche Untersuchungen über den Durchschlag von Gasen, die die elektrische Festigkeit und das Lichtbogenverhalten von Luft, Stickstoff und Kohlenstoffdioxid [17] untersuchten. SF_6 erwies sich als vorteilhaft für Baugröße, Betriebsdruck und Kosten. So wird heute SF_6 bis zu einem Betriebsdruck von p = 0,6 MPa ($\vartheta = -25$ °C) in Spannungsebenen bis zu 1200 kV eingesetzt. Für Tieftempe-

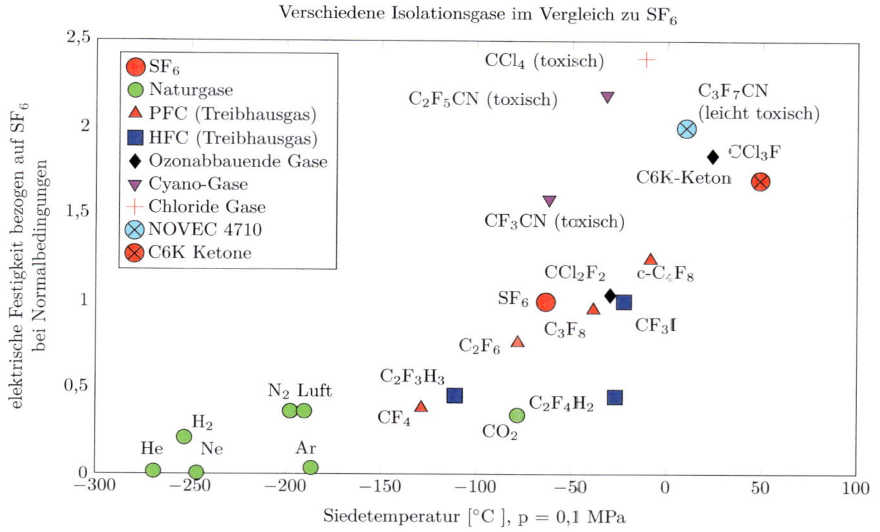

Abbildung 1.2: Verschiedene Isoliergase im Vergleich zu SF_6

raturanwendungen ($\vartheta < -30$ °C) muss SF_6 aufgrund der Siedetemperatur im Gemisch verwendet werden. Durch den geringeren SF_6-Anteil verringert sich der Partialdruck proportional und der Taupunkt sinkt. Als Füllgas wird meist N_2 verwendet. Die elektrische Festigkeit bei einem 20 %igen SF_6-Gemisch sinkt etwa auf 80 % der elektrischen Festigkeit von reinem SF_6. Das Treibhauspotential reduziert sich proportional mit dem SF_6-Anteil. Eine weitere Maßnahme ist die Optimierung der Anordnung (dreiphasig nebeneinander, in-line), so kann das Volumen um 60 % gegenüber der konventionellen Bauart (dreiphasig koaxial) reduziert werden [28]. Ein aktueller Trend ist es ein Substitut zu finden, welches nur die positiven Isoliereigenschaften von SF_6 besitzt, befreit von dem hohen Treibhauspotential. Die perfluorierten Kohlenwasserstoffe sind aktuell die Hoffnungsträger, da diese ein wesentlich geringeres Treibhauspotential gegenüber SF_6 besitzen. Es befinden sich bereits Pilotanlagen im Einsatz, jedoch besitzen diese neuen PFC-Gase teilweise weitere unerwünschte Eigenschaften. In Abb. 1.2 ist die elektrische Festigkeit auf SF_6 bezogen und in Abhängigkeit der Siedetemperatur dargestellt. Weitere Eigenschaften wie Treibhauspotential, Ozonabbaupotential und Toxizität sind dargestellt und durch Symbole gekennzeichnet. Es gibt Isoliergase die bessere Isoliereigenschaften gegenüber SF_6 aufweisen, diese sind jedoch toxisch, Treibhausgase und Ozonschicht-schädigend oder können nur im Gemisch genutzt werden. Die einzig umweltfreundlichen Gase sind **Stickstoff** und **Luft**, welche darüber hinaus preisgünstig und nahezu unbegrenzt verfügbar sind. Zu Beginn dieser Arbeit gab es nur wenige Versuchsanlagen mit alternativen Isoliergasen aufgrund der aktuellen Ereignisse wie Energie-Wende und Umweltschutz steigt merklich der Bedarf an umweltfreundlichen Lösungen nicht nur für die Hochspannungstechnik, sondern auch in der gesamten Energiebranche. Zurzeit werden Pilotanlagen von Siemens, ABB, GE und Alstom mit alternativen Isoliergasen „clean air“, „AirPlus“ und „g^3 green gas for grid“ in Europa installiert, siehe [87], [2] und [21].

1.2 Zusammenstellung alter und aktueller Arbeiten

Das Thema der elektrischen Festigkeit von Gasen wurde bereits vor etwa 100 Jahren von einer Vielzahl von Forschern untersucht. Die bedeutendsten waren JOHN SEALY TOWNSEND und FRIEDRICH PASCHEN mit der Untersuchung der selbständigen Entladung im homogenen und raumladungsfreien elektrischen Feld. Weitere Einflüsse, wie das inhomogene Feld wurde von SCHWAIGER [85] und SCHUMANN [80] untersucht. Diese fokussierten sich verstärkt auf die praktische Hochspannungstechnik indem sie den Schwerpunkt ihre Arbeiten auf die Entladungsvorgänge beim Durchschlag von Gasstrecken legten. Raumladungsbeschwerte Gasentladungen wurden von RAETHER [69] mit einem damals neuartigen Entladungsmechanismus, dem Streamer, beschrieben. Nach den grundlegenden Untersuchungen der Gasentladung wurden weitere Forschungsarbeiten von etwa 1930 bis 1950 mit Pressgasen wie Luft, O_2, N_2, CO_2, H_2 und Edelgasen von FINKELMANN [16], ZEIER [98] und GÄNGER [17] mit Gasdrücken bis zu $\approx$ 12 MPa (120 bar) durchgeführt. Diese Ergebnisse, werden in Abb. 6.3 unseren Messergebnissen gegenübergestellt. Im untersuchten Bereich mit vergleichbaren Randparametern stimmen diese gut überein. Elektronegative (Elektronenaffinität) Gase wie CCl_2F_2, CCl_4, CSF_8 und auch SF_6 waren Untersuchungsgegenstand zwischen 1930 und 1950. Weil sich SF_6 aufgrund der Stabilität, dem Taupunkt, der Löscheigenschaften und der hohen elektrischen Festigkeit für hochspannungstechnische Anwendungen hervorragend eignete, sind später folgende Arbeiten hauptsächlich mit SF_6 durchgeführt worden.
In Anbetracht der Fragestellung der generierten Ladungsträger leistet diese Arbeit einen Beitrag zur Berechnung der tatsächlich erzeugten kritischen Ladungsträgermenge mit Hilfe des Divergenz-Abbruch-Kriteriums für stoß-ionisierte Ladungsträger unter Berücksichtigung des Streamer-Eigenfeldes durch Superposition, siehe Kap. 3.5.2 und 3.5.4. In mehreren Literatur-Quellen ist diese Fragestellung der generierten Ladungsträger-Menge als Werte-Bereich zwischen $10^6 \ldots 10^8$ freie Elektronen-Ionen-Paare beschrieben. Eine Unsicherheit in der Berechnung und Messung dieses Streamer-Durchschlag-Kriteriums k_S ist gegeben, nach RAETHER, PETCHARAKS, ZAENGL und BOECK wird für Luft und SF_6 $k_S = 13{,}8 \ldots 18{,}4$ angegeben, siehe [5], [71] und [53]. Aufgrund des hohen Streamer-Eigenfeldes bei $k_S > 13{,}8$ erhält sich der Streamer selbst und die Anordnung schlägt durch. Aufgrund dessen wurde dieses Kriterium bis heute nicht weiter hinterfragt und als Wertebereich bzw. als feste Größe für Gasdurchschläge angenommen, siehe [68]. Eine Unsicherheit in der Durchschlagspannung liegt meist im 3 % Band. Als Nebenbedingung des hier vorgestellten Algorithmus löste sich dieses Problem der kritischen Ladungsträgermenge k_S nahezu von selbst auf. Ein endlicher Wert für die kritische Ladungsträgermenge, die gerade noch nicht zum Durchschlag führt, kann unmittelbar unterhalb der Durchschlagspannung berechnet werden. Ohne FEM-Simulationen und numerische Integration wäre diese Formulierung jedoch nicht möglich gewesen.
Weitere Arbeiten zielen auf die praktische Anwendung wie z.B. die Untersuchung von Oberflächenrauheit, stark inhomogene Felder, Ladungsträgertransport, Schwarm-Parameter [11], SF_6 Zersetzungsprodukte, Stoßspannungskennlinie und Misch-Isolierstoffe (Gas - Dielektrikum - Übergang, geschichtete Isolierkörper) ab. Das Thema der SF_6-alternativen Gase ist seit 2000 wieder in mehreren Literaturstellen, Abschlussarbeiten, Dissertationen und Forschungsarbeiten zu finden, IMAMOVIC [47], REBHOLZ [74] und ROKUNOHE [76]. Alstom [18] und Hitatchi [75] sind Vorreiter bei der Entwicklung von luftisolierten Hochspannungsanlagen bis 72,5 kV. Die aktuellen Bestrebungen von ABB und Alstom sind es mit perfluorierten Kohlenwasserstoffen zu isolieren. Ab 2014 sind erste Veröffentlichungen diesbezüglich platziert und Pilotanlagen installiert. Die veröffentlichten Messdaten von C_3F_7CN sind mit einer Elektrodengeometrie mit kantigen Platte-Platte-Profil, nach amerikanischer Norm ASTM D 877 [45], untersucht. Dieses Profil hat eine starke Randfeldüberhöhung, welche zur Bestimmung der Durchschlagspannung für Gase untypisch ist. Seit 2016 präsentieren sich

mehrere Firmen mit den Neuentwicklungen von g^3 (Green Gas for Grid, C_3F_7CN-CO_2-Gemisch), C6K-Keton-Gemische und clean Air. Ab 2020 wollen deutsche Netzbetreiber ganz auf die Verwendung von SF_6-isolierten Hochspannungswandlern verzichten. Daraus lässt sich jedoch ableiten, dass die Verwendung von alternativen Isoliergasen in der Hochspannungstechnik weiter forciert werden wird. Aktuell sind zwei Wege erkennbar, die Isolation mit synthetischer Luft bei höherem Druck bis 1,3 MPa und auch die Verwendung von F-Gas-Gemischen um vergleichbare Materialanforderungen bezüglich der Druckfestigkeit wie mit SF_6 zu erreichen. Marktveröffentlichungen nennen sich bei Siemens „clean air", bei ABB „air plus" und bei GE „g^3-green gas for grid". Siemens wird laut Pressemitteilung eine 170 kV SF_6-freie Schaltanlage mit ILJIN (Südkorea) entwickeln, [86].

1.3 Zielstellung der Arbeit und weiterführende Betrachtung zum Gasdurchschlag

Diese Arbeit stellt mit einer großen empirischen Breite an Messdaten einen Gesamtüberblick über das Entladungsverhalten von verschiedenen Isoliergasen und Gemischen in unterschiedlichen Feldanordnungen bei unterschiedlichen Spannungsbelastungen dar. In Summe sind in dieser Arbeit mehr als 500 000 Gasdurchschläge bei verschiedenen Gasen, Schlagweiten und Drücke durchgeführt worden. Die Aspiranten waren trockene Luft, synthetische Luft, Stickstoff, Sauerstoff und Kohlenstoffdioxid. Auch SF_6-N_2-Gemische, CO_2 und die aktuellen perfluorierten Kohlenwasserstoffe (C_3F_7CN) sind nach den gleichen Methoden untersucht worden. Eine Grundvoraussetzung dieser Arbeit war es, alle Isolationsparameter und Entladevorgänge vergleichend gegenüberzustellen. Die praktischen Versuche dieser Arbeit orientieren sich an den Entladungserscheinungen, die auch in der gängigen Literatur beschrieben werden. In Abb. 1.3 sind vier Hauptgruppen der selbstständigen Gasentladung aufgezeigt und wie folgt beschrieben.

Das homogene Feld charakterisiert sich dadurch, dass an jeden Punkt des Raumes der Feldstärkevektor die gleiche Richtung und einen konstanten Betrag hat. Die Elektronengeneration ist überall gleich groß. Die Durchschlagspannung U_d im homogenen Feld kann mit Hilfe dem Paschen-Gesetz berechnet werden, siehe Gl. 3.13.

Um Durchschlagsmessungen bei mehreren Schlagweiten zu ermöglichen, wird in dieser Arbeit **das quasi-homogenen Feldes** definiert und neu eingeführt. Es wurde nachgewiesen, dass das Paschen-Gesetz bei einem Ausnutzungsfaktors nach SCHWAIGER größer $\eta_S = \bar{E}/E_{max} > 93\%$ (Verhältnis zwischen mittlerer und maximaler Feldstärke) zur Berechnung der Durchschlagspannung für nahezu-homogene Feldanordnungen, gültig ist.

Das schwach inhomogene Feld ist nach SCHWAIGER für einen Ausnutzungsfaktor $\eta_S > 20\%$ definiert, [85]. Vor- bzw. Teilentladungen treten nicht auf. Die Berechnung der Durchschlagspannung konnte bis heute nur mit einer Näherungsgleichung nach SCHWAIGER berechnet werden, siehe Gl. 3.17, eine Abhängigkeit des Druckes wurde nicht berücksichtigt, ebenso kann ein Polaritätsunterschied mit diesem Modell nicht erklärt werden. In dieser Arbeit wurde erstmals der Begriff der Initialen Feldstärke definiert, Gl. 3.33. Dieser ermöglicht die Berechnung der Durchschlagspannung im schwach inhomogenen Feld, mit Hilfe des Paschen-Gesetzes und seiner Paschen-Parameter in Verbindung mit dem Feldkorrelationsfaktor, der Initialen Feldstärke $E_{i,rel}$ (Gl. 3.32). Die Durchschlagspannung im schwach inhomogenen Feld ist polaritätsabhängig. Diese Abhängigkeit kann in dieser Arbeit mit der angewandten Streamer-Modellierung erklärt und berechnet werden.

Das stark inhomogene Feld charakterisiert sich durch Vor- bzw. Teilentladungen. Ein geschlossener Ausdruck zur Berechnung der Durchschlagspannung konnte bis heute noch nicht gefunden werden. Nach Literaturangaben ([53, S. 100], [5]) ist eine Anordnung bei atmosphärischen Bedingungen stark inhomogen, sofern es einen Feldausnutzungsfaktor kleiner $\eta_S < 20$ % aufweist. In dieser Arbeit wurde in Abhängigkeit des Druckes der Grenzhomogenitätsgrad η_{SG} auch für kleiner 0,2 untersucht. Der Durchschlag setzt im Hochdruck ohne Vorentladungen ein. Bei hohem Druck wird aus dem zuvor stark inhomogenen Feld, ein schwach inhomogenes Feld. Laut Definition zeigt nur ein stark inhomogenes Feld Vorentladungen, siehe Kap. 6.3 und 6.3. Das Programm zur Berechnung der Durchschlagspannung für beliebige Feldverläufe, das in dieser Arbeit entwickelt wurde, kann auch für diese inhomogenen Felder angewendet werden, sofern Raumladungseffekte nicht zu ausgeprägt das Grundfeld beeinflussen, wie z.B. Raumladungswolken bzw. starke Korona.

Diese grundlegenden Feldanordnungen, wie oben beschrieben, werden in dieser Arbeit untersucht. Die einzelnen Gase sind bei den verschiedenen Feldanordnungen (quasi-homogen, schwach inhomogen und stark inhomogen, siehe Kap. 5.2) untersucht worden, damit ein Vergleich der elektrischen Festigkeit der einzelnen Gase direkt möglich ist. Erkenntnisse und Ergebnisse aus dem quasi-homogenen Feld konnten auf das schwach inhomogene Feld angewendet werden und die Theorie nach SCHWAIGER entscheidend erweitert werden. So liefert diese Arbeit nicht nur einen praktischen und messtechnischen Beitrag, sondern erweitert diesen um eine theoretische Vorstellung zum Gasdurchschlag durch die Einführung der relativen initialen Feldstärke.

Die Abb. 1.3 zeigt weitere Einflussfaktoren, die auf die elektrische Festigkeit einwirken. Die gemessene Durchschlagspannung variiert je nach Art der Spannungsform. Überwiegend statistische Effekte, wie der Zündverzug, aufgrund von Startelektronen-Mangel, erhöhen bei zeitabhängig ansteigenden Spannungen (BIL, SIL) die elektrische Festigkeit scheinbar durch höhere U_{d50} Spannungen. Aus diesem Grund sind in dieser Arbeit alle gängigen Prüfspannungen für die Untersuchung der elektrischen Festigkeit von Gasen verwendet worden (Gleich-, Wechsel-, Schaltstoß- und Blitzstoßspannung) um die einzelnen Einflussgrößen voneinander separieren zu können. Mit der β-Bestrahlung der Funkenstrecke wurde der Einfluss des statistischen Zündverzuges separiert. Einflüsse, die die elektrische Festigkeit mindern, wie beispielsweise die Streamer-, bzw. Kanalentladung oder Oberflächenrauheiten sind in dieser Arbeit umfänglich zur Untersuchung betrachtet. Die Bewert- und Vergleichbarkeit der Messergebnisse war die Schlüsselaufgabe dieser Arbeit. Aus den empirischen ermittelten Messdaten war es daher möglich einen Rechenalgorithmus zu entwickeln, welcher die Durchschlagspannung in Abhängigkeit des Druckes von beliebigen schwach inhomogenen Feldanordnungen mit Berücksichtigung des Streamers und gleichzeitig den lokalen Feldverlauf einer definierten Oberflächenrauheit berücksichtigt.

Weiter zeigt Abb. 1.3 den positiven Einfluss der Elektronenanlagerung aufgrund der Elektronenaffinität perfluorierter-Moleküle (z.B. SF_6, C_3F_7CN und deren Gasgemische). Dieser Einfluss ist in dieser Arbeit mit dem bekannten SF_6-Molekül und dem neuartigen C_3F_7CN-Molekül in unterschiedlichen Gemisch-Konzentrationen durchgeführt worden. Dank der Vergleichbarkeit und des reproduzierbaren Aufbaus war es in dieser Untersuchung möglich auf die wesentlichen Gas-Parameter und Gaseigenschaften wie Ionisierungsenergie, Wirkungs- und Anlagerungsquerschnitt Rückschlüsse zu gewinnen und diese in erweiterten Gesetzmäßigkeiten anzuwenden.

Zum Verständnis der Problemstellung dieser Untersuchungen sind die Abhängigkeit der Durchschlagspannung bzw. der elektrischen Festigkeit von den Parametern Druck, Schlagweite, Schlagweite-Druck-Produkt, Elektronenanlagerung, Oberflächenrauheit und Spannungs-Zeitfläche separiert dargestellt. Ein Hochspannungsbetriebsmittel wird in der Regel mit einer elektrischen Spannung beaufschlagt, d.h. ein elektrisches Feld bildet sich zwischen einer Potentialdifferenz aus. Um hohe elektrische Spannungen zu isolieren wird entweder eine hohe Schlagweite (Elektrodenabstand) oder ein hoher Druck benötigt. Die elektrische Festigkeit kann mit Hilfe von elektronegativen Gas-Molekülen signifikant erhöht werden. Trotzdem muss beachtet werden, dass schwächende Einflüsse auf die elektrische Festigkeit auftreten. Aus dieser Vielzahl der Parameter und deren Kombination ergab sich eine große Untersuchungsmatrix, die zum Umfang von mehr als 500 000 Messpunkten führte.

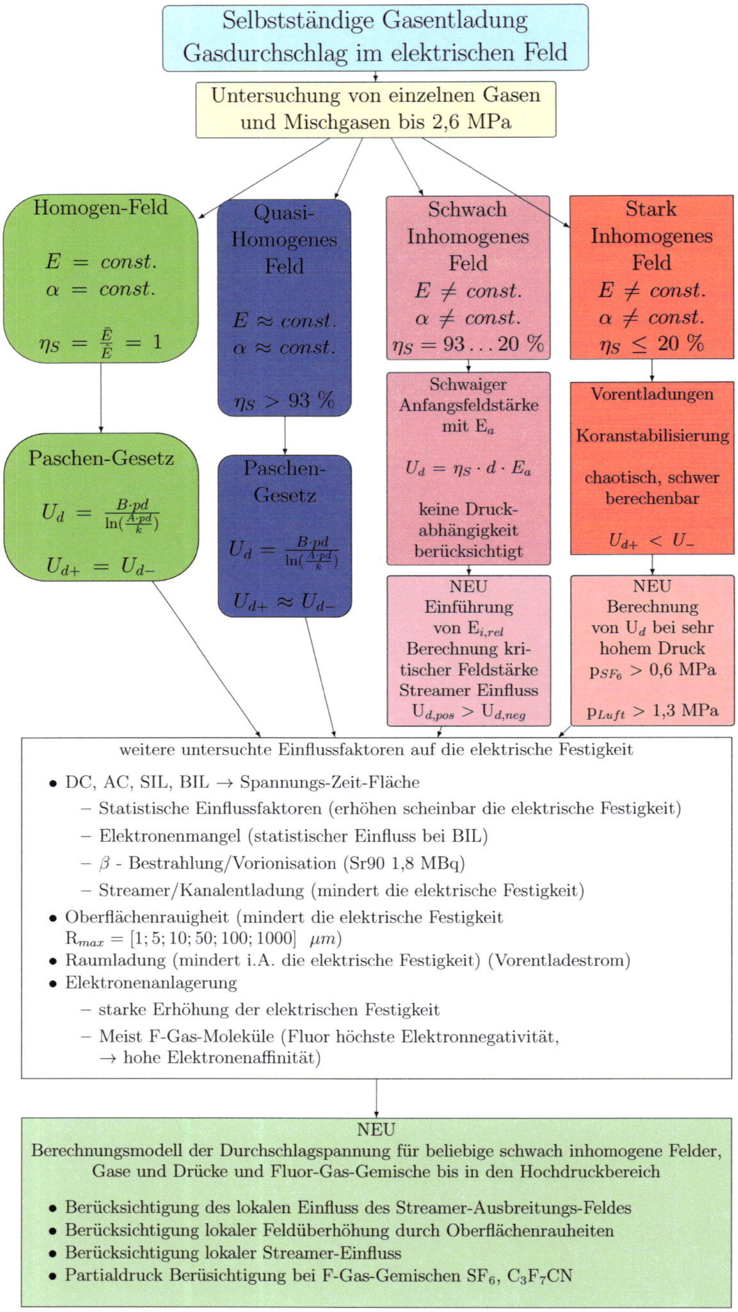

Abbildung 1.3: Schematische Darstellung zum Untersuchungsplan dieser Arbeit

Kapitel 2

Grundlagen zur elektrischen Festigkeit von Gasen

Dieses Kapitel veranschaulicht die grundlegenden Theorien zur elektrischen Festigkeit von Gasen. Unter Normalbedingungen sind Gase Isolatoren. Grundsätzlich darf die elektrische Beanspruchung von Isolierstoffen nicht deren elektrische Festigkeit überschreiten. Sobald die elektrische Festigkeit überschritten ist, kommt es ab einer genügend großen Anzahl von freien Ladungsträgern (Elektronen) zu Entladungsvorgängen. Die Zündbedingung ist erfüllt. Die für den Durchschlag verantwortlichen Ladungsträger sind Elektronen. Ionen tragen kaum zur Ladungsträgervermehrung bei. Die Ionen werden im elektrischen Feld beschleunigt, geben aber einen Großteil ihrer aufgenommenen Energie durch nicht-zentrale elastische Stöße an umliegende Gasteilchen ab. Extrem hohe Feldstärken von 1 MV/mm [5, S. 95] sind notwendig, um Elektronen aus dem Kathodenmaterial zu lösen und mehr als 60 MV/mm um Valenzelektronen aus der Hülle von Atomen zu lösen. Es ist einfacher Elektronen aus Gasmolekülen, als aus dem Kathodenmaterial zu lösen. Der für den Gasdurchschlag wesentliche Elektronengewinnungsprozess ist die Elektronengeneration durch Stoßprozesse im Gas. Es werden durch unelastische Stöße von beschleunigten Elektronen weitere Elektronen durch Stoßionisation generiert. Die dabei nötige Energie wird aus dem elektrischen Feld aufgenommen. Je nach Gas und Druck wird nur ein Bruchteil der oben genannten Feldstärke für die Stoßionisation ($\approx$ 3 kV/mm), wie aus den Messergebnissen gezeigt (siehe Kap. 6.1.3.2), benötigt.

2.1 Eigenschaften von Gasen

Feststoffe, Flüssigkeiten und Gase bestehen aus Atomen bzw. Molekülen, welche sich hauptsächlich durch die Bindungsart unterscheiden. Für die Bestimmung der elektrischen Festigkeit ist die Betrachtung der Elementarvorgänge in der Größenordnung von Molekülen bzw. Atomen ausreichend. Außer bei einatomigen Edelgasen oder bei Metalldämpfen treten Gase hauptsächlich in molekularer Bindung auf. Gasteilchen können drei Freiheitsgrade im Raum nutzen. Vereinfacht werden die Gasteilchen als Masse gefüllte Kugeln betrachtet, welche elastische Stöße vollziehen. Oberhalb des absoluten Nullpunkts $T_0 > 0$ K besitzen Gasteilchen eine kinetische Energie und bewegen sich zwischen zwei Stößen gradlinig, siehe [30]. Im Normalfall sind Gase Isolatoren. Erst wenn freie Ladungsträger wie Elektronen oder Ionen im Gas vorhanden sind, können diese im elektrischen Feld beschleunigt werden und ein elektrischer Strom beginnt zu fließen. Sehr hohe elektrische Feldstärken können Elektronen aus der Atomhülle lösen (E $\approx$ 60 MV/mm) [17, S. 75], aber bereits bei kleineren Feldstärken werden Ladungsträger im Gas durch Stoßionisation weitaus leichter generiert. Durch äußeren Energieeintrag können so neutrale Gas-Atome ionisiert werden. Anhand der Stromdichte-Feldstärke lässt sich die Gasentladungscharakteristik anschaulich erklären, siehe Kap. 3 Abb. 3.1.

2.1.1 Kinetische Energieverteilung

Die Temperatur T ist ein Maß für die mittlere Geschwindigkeit der Gasteilchen. Mit steigender Temperatur steigt deren effektive Geschwindigkeit, Gl. (2.1). Bei hoher Teilchendichte n_B ist eine Gleichverteilung der kinetischen Energie der Teilchen unmöglich. Bei Normalbedingungen liegt die Teilchendichte bereits bei $n_B = 2{,}6 \cdot 10^{23}\ m^{-1}$. Mit der Boltzmann-Maxwell-Verteilung ist es möglich im statistischen Mittel Aussagen über die effektive v_{eff}, wahrscheinliche v_w und mittlere v_m Teilchengeschwindigkeit zu treffen. Nach der universellen Gasgleichung des idealen Gases Gl. 2.2 ist ersichtlich, dass der Druck p unabhängig von der Masse der Teilchen bzw. der Molekülart ist. Lediglich ändert sich die Geschwindigkeitsverteilung eines Gases. Deshalb ist die Teilchenzahl und die innere kinetische Energie von Gasen bei konstanter Temperatur, Volumen und Druck identisch und von der Gasart unabhängig, siehe Gl. 2.3.

$$v_{eff} = \sqrt{\frac{3kT}{m}}; v_w = \sqrt{\frac{2kT}{m}}; v_m = \sqrt{\frac{8kT}{m}} \tag{2.1}$$

$$p = \frac{N \cdot k_B \cdot T}{V} = n_B \cdot k_B \cdot T \tag{2.2}$$

$$W_{kin} = \frac{3}{2} \cdot k_B T = \frac{m}{2} \cdot v_{eff}^2 \tag{2.3}$$

2.1.2 Stoßquerschnitt und mittlere freie Weglänge

Entscheidend für die elektrische Festigkeit ist die mittlere freie Weglänge λ_m (siehe Gl. 2.5), welche die durchschnittliche freie Strecke zwischen zwei elastischen Stößen der Stoßpartnern S_1 und S_2 beschreibt. Der Stoßquerschnitt a_s ergibt sich nach Gl. 2.4 aus den Radien der Stoßpartner r_{S1} und r_{S2}. Der Stoßquerschnitt kann nach dieser Gleichung allgemein für alle Gas-Moleküle berechnet werden. Wie später gezeigt wird (siehe Kap. 2.3), sind die Elektronen für die Ladungsträgergeneration hauptverantwortlich. Deshalb wird der Stoßquerschnitt hauptsächlich durch den Stoßpartner S_2 (Gasteilchen) bestimmt, da der extrem kleine Elektronenstoßquerschnitt vernachlässigt werden kann. In dieser Arbeit konnte der Stoßquerschnitt für die untersuchten Gase aus dem Paschen-Parameter A siehe Gl. 3.13 (Tabelle 6.4, $r_{S_{Luft}} \approx 150$ pm) empirisch ermittelt werden, siehe 6.1. Für SF_6 und C_3F_7CN-Gemische ist die Bestimmung des Stoßquerschnittes mit Hilfe von Durchschlagsmessungen aufgrund der Elektronenaffinität schwer, da uns nur das Mittel der Durchschlagspannung zur Verfügung stand. Für die Modellbeschreibung werden die neutralen Gasmoleküle als ruhend angesehen.

Damit eine Ionisation durch ein stoßendes Elektron mit einem Gasmolekül stattfinden kann, benötigt das Elektron eine kinetische Energie von etwa 15...16 eV. Eine Ionisation bei Raumtemperatur ist daher sehr unwahrscheinlich bis unmöglich.
Die mittlere freie Weglänge ist demnach von Teilchengröße und -dichte n_B abhängig, mit steigendem Druck p sinkt λ_m, siehe Gl. 2.5. Elektronen besitzen aufgrund der vernachlässigbaren Ausdehnung eine wesentlich höhere freie Weglänge, verglichen mit Ionen oder Gasteilchen, siehe Gl. 2.6. Bis auf Edelgase treten Gase als Molekül auf. Der Stoßquerschnitt ist deshalb näherungsweise doppelt so groß als bei Atomen.

$$a_s = \pi \cdot (r_{S1} + r_{S2})^2 \approx \pi \cdot r_{S2}^2 \tag{2.4}$$

$$\lambda_m = \frac{1}{n_B \cdot a_s} = \frac{k_B \cdot T}{a_s \cdot p} = \frac{1}{A \cdot p} \sim \frac{1}{p} \tag{2.5}$$

$$\lambda_{m_e} \approx 4 \cdot \lambda_{m_i} \approx 4 \cdot \sqrt{2} \cdot \lambda_{m_g} \tag{2.6}$$

2.2 Ladungsträgergeneration aus dem Elektrodenmaterial

Der Begriff der Ladungsträgergeneration aus dem Kathodenmaterial (Elektronenemission) fasst die Prozesse zum Ablösen von Elektronen aus dem Elektrodenmaterial zusammen. Die nötige Ablösearbeit W_A (siehe Gl. 2.7) kann über verschiedene Prozesse, wie im Folgenden beschrieben, bereitgestellt werden. Veranschaulicht benötigt ein Elektron eine Mindestenergie, um das Elektrodenmaterial in den Außenraum hinein zu verlassen. Das dabei entstehende elektrische Feld des zurückbleibenden Ions hindert das Elektron am Austreten. Die Bindungskraft kann näherungsweise durch das Coulomb'sche Gesetz beschrieben werden, siehe Gl. 2.8. Die Elektrodenoberfläche stellt die Äquipotentialfläche dar und eine Spiegelladung mit doppeltem Abstand ($r_e = 2 \cdot s$) kann zur Feldberechnung angenommen werden. Nach Gl. 2.11 ergibt sich für einen Atomradius von $r_0 = 100$ pm ein Austrittspotential $\varphi_A = 3{,}59\ V$ ($E_{ab} \approx 35{,}9$ MV/mm). In Abb. A.8 ist das Austrittspotential schematisch dargestellt. Aus den Gleichungen 2.9, 2.10 und 2.11 kann Bildkraft, Arbeit und Austrittspotential für die Elektronenemission berechnet werden.

$$W_A = q_e \cdot U_A \tag{2.7}$$

$$\vec{F} = \frac{q_e^2}{4\pi\varepsilon_0 \cdot r_e^2} \tag{2.8}$$

$$F = \frac{q_e^2}{16 \cdot \pi\varepsilon_0 s^2} \tag{2.9}$$

$$W_A = \int_{x_0}^{\infty} F\, ds = \int_{x_0}^{\infty} \frac{q_e^2}{16 \cdot \pi\varepsilon_0 s^2}\, ds = \frac{q_e^2}{16 \cdot \pi\varepsilon_0 x_0} \tag{2.10}$$

$$\varphi_A = \int_{x_0}^{\infty} \frac{F}{q_e}\, ds = \int_{x_0}^{\infty} \frac{q_e}{16 \cdot \pi \varepsilon_0 s^2}\, ds = \frac{q_e}{16 \cdot \pi \varepsilon_0 x_0} \tag{2.11}$$

In Tabelle A.5 sind verschiedene Werkstoffe mit den spezifischen Ablöseenergien angegeben. In dieser Arbeit sind Elektroden aus Eisen, Edelstahl, Nickel und Aluminium genutzt worden, d.h. die Ablösearbeiten waren etwa in der Größenordnung von 3 ... 5 eV.

2.2.1 Feldemission

Ein sehr hohes äußeres elektrisches Feld erleichtert Elektronen das Austreten aus der Kathode. Die Potentialbarriere zwischen Kathode und dem äußeren Raum kann durch ein sehr starkes äußeres elektrisches Feld herabgesetzt werden, siehe Abb. A.8. Das Austreten von Elektronen wird wahrscheinlicher. Wie oben gezeigt Kap. 2.2, sind elektrische Feldstärken wesentlich größer als >> 1 MV/mm notwendig, um Elektronen aus einer idealen Oberfläche zu emittieren. Nach SCHOTTKY [53] kann ebenfalls die Austrittsarbeit aus einer Potentialbarriere nach Gl. 2.12 (2.12) berechnet werden. Austrittsarbeiten wie in Tabelle A.5 werden erst bei Feldstärken von etwa 10 MV/mm erreicht. FOWLER und NORDHEIM wiesen nach, dass Elektronen geringerer Energie nach der wellen-mechanischen Auffassung die Potentialbarriere durchtunneln können. Durch Adsorbate und Oberflächenrauheiten wird dieser Prozess begünstigt und kann bei niedrigerer Feldstärke einsetzen. Nach der FOWLER-NORDHEIM-Gleichung 2.13 (mit den Parametern a_{FE}, b_{FE}) und nach GÄNGER [17, S. 20], ist die Stromdichte J_{FE} aus dem Elektrodenmaterial, verursacht durch Feldemission, eine Funktion der Feldstärke. Messungen von FOWLER und NORDHEIM bis p = 10 MPa zeigten die Unabhängigkeit der Feldemission von Gas und Druck. Oberflächenrauheiten nehmen einen starken negativen Einfluss auf die elektrische Festigkeit ein, deshalb sind diese Messungen, nach Angabe, bei ideal polierten Oberflächen durchgeführt worden [17, S. 86].

$$\varphi_A = \sqrt{\frac{q_e \cdot E}{4\pi \cdot \varepsilon_0}} \tag{2.12}$$

$$J_{FE} = a_{FE} \cdot E^2 \cdot e^{-\frac{b_{FE}}{E}} = f\,(E) \tag{2.13}$$

2.2.2 Thermoemission

Bei ausreichender Temperatur (thermische Energie) erreichen die Leitungselektronen in der Metallelektrode genügend kinetische Energie, um die Potentialbarriere zu überwinden, um die Elektrode hinein in den Gasraum zu verlassen. Nach Gl. 2.14 kann näherungsweise die Stromdichte J_{Te} des Thermoemissionsstroms bestimmt werden. Durch das exponentielle Wachstum steigt der Emissionsstrom stark an. Ab einer Temperatur von etwa $\vartheta \geq 1500$ °C setzt eine nennenswerte Thermoemission ein. In dieser Arbeit kann dieser Prozess der Thermoemission, aufgrund der Messungen bei Raumtemperatur in der beginnenden Entladungsphase, vernachlässigt werden. Eine Aufheizung der Anordnung war aufgrund der äußeren Beschaltung mit Dämpfungswiderständen nicht gegeben.

$$J_{Te} = C \cdot T^2 \cdot e^{-\frac{W_A}{k_B \cdot T}}, \rightarrow C = 60 \ldots 120\ \frac{A}{cm^2 \cdot K^2} \tag{2.14}$$

2.2.3 Photoemission

Photonen (Lichtteilchen, Quanten) können Elektronen aus dem Kathodenmaterial lösen. Nach EINSTEIN und dessen Lichtelektrischen-Effekt wechselwirkt ein Photon nur mit einem Elektron. Dabei muss die Energie des Photons größer als die Ablösearbeit des Feststoffs sein. Falls das Photon überschüssige Energie liefert, wird diese dem ausgelösten Elektron als kinetische Energie zur Verfügung gestellt, siehe Gl. 2.15, [79].

$$h \cdot f \geq W_A = \frac{m_e}{2} \cdot v^2 \tag{2.15}$$

Da Photonen nur existieren, sofern sie sich mit Lichtgeschwindigkeit c_0 bewegen, kann deren Energie zusammen mit dem Planck'schen Wirkungsquantum h einer Wellenlänge λ_{ph} (photonische Ablösewellenlänge) zugeordnet werden. Zur Ablösebedingung muss die Energie zwangsläufig etwas größer als die nötige „Ablösearbeit" sein, d.h. die Wellenlänge der Strahlung verhält sich nach Gl. 2.16, [5, S. 96].

$$\lambda_{ph} \leq \frac{c_0 \cdot h}{E} \tag{2.16}$$

Nach Tabelle A.5 kann die nötige Ablösearbeit und photonische Wellenlänge für unterschiedliche Kathodenmaterialien entnommen werden. Kurzwelliges Licht ist in der Lage Elektronen aus der Kathode zu lösen. Eine lichtelektrische UVC-Quelle ($\lambda_{ph} \approx 250$ nm) kann Startelektronen aus der Kathode lösen. Aufgrund von EMV sind weitere Bestrahlungsversuche mit einem radioaktiven Präparat eines β-Strahler Sr-90 verwendet worden.

2.2.4 Sekundärelektronenemission γ-Rückwirkungsprozess

Unter Sekundärelektronenemission werden in der Regel mehrere Prozesse zusammengefasst, welche ein Austritt eines Elektrons aus der Kathode ermöglichen. Allgemein wird der Rückwirkungskoeffizient γ auch als 2. Ionisationskoeffizient bezeichnet, dieser liefert ein weiteres Startelektron für Folgelawinen für den TOWNSEND Mechanismus. Hierbei sind mehrere Ursachen denkbar, [53, S. 160 f.], [5, S. 103 f.]:

- Elektronenauslösung durch positive Ionen γ_I
- Auslösung durch den Photoeffekt γ_p
- Auslösen durch neutrale Teilchen γ_N
- Ionenemission an der Grenzsicht vor der Anode γ_A
- Feldemission γ_F
- Photoionisation im Volumen γ_{ph}

$$\gamma = \gamma_I + \gamma_p + \gamma_N + \gamma_A + \gamma_F + \gamma_{ph} = f\,(E/p) \tag{2.17}$$

Der Rückwirkungskoeffizient γ (Gl. 2.17) ist demnach vom Elektrodenmaterial, der Gasart und von der Feldstärke abhängig. Bei niedrigem Druck und Vakuum ist die Ionendrift ein entscheidender Faktor zur Sekundärelektronenemission, dies zeigt sich durch einen hohen Rückwirkungskoeffizienten γ. Im Gegensatz hierzu ist bei hohem Gasdruck (kleine E/p-Werte) die Ionenwanderung stark beeinträchtigt, so dass der Photoeffekt maßgeblich an der Rückwirkung beteiligt ist.
Diese Arbeit beschränkt sich ausschließlich auf Drücke p $\geq$ 0,1 MPa und bei diesen Gasdichten wirken sich γ_A, γ_I und γ_N nur gering aus. Ein schweres Ion muss die doppelte Ablösearbeit 2 $\cdot$ W$_A$ aufbringen, um Sekundärelektronen für Folgelawinen für den α-Prozess nachzuliefern. Zunächst wird das positive Ion neutralisiert, für das Sekundärelektron muss ebenfalls die Ablösearbeit W$_A$ aufgebracht werden. Da schwere Gasionen kaum die nötige kinetische Energie erreichen, ist der γ-Prozess γ_A, γ_F, γ_p, und γ_I hauptsächlich von der Gasart und dem Kathodenmaterial abhängig, siehe [53, S. 167]. Grundsätzlich gilt Gl. 2.18:

$$\frac{m}{2} \cdot v^2 + W_I \geq 2 \cdot W_A. \tag{2.18}$$

2.3 Ladungsträgergeneration aus dem Gas

In der Regel dissoziieren Gasmoleküle zu Atomen diese ionisieren bei weiterer Energiezufuhr. Dabei bilden sich neben den freien negativen Elektronen gleichzeitig durch Elektronenmangel positive schwere Ionen aus dem verbleibenden Atom. Die Anzahl (Ladungszahl) der positiven Ionen und der negativen Elektronen ist gleich groß $n_i^+ = n_i^-$. Es existieren mehrere Ionisationsmechanismen, die zur Ladungsträgervermehrung beitragen. Grundsätzlich muss die nötige Energie zum Auslösen eines Valenzelektrons aufgewendet werden, beim Rekombinieren wird diese Energie in Form eines Photons wieder freigesetzt, siehe Kap. 2.7. Im Gegensatz zu den Emissionsvorgängen, die Ladungsträger hauptsächlich aus dem Elektrodenmaterial generieren, spielen sich Ionisationsvorgänge im Gasraum ab. Das Ablösen von Valenzelektronen von Atomen wird als Ionisation bzw. Ionisierung bezeichnet.

2.3.1 Thermoionisation

Die Thermoionisation spielt für die Ladungsträgervermehrung erst bei höheren Temperaturen eine Rolle. Denn bei höheren Temperaturen $\vartheta_{Gas} \gg 1000$ K können schwere Gasteilchen genügend kinetische Energie erreichen, um zur weiteren Stoßionisation beizutragen. Die hier untersuchten selbstständigen Gasentladungen spielen sich hauptsächlich bei niederen Temperaturen ab, deshalb kann die Thermoionisation in dieser Arbeit vernachlässigt werden. Denn ein nennenswerter Temperaturanstieg ist erst möglich, wenn durch den Townsend- bzw. dem Streamer-Mechanismus ein leitfähiger Kanal gebildet wurde und dieser durch den Entladestrom stark aufgeheizt wird. Mit Hilfe der Saha-Gleichung Gl. 2.19 [5, S. 92 f.] kann der Ionisationsgrad eines Gases (Plasma) in Abhängigkeit der Temperatur berechnet werden. Dieser Ionisationsprozess ist zur Vollständigkeit hier genannt.

$$\frac{x^2}{x-1} = \frac{\sqrt{2\pi \cdot m_e}^3}{h^3} \cdot \frac{\sqrt{k_B \cdot T}^5}{p_{gas}} \cdot e^{\frac{-E_i}{k_B \cdot T}} \tag{2.19}$$

2.3.2 Photoionisation

In Analogie zur Photoemission Kap. 2.2.3 kann ein Photon nach dem Lichtelektrischen Effekt EINSTEINS ein Elektron auch aus der Atomhülle herauslösen, dabei muss die Energie des Photons größer gleich der Ionisierungsenergie sein. Überschüssige photonische Energie wird dem ausgelösten Elektron als kinetische Energie zur Verfügung gestellt. Zur Photoionisation von O_2, N_2 und SF_6 sind Ionisierungsenergie von $E_{ph} = 12{,}5 \ldots 15{,}5$ eV nötig, das entspricht einer Wellenlänge $\lambda_{ph} = 80 \ldots 100$ nm, siehe Gl. 2.20 und Tabelle A.4.

$$E_{ph} \geq W_A = h \cdot f = h \cdot \frac{c_0}{\lambda_{ph}} \tag{2.20}$$

2.3.3 Stoßionisation α-Prozess

Die Physik der selbstständigen Gasentladung ist die Ladungsträgervermehrung durch Stoßionisation. Im elektrischen Feld wirkt eine Kraft $\vec{F} = m_e \cdot \vec{a} = q_e \cdot \vec{E}$ auf elektrisch geladene Teilchen. Zwangsläufig durchlaufen die geladenen Teilchen das Gas in einer Zick-Zack-Bewegung, weil sie elastische und unelastische Stöße mit neutralen Gasteilchen ausüben. Elektronen sind aufgrund der geringen Masse m_e (1/1838 Neutronenmasse), der hohen Beweglichkeit von Elektronen ($b_e \approx 500$ cm^2/Vs bei Normalbedingungen, Ionenbeweglichkeit $b_{Ion} \approx 1{,}6$ cm^2/Vs) und der um $\sqrt{32} = 2 \cdot \sqrt{2} \approx 5{,}66$ höheren mittleren freien Weglänge λ_m maßgeblich für die Stoßionisation verantwortlich (α-Stoß, $\lambda_m \approx 500 \ldots 1000$ nm unter Normalbedingung). Die Stoßgesetze der klassischen Mechanik können auf die Stoßionisation angewendet werden. Dazu werden neutrale Gasteilchen als Kugeln angesehen. Der elastische Stoß führt zu keiner Ionisation und der Impuls $\vec{p}$ im abgeschlossenen System muss nach dem Stoß erhalten bleiben, so dass das Elektron praktisch keinen Verlust an kinetischer Energie erfährt, lediglich ändert sich die Richtung. Dabei kann es bei einem direkten, zentralen Stoß vorkommen, dass das Elektron in die entgegengesetzte Richtung seiner Bahn gezwungen wird und im elektrischen Feld gegenläufig abbremst wird. Sofern es nur abgelenkt wird, bewegt sich das Elektron nach der Kollision auf einer Zick-Zack-Bahn durch das Gas [53, S. 165], [5, S. 94]. Hierbei könnte genügend kinetische Energie aus dem elektrischen Feld akkumuliert werden, bis eine Ionisierung einsetzt. Grundsätzlich muss die Ionisierungsenergie W_i im elektrischen Feld von einem Ladungsträger beim Durchlaufen der Ionisierungsweglänge λ_I aufgenommen werden Gl. 2.21.

$$W_I = \frac{m}{2} \cdot v^2 = F_E \cdot s = E \cdot q \cdot \lambda_I = U_I \cdot q \tag{2.21}$$

Unter Berücksichtigung des Energie- und der Impulserhaltungssatzes, siehe Gl. 2.22 und Gl. 2.23, gilt für das Stoßgesetz mit den Stoßpartner 1 und 2 und den kinetischen Geschwindigkeiten v vor bzw. u nach dem Stoß:

$$E_{kin1} = E_{kin2} = \frac{1}{2}(m_1 v_1^2 + m_2 v_2^2) = \frac{1}{2}(m_1 u_1^2 + m_2 u_2^2) \tag{2.22}$$

$$P_{vor} = P_{nach} = m_1 \cdot v_1 + m_2 \cdot v_2 = m_1 \cdot u_1 + m_2 \cdot u_2 \tag{2.23}$$

Wird der Energie- und Impulserhaltungssatz aufgelöst, erhält man die Geschwindigkeiten nach dem Stoß der Stoßpartner 1 und 2 für den elastischen Stoß, Gl. 2.24:

$$u_{1,2} = \frac{2 \cdot m_{2,1} \cdot v_{2,1} + (m_{2,1} - m_{1,2}) \cdot v_{1,2}}{m_{1,2} + m_{2,1}} \tag{2.24}$$

Für die beiden Spezialfälle $\mathrm{m}_1 = \mathrm{m}_2$ (Ionen-Ionenstoß $\rightarrow u_1 = v_2$ bzw. $u_2 = v_1$) und $m_1 \ll m_2$ (Elektronen-Ionenstoß $\rightarrow \vec{u_1} \approx -\vec{v_1}$) ergibt sich, dass Ionen im Durchschnitt beim nicht-zentralen Stoß etwa die Hälfte ihrer Energie an den Stoßpartner abgeben. Deshalb erreichen beschleunigte Ionen beim β-Stoß (Ionenstoß) nicht die nötige kinetische Ionisierungsenergie. Elektronen hingegen geben nur einen Bruchteil ihre Energie ab. Deshalb sind nur Elektronen mit ionisierenden Stößen bei der Ladungsträgervermehrung beteiligt. Hierzu wird die aufgewendete kinetische Energie teilweise oder vollkommen in potentieller Energie E_{pot} am Atom oder Molekül umgesetzt.

Der erste Ionisierungskoeffizient α nach John Sealy Townsend nach Gl. 2.28 gibt die Ionisierungen pro Wegstrecke an. Durchläuft ein freies Elektron im Gas das elektrische Feld von der Kathode auf dem Weg zur Anode, wird es mit einer bestimmten Wahrscheinlichkeit P_c einen Stoßvorgang ausüben. Nach dem Clausius'schen Weglängengesetzes, nach Gl. 2.26, kann die Wahrscheinlichkeit eines Stoßes zwischen dem beschleunigten Elektron und der restlichen Gasteilchen abgeschätzt werden. Für die Stoßionisation ist das Erreichen der Ionisierungsweglänge λ_I nach Gl. 2.25 ohne Stoßvorgang entscheidend. Die mittlere freie Weglänge λ_m Gl. 2.5 legt im Mittel die Stöße je Längeneinheit fest. Nach Gl. 2.26 haben etwa 37 % (e^{-1}) der driftenden Elektronen nach einer Strecke x von λ_m noch keinen Stoß erfahren. So lässt sich nach Gl. 2.27 eine Wahrscheinlichkeitsverteilung ionisierender Stöße in Abhängigkeit von λ_I und λ_m berechnen, siehe [5, S. 85, 93]

$$\lambda_I = \frac{W_I}{q \cdot E} \sim \frac{1}{E} \tag{2.25}$$

$$P_c = \frac{N_A(x)}{N_a(0)} = e^{-\frac{x}{\lambda_m}} \tag{2.26}$$

$$P_c = \frac{N_A(x)}{N_a(0)} = e^{-\frac{\lambda_I}{\lambda_m}} \tag{2.27}$$

Wird mit dem Clausius'schen Weglängengesetz Gl. 2.26, λ_m nach Gl. 2.5 und λ_I nach Gl. 2.25 berücksichtigt, so erhält man einen Ausdruck für den ersten Ionisationskoeffizienten α nach Gl. 2.28. Durch Einsetzen der Gasparameter (Paschen-Parameter) A und B erweitert sich der Ausdruck als Funktion aus $\alpha = \mathrm{f(E/p)}$. Aus den Parametern kann die Ionisierungsspannung nach Rossner ([39] und [41]) einzelner Gas-Atome abgeleitet bzw. berechnet werden (Gl. 2.30).
`Hinweis`: Der effektive Ionisationskoeffizient $\alpha_{eff} = \bar{\alpha} = \alpha - \eta_{an}$ unter Berücksichtigung des Anlagerungsprozesses η_{an} wird unter Kap. 2.4 und 2.5 beschrieben.

$$\alpha = \frac{1}{\lambda_m} \cdot e^{\left(-\frac{\lambda_I}{\lambda_m}\right)} = A \cdot p \cdot e^{\left(-\frac{B}{E/p}\right)} = f\left(\frac{E}{p}\right) \tag{2.28}$$

$$A = \frac{1}{\lambda_m \cdot p} = \frac{a_s}{k_B \cdot T} \qquad \text{Gasparameter} \rightarrow B = \frac{a_s \cdot \delta \cdot W_I}{q_e \cdot k_B \cdot T}$$

$$\frac{\lambda_I}{\lambda_m} = \frac{B \cdot pd}{U} = \frac{B \cdot p}{E} = A \cdot p \cdot \lambda_I \quad (2.29)$$

$$U_I = E \cdot \lambda_I = \frac{B}{A}; \rightarrow \frac{\lambda_I}{\lambda_m} = \frac{B \cdot p}{E} = A \cdot p \cdot \lambda_I \quad (2.30)$$

Nach Gl. 2.28 und den Gasparametern A und B wird ein konstanter Stoßquerschnitt vorausgesetzt. Sehr schnelle Elektronen können das Atom ohne Wechselwirkung durchdringen, der effektive Stoßquerschnitt ist nicht konstant und eine Funktion der kinetischen Energie der stoßenden Elektronen. Im Vakuum können Elektronen hohe kinetische Energien erreichen ($E_{kin} \gg 1$ MeV). Bei höherer Gasdichte $p \geq 0{,}1$ MPa steigt die kinetische Elektronenenergie nicht wesentlich über 16 eV, da die Elektronen durch Stöße, Ionisations- oder Anregungsprozesse abgebremst werden, siehe Abb. 2.3 und 2.4. Die Ionisierungsenergie wird typischerweise in eV angegeben. Das ist die Energie, die ein Elektron beim Durchlaufen einer Potentialdifferenz von 1 V aufnimmt. Im Allgemeinem ist von einer Ionisierungsspannung die Rede. Im homogenen Feld kann diese auch als Produkt aus elektrischer Feldstärke E und zurückgelegter Wegstrecke x bzw. λ_I interpretiert werden. Nach Gl. 2.30 kann die Ionisierungsspannung U_I für das jeweilige Gas aus den Paschen-Parametern berechnet werden. Aus den Messungen und den Berechnungen in dieser Arbeit konnte für reinen Stickstoff (Güte 5.0) anhand der Paschen-Parameter eine Ionisationsenergie von 15 eV bestimmt werden. Laut Literatur liegt die Ionisationsenergie bei 15,5 eV, [53], somit sind diese experimentellen Ergebnisse mit bekannten Werten vergleichbar.

2.3.4 Ionenstoß β-Prozess

Prinzipiell können schnelle positive Ladungsträger (Ionen) zu einer Ionisierung von neutralen Gasteilchen führen. TOWNSEND versuchte mit Hilfe der Volumenionisation die Erhaltung der selbstständigen Entladung zu beschreiben. Als Annahme diente die Vorstellung, dass die zur Anode driftenden Elektronen „verloren“ gehen und durch ionisierende Stöße von Ionen mit neutralen Gasmolekülen im Volumen nachgeliefert werden [17]. Jedoch ist dieser Einfluss bei der Dunkelentladung sehr gering. Wie in Kap. 2.3.3 beschrieben, sind fast nur Elektronen zur Ladungsträgergeneration fähig. TOWNSEND formulierte die Ladungsträgerbedingung als Bilanz, der Summe aus den zurückbleibenden α-Prozess-Ionen und denen die durch die Ionen selbst erzeugt werden. Aufgrund der Analogie zur exponentiell wachsenden Entladungslawine formulierte TOWNSEND folgende Zündbedingung nach dem β-Prozess.

$$\alpha - \beta \cdot e^{(\alpha-\beta)\cdot d} = 0 \rightarrow \frac{\alpha}{\beta} = \frac{e^{\alpha \cdot d}}{e^{\beta \cdot d}} \quad (2.31)$$

Nach diesem Term ist das Verhältnis der erzeugten positiven und negativen Ladungsträger im Raum gleich groß wie das Verhältnis der Ionisationskoeffizienten für Elektronen und positive Ionen. Für den Fall, dass α wesentlich größer ist als β ($\alpha \gg \beta$), dann nähert sich die Zündbedingung an β_{Tnsd} an, siehe Gl. 2.32. An dieser Stelle wird klar, dass der β-Prozess keine Rolle spielen kann, da nach dieser Zündbedingung bereits ein Elektron die Entladung einleitet, siehe [17]. Dieser Zündmechanismus wurde nie beobachtet. Aus Gründen der Vollständigkeit und der Nachvollziehbarkeit ist der β-Ionisationsprozess hier gezeigt.

$$\beta_{Tnsd} = \frac{\alpha}{e^{\alpha \cdot d}} \tag{2.32}$$

2.3.5 Ionisierende Strahlung

Ionisierende Strahlung ist der Überbegriff für Teilchenstrahlung oder elektromagnetischer Strahlung, welche in der Lage ist, Elektronen aus neutralen Atomen zu lösen. Dabei wird zwischen α_{ray} (Heliumkern), β_{ray} (Elektron) und γ_{ray}-Stahlung (elektromagnetische Strahlung) unterschieden. Diese Strahlung ist hochenergetisch und wird meist bei Kernreaktionen freigesetzt. Die Wechselwirkungsenergie mit neutraler Materie wird als **K**inetic **E**nergy **R**eleased in **Ma**tter bezeichnet. Für Luft beträgt die Luft-KERMA etwa 34...36 eV [30, S. 614 f.] und [59, S. 338]. Diese Energie zur Ionisation ist etwa doppelt so hoch wie die Ionisierungsenergie von Luft. Die schnellen Teilchen benötigen zum Ionisieren die doppelte kinetische Energie. Erst wenn diese abgebremst sind, steigt die Wahrscheinlichkeit einer Ionisierung (Stoßquerschnitt). Ein schöner Vergleich ist die Moderation von schnellen Neutronen, um Kernreaktionen zu beeinflussen. Die ionisierende Strahlung wird in dieser Arbeit bei der Bereitstellung von Start-Elektronen bzw. Sekundärelektronen, die für die Einleitung des Durchschlags elementar sind, wirksam. Die natürliche Strahlung stellt Startelektronen an der Kathode und teilweise im Gasraum bereit. Im Prüfkessel wurde ionisierende β-Strahlung zur Startelektronen-Erzeugung genutzt. Über die ionisierende Strahlung kann die schnelle Vorwachgeschwindigkeit des Streamers durch emittierte Photonen aus dem Streamer-Kopf erklärt werden. Dieser Effekt ist maßgeblich durch hohe Streamer-Kopf-Feldstärken bedingt.

2.4 Anlagerung freier Elektronen bei elektronegativen Gasen

Als Anlagerung wird die Bindung von freien Elektronen an ein neutrales Molekül bezeichnet, ohne dass es eine klassische chemische Bindung eingeht (keine Elektronen-Paar-Bindung, keine Änderung der chemischen Eigenschaften). Deshalb sind die Bindungskräfte im Falle einer Anlagerung geringer. Bei SF_6 liegt die anfängliche Anlagerungsenergie (kurz nach dem Einfangen eines Elektrons) bei 0,05...0,1 eV. Nach etwa 10 μs beträgt die Anlagerungsenergie etwa 1...1,7 eV, siehe [5, S. 97]. Dieser Vorgang der Anlagerung kann als Einfangphase und Bindungsphase verstanden werden, die jeweils eine Zeitkonstante besitzen. Die Eigenschaft freie Elektronen anzulagern, wird als Elektronenaffinität bezeichnet. Bei molekularem Sauerstoff (O_2, EN-Wert 3,5 Paulin Skala) ist diese wesentlich geringer als bei fluorierten Gasen (F, EN-Wert 4 Paulin Skala). Bei SF_6, C_3F_7CN [54], C_6-K-Ketone [89] und weiteren perfluorierten Kohlenwasserstoffen (PFC) ist die Anlagerung von freien Elektronen sehr hoch. Durch die Anlagerung werden schwere negative Ionen gebildet, die im elektrischen Feld beschleunigt werden, aber aufgrund ihrer Masse nicht zur Ladungsträgervermehrung beitragen (siehe Kap. 2.3.4 β-Prozess). Der Anlagerungskoeffizient η_{An} beschreibt die Anlagerungen von Elektronen an Moleküle je Wegstrecke, siehe Gl. 2.34 und siehe [5, S. 98]. Luft besitzt ein geringfügiges Anlagerungsvermögen, da Stickstoff (N_2, 80 % Anteil der Luft) keine Elektronen anlagert und Sauerstoff (O_2, 20 % Anteil der Luft) im Molekül mit 0,4 eV nur schwach elektroaffin ist. In Abb. 2.3 und 2.4 ist der Anlagerungsquerschnitt a_{An} von SF_6 und O_2 angegeben, siehe [12] und [5]. Aus den Messun-

gen wurde deutlich, dass Stickstoff eine um 5...10 % geringere elektrische Festigkeit gegenüber Luft aufweist.
In Analogie zum Ionisationskoeffizienten α kann mit gleicher Vorüberlegung der Anlagerungskoeffizient η_{An} berechnet werden. Mit Berücksichtigung der mittleren freien Weglänge nach Gl. 2.5 und dem Clausius'schen Weglängengesetz nach Gl. 2.26 und der Kenntnis, dass die Anlagerung eine Funktion $\eta_{An} = f\left(\frac{E}{p}\right)$ ist, kann die Anlagerung freier Elektronen nach Gl. 2.34 mit den spezifischen Parametern a, b berechnet werden. Nach dieser Gleichung werden bereits 63 % $(1 - e^{-1})$ aller freien Elektronen beim Durchlaufen der Wegstrecke $x = \lambda_m$ an Ionen angelagert, Gl. 2.33.

$$\eta_{An} = \frac{1}{\lambda_m}\left(1 - e^{-\frac{x}{\lambda_m}}\right) = a \cdot p\left(1 - e^{-\frac{b}{E/p}}\right) \tag{2.33}$$

$$\eta_{An} = \frac{1}{\lambda_m}\left(1 - e^{-\frac{\lambda_{An}}{\lambda_m}}\right) = a \cdot p\left(1 - e^{-\frac{b}{E/p}}\right) \tag{2.34}$$

2.4.1 Anlagerung und Ionisierung im Gasgemisch

Auch im Gasgemisch ist die Anlagerung geeignet, um die elektrische Festigkeit von Gasen zu steigern. Für Tieftemperaturanwendungen muss SF_6 aufgrund von Verflüssigung im Gemisch verwendet werden, typisch sind Gemische mit Stickstoff. Nach DALTON [30, S. 192] ist die Siedetemperatur vom Partialdruck abhängig und kann über das Mischungsverhältnis eingestellt werden. Die elektrische Festigkeit bleibt bei Mischungsverhältnissen bis 60 %igen SF_6-Anteil bis zu 80 % erhalten. Mit den folgenden beiden Gleichungen 2.35 und 2.36 kann der Anlagerungs- und Ionisierungskoeffizient für das Gemisch (Gas 1, 2) berechnet werden, siehe [5, S. 110]. Bei diesen Formeln ist zu beachten, dass repräsentativ der Index 1 oder 2 wechselseitig für das jeweilige Gas 1 bzw. 2 für die Berechnung genutzt werden muss. Ebenso handelt es sich bei p_1 bzw. p_2 um den Partialdruck und bei p um den Gesamtdruck, siehe [5, S. 110]. Diese Vorüberlegungen werden später in Kap. 6.1.2.4 und Kap. 6.2.2.4 in Anlehnung erweitert, um die Berechnung der elektrischen Festigkeit von F-Gas-Gemischen zu ermöglichen.

$$\frac{\alpha_{1,2}}{p_{1,2}} = A_{1,2} \cdot e^{\left(-\frac{B_{1,2}}{E/p}\left(\frac{p_{1,2}}{p} + \frac{p_2 \cdot a_{s2,1}}{p \cdot a_{s1,2}}\right)\right)} \tag{2.35}$$

$$\frac{\eta_{1,2}}{p_{1,2}} = a_{1,2} \cdot \left(1 - e^{\left(-\frac{b_{1,2}}{E/p}\left(\frac{p_{1,2}}{p} + \frac{p_2 \cdot a_{s2,1}}{p \cdot a_{s1,2}}\right)\right)}\right) \tag{2.36}$$

In Kap. 3.1 wird die Bedeutung der Zündbedingung für den Durchschlag beschrieben. Die kritische Ladungsträgermenge muss zur Erfüllung der Zündbedingung vorhanden sein. Ebenso muss die Änderung der Ladungsträger durch Generation oder Anlagerung berücksichtigt werden. Nach Gl. 2.37 lässt sich die Änderung der Ladungsträger je Wegstrecke berechnen.

$$\partial N_e = (\alpha_1 - \eta_1) \cdot N_0\, \partial x + (\alpha_2 - \eta_2) \cdot N_0\, \partial x \ldots (\alpha_n - \eta_n) \cdot N_0\, \partial x \tag{2.37}$$

Bei SF_6-N_2-Gemischen eignet sich dieser Ansatz gut, um die Ladungsträgeränderung zu berechnen, denn durch den sehr großen Anlagerungsquerschnitt von SF_6 dominiert die Anlagerung. Bei N_2-O_2-Gemischen (Luft) ist dieser Ansatz nicht anwendbar, da Sauerstoff einen nahezu vernachlässigbaren Anlagerungsquerschnitt besitzt. Für Luft sollte mit dem effektiven Ionisationskoeffizienten gerechnet werden, siehe Paschen-Gesetz Kap. 3.4.

2.4.2 SF_6 Elektronenanlagerung

Die folgenden elementaren Gleichungen beschreiben sowohl die direkte (Gl. 2.38) als auch die dissoziative Anlagerung (Gl. 2.39) von Elektronen an ein SF_6-Molekül. Ein freies Elektron wird an das SF_6-Molekül angelagert, dabei entsteht ein großes und schweres negative Ion. Dieses SF_6^--Ion kann auch wieder in ein freies Elektron und in stabiles SF_6-Molekül zerfallen. Bei der dissoziativen Anlagerung nach Gl. 2.39 wird ein Fluor-Atom abgespalten und es bildet sich ein negatives SF_5^--Ion. In diesem Fall ist das Elektron am Fluor angelagert. Falls das Elektron vom Fluor abgelöst wird, kann sich bei der Rückreaktion von F^+ und SF_5^- wieder ein symmetrisches SF_6-Molekül bilden. Das ist möglich, da alle Moleküle den niedrigsten Energiezustand anstreben und SF_6 einen sehr niedrigen Energiezustand besitzt. So wird die zuvor zugeführte Energie bei der Rückreaktion wieder freigesetzt.

$$e^- + SF_6 \rightarrow SF_6^- \tag{2.38}$$

$$e^- + SF_6 \rightarrow SF_5^- + F \tag{2.39}$$

2.5 Effektiver Ionisationskoeffizient

Den Einfluss der Anlagerung auf die Ladungsträgergeneration kann mit Hilfe des effektiven Ionisierungskoeffizienten α_{eff} bzw. $\bar{\alpha}$ nach Gl. 2.40 berücksichtigt werden. Angelagerte Elektronen stehen praktisch nicht zur weiteren Ladungsträgergeneration der Stoßionisation zur Verfügung (η_{An} Gl. 2.34).

$$\bar{\alpha} = \alpha_{eff} = \alpha - \eta_{An} \tag{2.40}$$

Essentiell für den Gasdurchschlag ist die Zündbedingung bzw. die kritische Ladungsträgermenge N_{krit}, siehe Kap. 3.1. Der effektive Ionisationskoeffizient $\bar{\alpha} = \alpha - \eta_{An}$ beschreibt die tatsächliche Ionisierung mit Berücksichtigung der Anlagerung (engl. „attachment"). In Kombination mit Gl. 3.5, 3.9 und 3.12 kann die Zündbedingung und die Durchschlagspannung numerisch berechnet werden, siehe Kap. 3.5.4. In Abb. 2.2 ist für SF_6 (links) und Luft (rechts) der Ionisierungs-, Anlagerungs- und der effektive Ionisierungskoeffizient dargestellt. Es ist zu sehen, dass das Anlagerungsvermögen des Luft-Sauerstoffs sehr gering ist. Für Luft konnte $\bar{\alpha}$ nach Gl. 2.28 aus den ermittelten Paschen-Parametern (Durchschlagmessungen, Tabelle 6.4) dargestellt werden. Die Literaturwerte für $\bar{\alpha}$ und der quadratische Ansatz nach Gl. 2.41 nach [5] und [25] stimmen mit den empirischen Messdaten überein, wie in Abb. 2.2 zu entnehmen ist. Die Grenzfeldstärke $E/p_0 = 24{,}4$ kV/MPa mm für Luft sagt aus, dass unterhalb dieses Grenzwertes keine Ionisierung möglich ist, die Anlagerung ist größer als die Ionisierungsrate. Die Anlagerung bei Luft ist jedoch sehr gering. Auch bei SF_6 findet unterhalb dieses Grenzwertes $E/p_0(SF_6)$ kein Durchschlag statt. Aufgrund der bei SF_6 ausgeprägteren Anlagerung eignet sich der lineare Ansatz zur Berechnung von $\bar{\alpha}(SF_6)$ nach Gl. 2.43 für SF_6 besser, da bei Feldstärken kleiner 89 kV/MPa mm die Anlagerung dominiert. Nach den Annahmen zur Anlagerung und Ladungsgeneration nach den Gl. (2.34) und (2.28) ergibt sich zwangsläufig ein linearer Verlauf in Abhängigkeit der Feldstärke, siehe Abb. 2.2.

$$\frac{\bar{\alpha}}{p} = k_{Luft} \cdot \left[\frac{E}{p} - \left(\frac{E}{p}\right)_0\right]^2 = 0{,}22 \cdot \frac{MPa \cdot mm}{kV^2} \cdot \left[\frac{E}{p} - 24{,}4 \cdot \frac{kV}{MPa \cdot mm}\right]^2 \tag{2.41}$$

$$\frac{\partial \bar{\alpha}}{\partial E/p} = \frac{\partial}{\partial E/p} \cdot A \cdot e^{-\frac{B}{E/p}} = \frac{A \cdot B}{(E/p)^2} \cdot e^{-\frac{B}{E/p}} \tag{2.42}$$

An dieser Stelle soll hervorgehoben werden, dass der Anstieg von $\bar{\alpha}(E/p)$ (Gl. 2.42) bei Luft für Feldstärken nahe des Durchbruchs $E/p \approx 24{,}4$ kV/(MPa mm) mit $0{,}3 \ldots 0{,}8$ 1/kV sehr gering ist. D.h. die Ladungsträgervermehrung nach dem α-Prozess setzt nur allmählich ein, siehe Gl. 2.42. Bei SF_6 hingegen ist der differenzielle Anstieg mit dem Druck von $\partial\bar{\alpha}/\partial E/p \approx 28$/kV wesentlich größer und nach dem linearen Ansatz ist dieser konstant, [5, S. 100]. Die hohe elektrische Festigkeit von SF_6 wird durch die hohe Anlagerung erzielt. Unterhalb der bezogenen Grenzfeldstärke von $E/p_0 = 87{,}7$ kV/(MPa mm) werden alle freien Elektronen an das SF_6-Molekül angelagert. Aus diesem Grund ist die elektrische Festigkeit von SF_6 etwa um den Faktor drei höher als bei Stickstoff oder Luft. Der Ionisierungskoeffizient α von SF_6 ist vergleichbar mit dem von Stickstoff bzw. Luft.

$$\frac{\bar{\alpha}}{p} = K_{SF_6} \cdot \left[\frac{E}{p} - \left(\frac{E}{p_0}(p)_{SF_6}\right)\right] \approx \frac{27{,}7 \ldots 28}{kV} \cdot \left[\frac{E}{p} - \frac{87{,}7 \ldots 88{,}8 \cdot kV}{MPa \cdot mm}\right] \tag{2.43}$$

Für höhere Drücke verringert sich die Grenzfeldstärke E/p_0 von SF_6, siehe GL. 2.44. Dieser Ausdruck entstammt den empirischen Messungen dieser Arbeit und erweitert den Literatur bekannten Ansatz nach Gl. 2.43, [5, S. 100] um die Abhängigkeit des Drucks.

$$\frac{E}{p_0}(p)_{SF_6} = \frac{74{,}3\ kV}{MPa\ mm} \cdot e^{-\frac{p}{1{,}225\ MPa}} + \frac{15{,}6\ kV}{MPa\ mm} \tag{2.44}$$

Anhand von Abb. 2.2 wird deutlich, dass bei SF_6 freie Elektronen angelagert werden. Jedoch führt der hohe Anstieg von $\bar{\alpha}(E/p)$ bei SF_6 zu einer wesentlich höheren Ladungsträgergeneration. Sobald die Grenzfeldstärke geringfügig überschritten ist, leitet der Streamer (siehe Kap. 3.3) den Durchschlag ein und die Zündbedingung ist bereits nach wenigen μm erfüllt (siehe Abb. 6.54). Für schwach elektronegative bis neutrale Gase, wie z.B. CO_2, O_2, Luft und Stickstoff konnte $\bar{\alpha}$ sehr gut aus den ermittelten Paschen-Parametern (siehe Kap. 6.4) und nach Gl. 2.28 bestimmt werden. Abb. 2.1 stellt den effektiven Ionisierungskoeffizienten der untersuchten alternativen Gase (O_2, N_2, CO_2 und Luft) dar. Die Kennlinien zum Ionisationskoeffizienten $\bar{\alpha}$ sind mit Hilfe der in dieser Arbeit ermittelten Paschen-Parameter nach Gl. (2.28) angegeben.

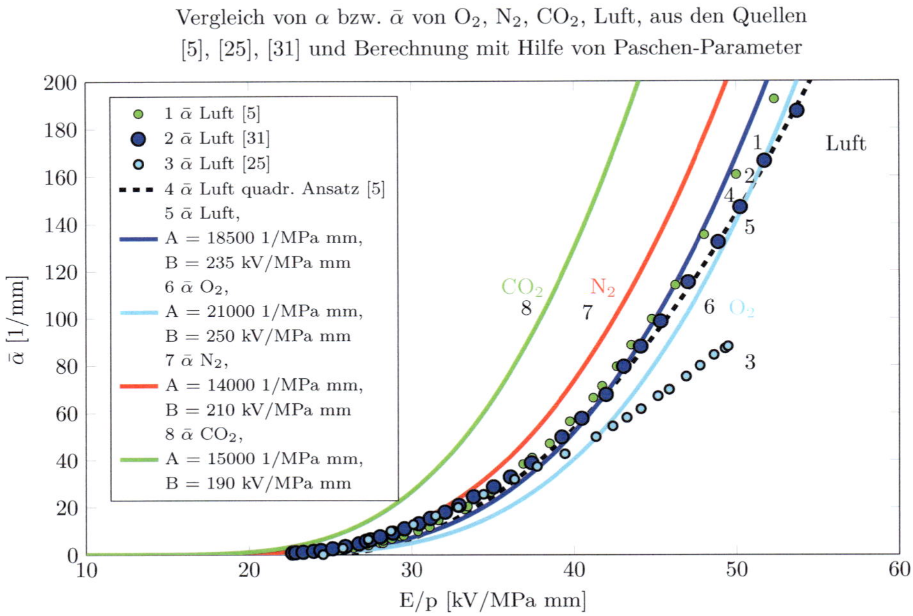

Abbildung 2.1: Vergleich von α bzw. $\bar{\alpha}$ von O_2, N_2, CO_2, Luft, aus den Quellen [5, S. 94], [31, S. 55], [25] und Berechnung mit Hilfe in dieser Arbeit ermittelten Paschen-Parameter

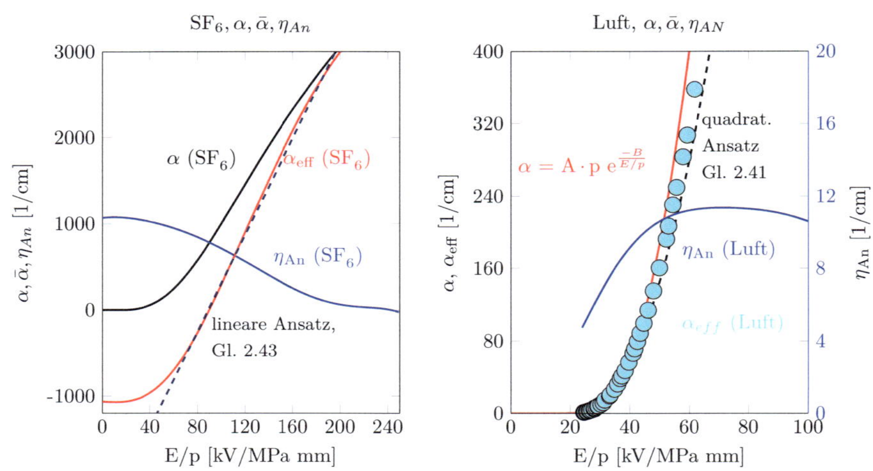

Abbildung 2.2: Anlagerungs-, realer und effektiver Ionisierungskoeffizient η_{An}, α und $\bar{\alpha}$ von SF_6 (links) und Luft (rechts) [5, S. 94] mit quadratischer Näherung (Luft) und linearem Ansatz (SF_6) [53, S. 171], [5, S. 94] und [25]

2.6 Wirkungsquerschnitt

Bei der Herleitung des Paschen-Gesetz, siehe Gl. 3.13 und des Ionisierungskoeffizienten $\bar{\alpha}$ nach Gl. 2.28 wird ein konstanter Stoß- bzw. Wirkungsquerschnitt angenommen, siehe [5]. Der Wirkungsquerschnitt kann aufgrund des Atommodells, der Elektronegativität und der unterschiedlichen Geschwindigkeit der stoßenden Elektronen nicht konstant sein, deshalb wird hier eine Abgrenzung zu Kap. 2.1.2 vorgenommen. Aus den Abbildungen 2.3 und 2.4 kann der Wirkungsquerschnitt für SF_6, CO_2, O_2 und N_2 entnommen werden. In dieser Arbeit mit der Untersuchung bei Gasdrücken $p > 0{,}1$ MPa ist der Wirkungsquerschnitt nahezu konstant. Es existiert jedoch kein von Druck und Feldstärke unabhängiger Wirkungsquerschnitt, dieser ist von Elektronengeschwindigkeit und den unterschiedlichen Anregungszuständen abhängig. Speziell für das elektronegative SF_6 wird deutlich, der Anlagerungsquerschnitt ist für langsame Elektronen größer als der Ionisierungsquerschnitt. Nur langsame Elektronen werden angelagert. Der Ionisierungsquerschnitt für N_2, O_2 und SF_6 ist nahezu identisch, je nach Literaturquelle [5], [12] und [14]. In Abb. 2.4 kann die geringe Elektronenaffinität von O_2 anhand des geringen Anlagerungsquerschnitts erkannt werden. Aufgrund dieser vergleichsweisen geringen Anlagerung konnte in dieser Arbeit auch die Paschen-Parameter ermittelt werden, siehe Tabelle 6.4.

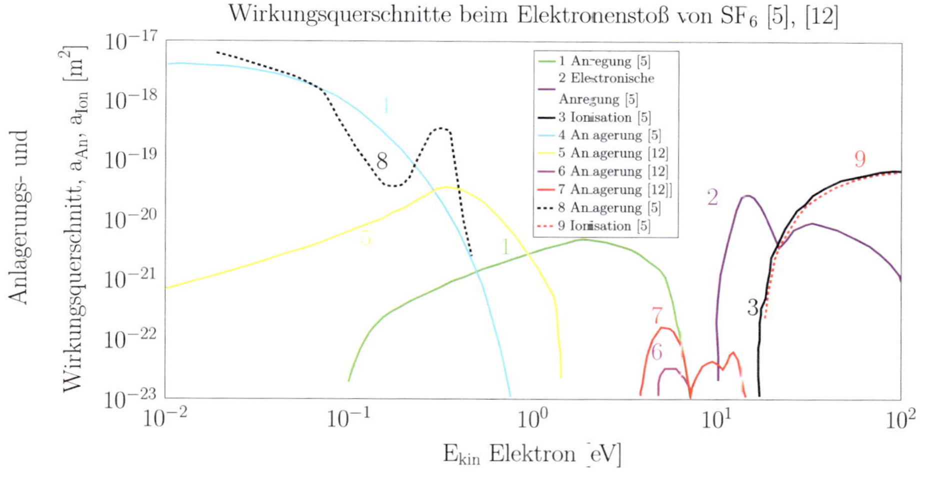

Abbildung 2.3: Wirkungsquerschnitt, Anlagerung, Anregung und Ionisierung von SF_6 [5], [12]

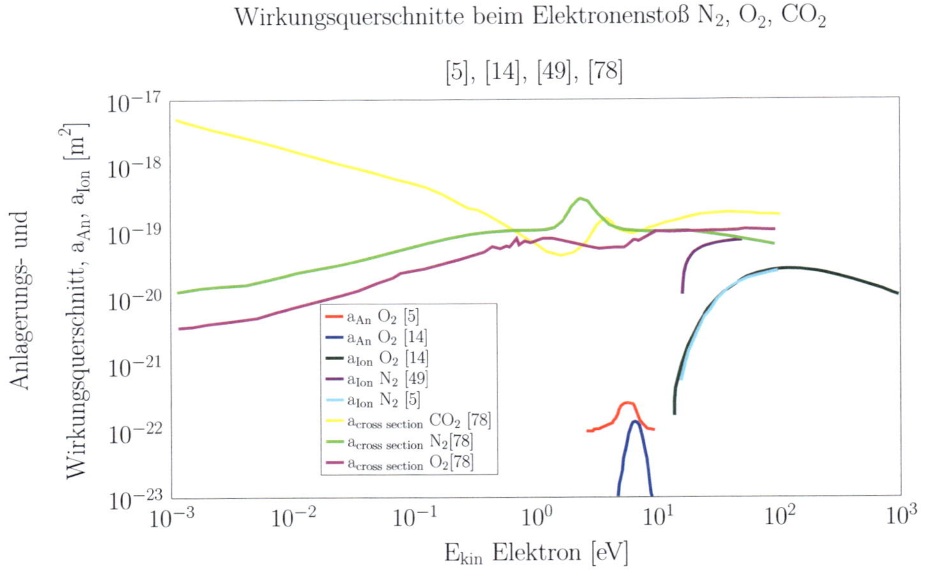

Abbildung 2.4: Wirkungsquerschnitt von O_2, N_2, CO_2, [5], [14], [49], [78]

2.7 Stoß 2. Ordnung Anregung und Penningeffekt

Unter Anregung von Atomen und Molekülen beschreibt die Physik den energetischen Abstand zwischen dem Grundzustand des Atoms bzw. Moleküls und dem noch nicht ionisierten Zustand. Nach dem wellenmechanischen Atommodell können dem Atom nur diskrete Energieniveaus zugeführt werden. Alle energetischen Zustände oberhalb des Grundzustandes (Minimalzustand) sind angeregte Zustände. Durch stoßende Elektronen und Ionen kann eine gewisse Anregung stattfinden.
Der nach F. M. PENNING benannte Effekt beschreibt die Übertragung von Anregungsenergien bei elastischen Stößen. So kann in einem Gasgemisch aus X und Y, mit stark unterschiedlichen Anregungs- und Ionisierungsenergien, beispielsweise X angeregt werden und dessen Anregungsenergie an Y weitergeben und dieses Gasmolekül ionisieren. Als Bedingung muss die Anregungsenergie von X größer als die Ionisierungsenergie von Y sein. Ein Aspirant für den Penningeffekt ist Argon um die Zündspannung von Neon-Gasentladungslampen zu reduzieren. Dieser Effekt hat in dieser Arbeit keine Auswirkung auf die Messergebnisse und wird nur aus Gründen der Vollständigkeit erwähnt.

Kapitel 3

Selbstständige Gasentladung

Die Gasentladung bzw. der Gasdurchschlag ist mit dem Verlust der elektrischen Isolierfähigkeit verbunden. Speziell in dieser Arbeit werden die Mechanismen der beginnenden Gasentladungen genutzt, um Aussagen über die elektrische Festigkeit der untersuchten Gase zu erlangen. Die elektrische Spannung zwischen zwei Elektroden wird solange gesteigert, bis eine selbstständige Ladungsträgervermehrung einsetzt, ein leitfähiger Entladungskanal erzeugt wird und die Anordnung durchschlägt. Anhand der Stromdichte-Feldstärke-Kennlinie der Gasentladung in Abb 3.1 kann qualitativ der Übergang zwischen isolierendem und leitfähigem Zustand von Gasen gezeigt werden. Im Bereich I ist ein nahezu ohmsches Verhalten sichtbar, durch Steigerung der Spannung bzw. Feldstärke steigt der Strom bzw. Stromdichte an. Im Bereich II erhöht sich die Stromdichte mit steigender Spannung nicht weiter. Hier ist Generation und Rekombination von Ladungsträgern im Gleichgewicht und die Stromdichte ist hauptsächlich von der natürlichen Strahlung abhängig. In diesem Bereich ist die Sättigungsstromdichte von $J = 1 \ldots 1{,}6\ 10^{-18}$ A/cm^2 bei einer Sättigungsfeldstärke von 30 V/m erreicht, [5] und [17]. Für einen weiteren Anstieg der Stromdichte stehen deshalb keine weiteren Ladungsträger zur Verfügung. Um weitere Ladungsträger zu generieren, muss genügend Energie aus dem elektrischen Feld von Elektronen aufgenommen werden, damit weitere Ladungsträger aus den neutralen Gasmolekülen generiert werden. Dabei steigt die Stromdichte exponentiell an (Bereich III), bis der Entladestrom einen kritischen Wert überschreitet und ein Durchschlag erfolgt, bei Luft und Normalbedingungen beträgt die kritische Feldstärke etwa 25 kV/cm [5].

3.1 Zündbedingung

Aufgrund der Reproduzierbarkeit des Durchschlags und der physikalischen Eigenschaften von Gasen war es möglich eine Zündbedingung zu formulieren. Allgemein bekannt sind die Zündbedingungen des Generationsmechanismus nach TOWNSEND und die des Streamermechanismus nach RAETHER. Unter Normalbedingungen befinden sich etwa $2{,}7 \cdot 10^{19}$ Teilchen pro cm^3 im Gas. Für die Zündung des Entladungskanals ist eine vergleichsweise geringe Anzahl von $10^6 \ldots 10^8$ Ladungsträgern ausreichend, das entspricht eine Ladungsträgerdichte von **einem Elektron auf 300 Milliarden neutralen Gasteilchen**. Diese Zündbedingung ist nach RAETHER bei Normalbedingungen $T = 293$ K und $p = 101{,}3$ kPa definiert, [53, S. 160 f.], [5, S. 151 f.] und [33]. Im Folgenden werden die Zündmechanismen beschrieben.

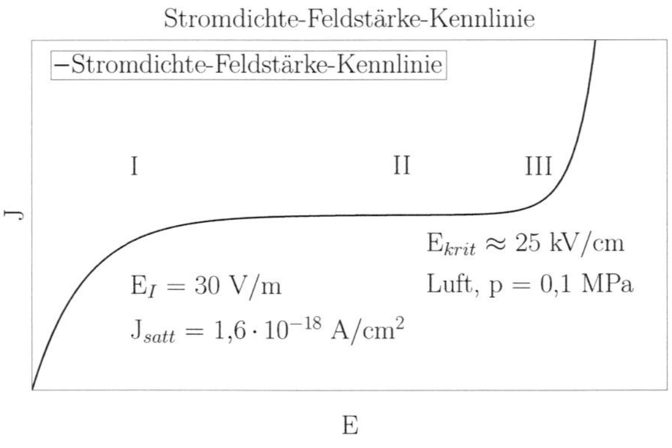

Abbildung 3.1: Stromdichte J als Funktion einer homogenen Feldstärke E in Gasen

3.2 Townsend-Generationsmechanismus

Die Theorie des Entladungsaufbaus nach TOWNSEND beschreibt die Bildung eines leitfähigen Entladungskanals. Dieser Entladungsaufbau setzt ein homogenes, raumladungsfreies, elektrisches Feld zwischen zwei Elektroden (Anode und Kathode) voraus. Die neutralen Gasmoleküle werden als ruhend angesehen. An der Erfüllung der Zündbedingung ist hauptsächlich der α-Prozess (Elektronenstoß) und die Kathode beteiligt. Nach TOWNSEND wird zu Beginn mit einem Anfangselektron $N_1 = 1$ gerechnet, welches auf dem Weg x zur Anode weitere Elektronen und Ionen generiert, siehe Gl. 3.1. Die Lösung dieser Differentialgleichung 1. Ordnung durch Trennung der Variablen führt zum exponentiellen Lawinenwachstum, siehe Gl. 3.2, d.h. eine Lawine generiert entlang der Wegstrecke „d" $\left(e^{\int_0^d \alpha\, dx} - 1\right)$ Ladungsträger. Dieses Generationsgesetz ist allgemeingültig und kann auch für inhomogene Felder genutzt werden. Für homogene elektrische Felder vereinfacht sich der Term $\int_0^d \alpha\, dx$ zu $\alpha \cdot d$, da Feldstärke bzw. Ionisationszahl α konstant sind. Um einen Durchschlag nach dem Townsend-Mechanismus einzuleiten reicht eine einzelne Entladungslawine nicht aus. Erst Folgelawinen bilden in Summe einen leitfähigen Kanal. Hierfür muss ein Sekundärelektron aus der Kathode durch den Rückwirkungsprozess γ bereitgestellt werden, siehe Gl. 3.3.

$$\partial N = N_1\ \alpha\ dx \tag{3.1}$$

$$N_e = N_1 \cdot e^{\int_0^d \alpha\ dx} = N_1 \cdot e^{\alpha d} \tag{3.2}$$

Aufgrund der geringen Beweglichkeit der schweren Ionen ($b_I \approx 1 \ldots 10$ cm²/Vs, siehe Tabelle A.4) gegenüber der hohen Beweglichkeit der Elektronen $b_e \approx 500$ cm²/Vs benötigen diese auf dem Weg zur Kathode mehr Zeit, um dort ein weiteres Startelektron für eine Folgelawine auszulösen. Die gebildeten Sekundärelektronen können mit Hilfe des Rückwirkungskoeffizienten γ berechnet werden, siehe Gl. 2.17. Deshalb spielt bei diesem Mechanismus die Kathode aufgrund von Material und Oberflächenbeschaffenheit signifikant eine Rolle. Das Modell der Folgelawinen basiert auf einer geometrischen Reihe. Konvergiert diese, verarmt die Entladung und kein Durchschlag setzt ein. Ein Durchschlag setzt ein, sobald diese Reihe divergiert, siehe Gl. 3.3. Das ist erfüllt, sobald der Term im Nenner $\gamma \cdot (e^{\alpha x} - 1) > 1$ ist. Ist der Term kleiner 1, konvergiert die Reihe und kein leitfähiger Kanal wird gebildet, siehe [53, S. 160 f.]. Die Auflösung des Konvergenzkriteriums führt zur Generation-Ionisationszahl $k_G = \ln(N)$, siehe Gl. 3.5.

$$N_{e\gamma} = N_1 + N_2 + \ldots + N_n = \sum_{n=1}^{\infty} \left[\gamma^{n-1} \cdot \left(e^{\alpha \cdot d} - 1\right)^{n-1}\right] = \frac{e^{\alpha \cdot d}}{1 - \gamma \cdot (e^{\alpha \cdot d} - 1)} \tag{3.3}$$

$$\gamma \cdot (e^{\alpha x} - 1) > 1 \tag{3.4}$$

Die Umformung des Konvergenzkriteriums nach Gl. 3.4 führt zur Zündbedingung nach TOWNSEND Gl. 3.5.

$$\alpha d = \int_{x=0}^{d} \alpha \, dx \geq \ln(1 + 1/\gamma) = k_G \tag{3.5}$$

Die Generation-Ionisationszahl k_G wird in der Literatur mit einem Bereich von $k_G = [3 \ldots 11]$ angegeben (siehe [53], [55] und Gl. 3.5). Ein $k_G = 7$ entspricht dabei einem Rückwirkungskoeffizienten von $\gamma = 10^{-3}$. Das bedeutet, dass aus einem Startelektron etwa $e^{k_G = 7} = 1100$ Elektronen von der Entladungslawine generiert werden. Eine hohe Rückwirkung der Kathode bedeutet, dass k_G klein ist und eine geringe Ladungsträgergeneration im Gas stattgefunden hat. Mehrere Lawinen müssen die Gasstrecke durchlaufen, um einen Durchschlag einzuleiten. Deshalb benötigt der Generationsmechanismus eine relativ lange Aufbauzeit von einigen 10 μs. Der Generationsmechanismus ist nur bei geringen Gasdrücken $p <$ 0,1 MPa und Schlagweiten $d <$ 10 mm beobachtet worden. Bei hoher Ionisationsrate α und genügender Strecke im Gas, hohem Druck, hoher Schlagweite und hoher Feldstärke ist die Bedingung des raumladungsfrei homogenen Feldes nicht erfüllt, siehe [53]. Entladungsvorgängen, wie Durchschläge bei schnellen Spannungsimpulsen können mit diesem Entladungsmodell nicht erklärt werden. Nach dem Streamer-Mechanismus, wie folgt beschrieben, sind schnelle Entladungsvorgänge erklärbar.

3.3 Streamer-Kanalentladung nach Raether

Nach Theorie von RAETHER verzerren Raumladungen das elektrische Grundfeld so stark, dass lokale Feldstärkeüberhöhungen das Lawinenwachstum stark beschleunigen, so dass Folgelawinen über Photoionisation ausgelöst werden. Das Modell der Kanalentladung (Streamer) ist in mehreren Quellen zu finden [17, S. 238 f.], [53, S. 174 f.], [5, S. 100 f.], besonders hervorzuheben ist H. RAETHER mit der Theorie der Kanalentladung bzw. der Streamer-Theorie, [71], [70], [72]. Die Kanalentladung beginnt anfangs mit einem Startelektron $N_e = 1$. Durch eine starke α-Ionisation und genügend Wegstrecke bildet sich eine hohe Raumladungsdichte von Elektronen im negativ geladenen kugelförmigen Streamerkopf. Langsame schwere Ionen verbleiben am Entstehungsort und bilden einen positiv geladenen und kegelförmigen Streamerschwanz. Durch Diffusion wird im Streamerkopf die Ladungsdichte geringer, siehe Abb. 3.2. Dieses Streamer-Modell, mit dem neuen Ansatz zur Diffusion (Gl. 3.10 und 3.11), ist in dieser Arbeit mit einer FEM simuliert und dieses liefert im Vergleich zu Gl. 3.9 ähnlich hohe Feldstärken. Im Anhang dieser Arbeit ist dieses Modell des Streamers Anhand Abb. A.1 und A.2 näher veranschaulicht. Nach RAETHER und seinem Entladungsmessungen in der Nebelkammer konnte ein Öffnungswinkel des Streamer-Schwanzes von 5° abgeleitet werden. Unter der Voraussetzung, dass der Öffnungswinkel vom Gasdruck unabhängig, jedoch der Streamer-Kopf-Radius vom Gasdruck abhängig ist, sind mehrere Simulationen durchgeführt worden. Im Niederdruck bei $p < 0{,}01$ MPa ist ein Kopfradius von 1 mm und $Q = 5$ nC angenommen worden (Simulation nach Messungen von RAETHER [69]). Die Simulation für realistische Durchschläge (siehe Abb. A.1) bezieht sich auf hohe Drücke und kleine Streamer-Kopf-Radien ($p = 1$ MPa, $r_k = 10\ \mu m$).

Der Streamerkopfradius nach Gl. 3.7 kann mit Hilfe des Diffusionskoeffizienten D, der Elektronenbeweglichkeit b_e und Vorwachsgeschwindigkeit v berechnet werden. Hierbei verwendete RAETHER die Beziehung nach EINSTEIN und SMOLUCHOWSKI, siehe Gl. 3.6, welche den Diffusionskoeffizienten D, die Elektronenbeweglichkeit b_e mit der Boltzmann-Konstante k_B und der absoluten Temperatur T verknüpft. Für eine bestimmte Zeit $t_{\rightarrow\infty}$ sind alle Ladungsträger im Kopf auseinander diffundiert. Entweder verarmt der Streamer aufgrund von Diffusion oder er leitet einen Durchschlag ein, dann dominiert die Ladungsgeneration. Um die Entwicklung des Streamerkopfradius r_{St} zu berechnen, führte RAETHER die Driftzeit t_{drift} nach Gl. 3.8 ein, welche sich aus Grundfeldstärke E_G, Elektronenbeweglichkeit b_e und zurückgelegter Wegstrecke x berechnen lässt. So ist es möglich den Streamerkopfradius im homogenen Feld an einer beliebigen Stelle x zwischen Anode und Kathode zu berechnen. Der Streamer ist bei der Dunkelentladung bei niedriger Temperatur beteiligt. Bei hoher Temperatur ist die Diffusion der Ladungsträger größer und der Streamereinfluss geringer.

$$D = \frac{b_e \cdot k_B \cdot T}{q_e} \tag{3.6}$$

$$r_{St} = 2 \cdot \sqrt{D \cdot t_{drift}} = 2 \cdot \sqrt{\frac{D \cdot x}{b_e \cdot E_G}} = 2 \cdot \sqrt{\frac{k_B \cdot t_{drift} \cdot T}{q_e}} \tag{3.7}$$

$$t_{drift} = \frac{x}{v} = \frac{x}{b_e E_G} \tag{3.8}$$

Aufgrund der hohen Feldstärke im Streamer-Kopf emittiert dieser UV-Quanten (Photoionisation), welche weitere Lawinen schon vor dem Streamer Kopf auslösen, weshalb hohe Vorwachsgeschwindigkeiten von $v_{st} = 10 \ldots 100$ cm/μs erreicht werden. Gasentladungen bei kurzzeitigen Spannungsimpulsen wie z.B. bei Blitzstoßspannungen können deshalb nur durch den Streamer gezündet werden. Als Zündbedingung wird näherungsweise angenommen, dass das lokale Feld des Streamerkopfes etwa gleich groß der äußeren Grundfeldstärke ist, $E_{St} \approx E_G$ siehe [5, S. 100]. Ein abschätzender Vergleich zum Townsend-Mechanismus: die Funkenaufbauzeiten ist im Bereich von ms messbar, [53], [5]. Nach einer einfachen Abschätzung der Laufzeit, bei $d = 10$ mm, $p = 0{,}1$ MPa und $E = 30$ kV/cm benötigt eine Townsendlawine 20 ns für den ersten Durchlauf. Damit die durchlaufenden Elektronenlawinen die nötigen Sekundärelektronen bereitstellen, werden eine Vielzahl von Folgelawinen benötigt, so dass nach TOWNSEND rechnerisch Zusammenbruchzeiten von einigen ms für den Durchschlag notwendig sind. In allen hier vorgestellten Messungen mit DC, AC, SIL und auch BIL muss besonders bei Drücken größer 0,1 MPa mit dem Streamer-Durchschlag gerechnet werden. Nur die hohe Vorwachsgeschwindigkeit erklärt den Durchschlag beim Blitzstoß. **Hinweis:** Bei kleinen Drücken und Schlagweiten $pd < 1$ MPa mm kann die Entladung nach TOWNSEND erfolgen.

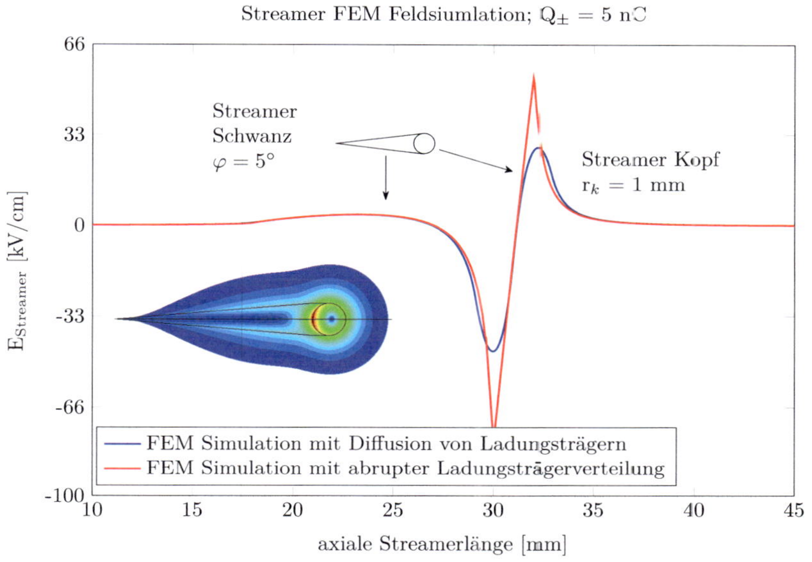

Abbildung 3.2: Streamereinfluss auf das äußere elektrische Feld und der α-Ionisation, Öffnungswinkel 5° siehe [71]

Mit der Annahme einer kugelförmigen Raumladungsdichte im Streamer-Kopf und einer erzeugten Gesamtladung von $N_e = e^{\alpha d}$, kann nach Gl. 3.9 die Streamer Zündbedingung berechnet werden. Eine kritische Ladungsträgermenge von $N_{krit} = 10^6 \dots 10^8$ mit der Streamer-Ionisationszahl $k_{St} = 13{,}8 \dots 18{,}4$ ist für den Durchschlag notwendig, siehe [53, S. 169] und [5, S. 102]. Die Beziehung $\ln(N_{krit}) = \int_0^{x_{krit}} \alpha \, dx$ ist ebenfalls gültig, deshalb schlägt nach dem Streamer-Mechanismus die Anordnung durch, sobald die kritische Wegstrecke x_{krit} erreicht ist, (siehe [53], [5, S. 102]).

$$E_{St} = \frac{q_e \cdot N}{4\pi\varepsilon_0 \cdot r_{St}^2} = \frac{q_e^2 \cdot e^{\alpha \cdot x}}{16\pi\varepsilon_0 k_B T \cdot x} \cdot E_G \tag{3.9}$$

Wird bei der Berechnung der kritischen Ladungsträgermenge N_{krit} ebenfalls die Überlagerung der Teilfelder E_{St} und E_G berücksichtigt, so setzt eine Ladungsträgergeneration hier durch den Streamer-Mechanismus bei einer Ionisationszahl größer $k_{St} > 13{,}8$ ein. Nach Abb. 2.2 steigt der Ionisationskoeffizient bei SF_6 stärker als bei Luft mit der Feldstärke an. Der hohe Ionisationsanstieg und der Streamer-Mechanismus führen dazu, dass beim Durchschlag in SF_6 von wesentlich größeren Raumladungseinflüssen, gegenüber dem Luftdurchschlag, ausgegangen werden muss. Das erklärt die Nichtanwendbarkeit des Paschen-Gesetzes beim SF_6-Durchschlag (siehe Kap. 6.2.2.5).

Bei der oben genannten Berechnung des Streamers wird von einer konstanten Diffusion ausgegangen. Diese ist jedoch stark abhängig vom Druck, weil die Stoßionisation und die mittlere freie Weglänge entscheidend sind. In Gl. 3.10 wird die Diffusion in Abhängigkeit der mittleren Teilchengeschwindigkeit $\bar{v} = b_e \cdot E_G$ mit Kombination der mittleren freien Weglänge λ_m berechnet. Aus dieser Arbeit und der Betrachtung des Streamers wurde deutlich, dass die Diffusionskonstante auch mit dem Paschen-Parameter A ausgedrückt werden kann, so dass die Streamer-Feldstärke auch in Abhängigkeit des Drucks berechenbar ist, siehe Gl. 3.11. Diese Berechnung setzt voraus, dass das

Paschen-Gesetz für das jeweilige Gas gültig ist. D.h. für SF_6 oder fluorierte Gase ist das nicht möglich. Für SF_6 sollte der Streamer nach Gl. 3.6 berechnet werden. Für elektrisch neutrale Gase (Luft, Stickstoff, CO_2, etc.) kann der Streamer-Einfluss zwar nach beiden Varianten berechnet werden, die neue druckabhängige Variante nach Gl. 3.11 ist zu bevorzugen, da der Streamer auch von der Gasdichte abhängig ist. In dieser Arbeit konnte dieser ermittelte Ansatz auch empirisch für Luft, N_2, CO_2 und Sauerstoff (nicht für SF_6 und C_3F_7CN) bestätigt werden, vergl. Gl. 3.9 mit Gl. 3.11.

$$D_{var} = \frac{1}{3} \cdot v_m \cdot \lambda_m = \frac{1}{3} \cdot \frac{x}{t_{drift}} \cdot \frac{1}{A \cdot p} \tag{3.10}$$

Wird die druckabhängige Diffusionskonstante D_{var} nach Gl. 3.10 in den Streamer-Kopf-Radius nach Gl. 3.7 eingesetzt, so kann nach Annahme gleicher Feldverteilung einer Kugelladung das Streamer-Kopf-Feld nach Gl. 3.11 berechnet werden. Anhand dieser Gleichung wird so deutlich, dass der Streamer bei hohem Gasdruck ein höheres Eigenfeld erzeugt als niederem Druck. So erklärt sich auch die schnellere Funkenaufbauzeit aufgrund der höheren Ladungsträgergeneration bei hohem Druck.

$$E_{St} = \frac{3 \cdot q_e \cdot e^{\int_0^x \alpha \cdot \, dx}}{16\pi \cdot \varepsilon_0 \cdot x} \cdot A \cdot p \tag{3.11}$$

3.4 Paschen-Gesetz - Durchschlag im homogenen Feld

Nach PASCHEN kann die Durchschlagspannung U_d im homogenen raumladungsfreien elektrischen Feld aus dem Produkt von $p \cdot d$ (Druck und Schlagweite) mit den Paschen-Gas-Parametern A und B und der Ionisationszahl k_G bzw. k_{St} berechnet werden.

Das Paschen-Gesetz vereinigt alle bereits getroffenen Vorüberlegungen, die α- Ionisation nach Gl. 2.28, die mittlere freie Weglänge λ_m nach Gl. 2.5, die Ionisationsweglänge λ_I nach Gl. 2.25, das Clausius'sche Weglängengesetz nach Gl. 2.26 und die Zündbedingung nach TOWNSEND siehe Gl. 3.5. Für die Herleitung des Paschen-Gesetzes gilt die Beziehung des homogene Feldes $\alpha = f\left(\frac{E}{p}\right) = f\left(\frac{U}{pd}\right)$. Unter Berücksichtigung von Gl. 2.28 und Gl. 3.5 konnte PASCHEN die Durchschlagspannung Gl. 3.13 durch Umformen von Gl. 3.12 formulieren. Abb. 3.3 zeigt die Durchschlagspannung von Luft und SF_6 in Abhängigkeit von Druck und Schlagweite. Schematisch ist der Vakuum-Durchschlag, das Paschen-Minimum und der Weitdurchschlag dargestellt.

$$\int_{x=0}^{d} \alpha \, dx = \alpha \cdot d = A \cdot p \cdot de^{-\frac{B}{E/p}} = A \cdot p \cdot de^{-\frac{B}{U/pd}} = k_G \tag{3.12}$$

$$U_d\,(pd) = \frac{B \cdot pd}{\ln\left(\frac{A \cdot pd}{k_{G,St}}\right)} \tag{3.13}$$

$$A = \frac{1}{\lambda_m \cdot p} = \frac{a_s}{k_B \cdot T}; B = \frac{a_s \cdot \delta \cdot W_I}{q_e \cdot k_B \cdot T}$$

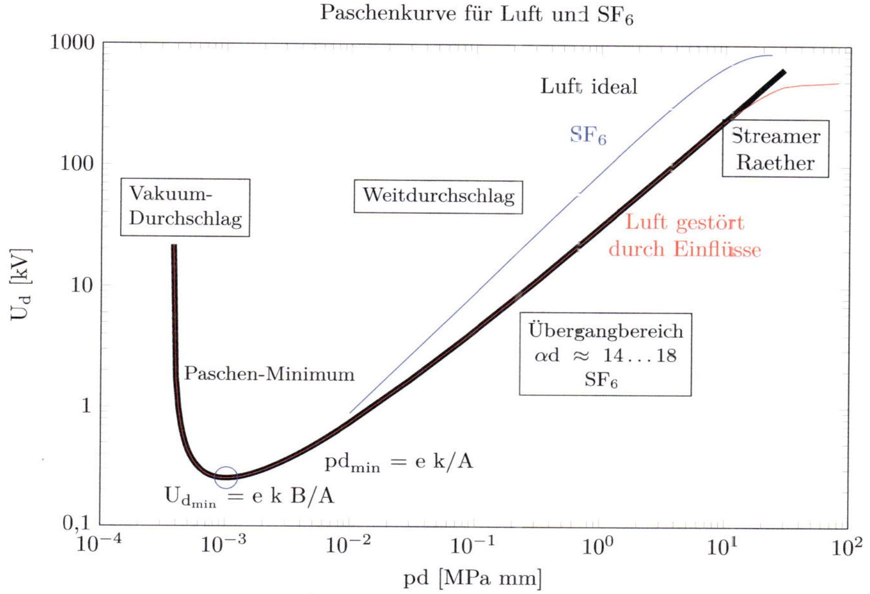

Abbildung 3.3: Paschenkurve

In dieser Arbeit wird die Anwendbarkeit des Paschen-Gesetzes in Luft, Stickstoff, CO_2, O_2 und SF_6 untersucht. Mögliche Abweichungen vom Paschen-Gesetz treten bei sehr großen pd-Werten auf (Weitdurchschlag). Bei großen pd-Werten ist die Bedingung des ungestörten elektrischen Feldes nicht erfüllt, denn Raumladungen verzerren das Feld (rote Kurve Abb. 3.3). Der linke Ast der Paschen-Kurve beschreibt das Verhalten im Vakuum und der rechte die Durchschlagspannung bei hoher Schlagweite und Druck (siehe Abschnitt 3.6). Zwischen Vakuumdurchschlag und Weitdurchschlag liegt das Paschen-Minimum $U_{d_{min}}$, unterhalb dieses Minimums kann kein Durchschlag stattfinden, da nicht genügend Ladungsträger für einen Durchschlag zwischen den Elektroden generiert werden können. Für SF_6 wird eine Näherungsgleichung der Durchschlagspannung nach dem linearen Ansatz mit der Grenzfeldstärke E/p_0 angegeben nach Gl. 3.14 (rechter Ast der Paschen-Kurve), [5, S. 109] und [53, S. 172]. Unterhalb der Grenzfeldstärke kann kein Durchschlag einsetzen. Diese Funktion ist gültig, solange auch $E/p_0(SF_6)$ konstant ist. Diese Bedingung ist für geringe Gasdrücke $0{,}03 < p \leq 0{,}3$ MPa erfüllt. Der Vakuumdurchschlag wurde nicht in dieser Arbeit behandelt. **Für höhere Drücke wurde ein Ausdruck aus den Messergebnissen formuliert, der das elektrische Isolierverhalten und degressive Wachstum in Bezug von Elektronenablösung bei SF_6 beschreibt, siehe Gl.** (6.6).

$$U_d = pd \cdot \left(\frac{E}{p}\right)_0 + U_{d_{min}} = 87{,}7 \ldots 88{,}4 \cdot pd \cdot \frac{kV}{MPa \cdot mm} + 500 \ldots 700\ V \tag{3.14}$$

3.5 Durchschlag im inhomogenen Feld

Inhomogene Anordnungen haben bei gleicher Schlagweite (gegenüber homogenen Feldern) aufgrund der immer vorhandenen Feldüberhöhungen mit stärker Ladungsträgervermehrung geringere Durchschlagspannungen. Im Bereich hoher Feldstärke (in der Nähe der stärker gekrümmten Elektrode) wird die Zündbedingung bereits früher erreicht als im homogenen Feld, so dass eine Erhöhung der Schlagweite kaum eine Steigerung der Durchschlagspannung zur Folge hat. Ein Eckpfeiler dieser Arbeit ist das Berechnungsverfahren der Durchschlagspannung für schwach inhomogene Felder, welches die Parameter Schlagweite, Druck und beliebig schwach inhomogene Feldverläufe berücksichtigt. Dieses Verfahren ist in den Kapiteln 3.5.2 und 3.5.3 erläutert.

3.5.1 Quasi-homogenes Feld

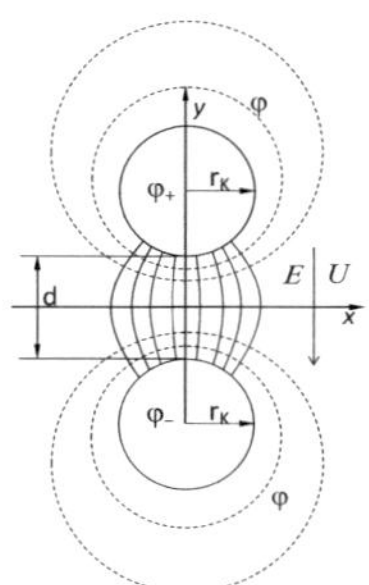

Abbildung 3.4:
Kugel-Kugel- Anordnung

Quasi-homogene elektrische Felder sind gekennzeichnet durch einen nur nahezu gleichförmigen Feldverlauf. Eines der häufigsten Beispiele ist das Feld einer Kugel-Kugel-Mess-Funkenstrecke, deren Feld eine nur leichte Ortsabhängigkeit aufweist, siehe Abb. 3.4. Diese Anordnung eignet sich zum Messen des Spannungsscheitelwerte $\hat{U}_d$. In den einschlägigen Normen DIN [13] und der IEC [46] sind Messwertabellen von Kugelfunkenstrecken mit unterschiedlichen Kugelradien r_K und Schlagweite gegeben, siehe Tabelle 3.1.

Nach diesen Tabellenwerten ändert sich die Durchschlagspannung bei konstanter Schlagweite d nicht mit dem Kugelradius, sofern das Feld nahezu homogen ist (quasi-homogenes Feld). Die fett markierten Datensätze zeigen die konstante Durchschlagspannung bis zu einen Ausnutzungsfaktor $\eta_S > 90$ %. In der folgenden Tabellen 3.1 kann die Durchschlagspannung des quasi-homogenen Feldes bis hin zum schwach inhomogenen Feld entnommen werden. Nach diesen Werten liegt die Grenze des Ausnutzungsfaktors η_S des quasi homogenen elektrischen Feldes im Mittel bei 92,6 % (Standardabweichung $\pm 1{,}8$ %). Nach Norm wird ein Feld mit einem Ausnutzungsfaktor $\eta_S > 93$ % als nahezu homogen angesehen. Der Feldausnutzungsfaktor η_S Gl. 3.15 nach SCHWAIGER beschreibt das Verhältnis zwischen mittlerer zu maximaler Feldstärke innerhalb einer Elektrodenanordnung. Eine Änderung der Durchschlagspannung in Abhängigkeit des Kugelradius ist bei konstanter Schlagweite und einem Ausnutzungsfaktor $\eta_S > 93\%$ aus der Tabelle nicht erkennbar. Die Schwankungsbreite der Durchschlagspannung liegt in der 3 % Messunsicherheit.

$$\eta_S = \frac{\bar{E}}{E_{max}} = \frac{U}{d \cdot E_{max}} \tag{3.15}$$

3.5.2 Schwach inhomogenes Feld

Das schwach inhomogene Feld hat eine stärkere ortsabhängige Feldstärke als das quasi-homogene Feld ($0{,}2 < \eta_S < 0{,}93$). Vorentladungen (Entladungen, die nicht zum Durchschlag führen) treten nach Definition nicht auf. Bei atmosphärischem Druck $p = 0{,}1$ MPa ist das schwach inhomogene Feld bis

Tabelle 3.1: Durchschlagspannung von Kugel-Kugel-Funkenstrecken DIN [53, S. 383]

D [cm]	5		10		15		25		50		100	
d [cm]	$U_{d_{DC}}$ [kV]	η %	$U_{d_{DC}}$ [kV]	η %	$U_{d_{DC}}$ [kV]	η %	$U_{d_{DC}}$ [kV]	η %	$U_{d_{DC}}$ [kV]	η %	$U_{d_{DC}}$ [kV]	η %
0,5	17,4	93,6	**16,8**	**96,7**	16,8	97,8	16,8	98,7	16,8	99,3	16,8	99,7
1	32	87,8	**31,7**	**93,6**	31,7	95,7	31,7	97,4	31,7	98,7	31,7	99,3
1,5	45,5	82,5	**45,5**	**90,6**	45,5	93,6	45,5	96,1	45,5	98	45,5	99
2	57,5	77,6	**59**	**87,8**	59	91,6	59	94,9	59	97,4	59	98,7
2,4	65,5	74,1	69,5	85,6	**70**	**90,1**	70	93,9	70	96,9	70	98,4
3	*75,5*	69,2	84	82,5	85,5	87,8	**86**	**92,4**	86	96,1	86	98
4	*88,8*	62,1	105	77,6	110	84,2	**112**	**90,1**	112	94,9	112	97,4
5			123	73,2	133	80,8	137	87,8	**138**	**93,6**	138	96,7
6			*138*	69,2	152	77,6	161	85,6	**164**	**92,4**	164	96,1
7			*150*	65,5	169	74,6	184	83,5	189	91,2	190	95,5
8					*185*	71,8	206	81,5	214	90,1	215	94,9
9					*198*	69,2	226	79,5	239	88,9	241	94,2
10					*209*	66,7	244	77,6	263	87,8	266	93,6
12					*229*	62,1	275	74,1	309	85,6	318	92,4
14							*302*	70,7	353	83,5	**366**	**91,2**
16							*326*	67,7	392	81,5	414	90,1
18							*347*	64,8	429	79,5	462	88,9
20							*366*	62,1	460	77,6	510	87,8

$\eta_{S_G} > 20$ % definiert (siehe [53], [5]). Bei asymmetrischen Anordnungen wird die Zündbedingung immer zuerst im Bereich der stärker gekrümmten Elektrode erfüllt. Nach SCHWAIGER schlägt eine inhomogene Anordnung durch, sofern eine gewisse Feldstärke E überschritten ist. Diese Anfangsfeldstärke E_a ist nach SCHWAIGER eine Funktion des Krümmungsradius (Zylinder und Kugel). Die Anfangsfeldstärke steigt zwar mit sinkendem Radius, aber der stärker sinkende Feldausnutzungsfaktor η_S der Anordnung führt zu einer geringeren Durchschlagspannung U_d. Nach der Näherung von SCHWAIGER kann die Durchschlagspannung einer schwach inhomogenen Anordnung nach Gl. 3.17 berechnet werden. Die Anfangsfeldstärke einer Kugelgeometrie kann nach der empirischen Gl. 3.18 siehe [53] abgeschätzt werden. In der Literatur finden sich weitere Näherungsformeln, um die Anfangsfeldstärke gekrümmter Elektroden (Kugel, Zylinder, Kreisring) zu ermitteln, siehe Gl. 3.19 und für Kugel-Elektroden nach STEINBIGLER, siehe Gl. 3.20.

Der Luftdichtekorrekturfaktor δ_0 (Gl. 3.16) ist nur im Bereich von 0,9...1,1 gültig, für größere Druckabweichungen sind diese Näherungsformeln **nicht gültig** In Tabelle 3.2 können die jeweilige Näherungsparameter entnommen werden.

$$\delta_0 = \frac{p}{p_{101,325\ kPa}} \cdot \frac{T_{293\ K}}{T} \tag{3.16}$$

$$U_d = \eta_S \cdot E_a \cdot d \tag{3.17}$$

$$E_a = f\left(r_{Ks}\right) \approx \delta_0 \cdot K_1 \cdot \left[1 + \frac{K_2}{\sqrt{\delta_0 \cdot r_{Ks}}}\right] \tag{3.18}$$

$$E_a^{'} = f(r_{ks}) \approx K_1^{'} \cdot \delta_0 + K_2^{'} \cdot \sqrt{\frac{\delta_0}{r_{Ks}}} \tag{3.19}$$

$$E_{a,Luft}^{''} = 22{,}8 \cdot \frac{kV}{cm} \cdot \left(1 + \frac{\sqrt[3]{cm}}{\sqrt[3]{r_{Ks}}}\right) \tag{3.20}$$

Tabelle 3.2: Näherungsparameter K_1, $K_1^{'}$, K_2, $K_2^{'}$ [53, S. 183]

Gas	Geometrie	K_1	K_2	$K_1^{'}$	$K_2^{'}$
Einheit		$\frac{kV}{cm}$	$\sqrt{cm}$	$\frac{kV}{cm}$	$\frac{kV \cdot \sqrt{cm}}{cm}$
Luft	Kugel	30	0,47	30	10
Luft	Zylinder	30	0,33	30	10
SF_6	Kugel	90,5	0,17	90,5	10,9
SF_6	Zylinder	90,5	0,12	90,5	10,9

Die Gl. 3.18, 3.19 und 3.20 sind empirischer Natur und eine analytische Bestimmung ist nicht bekannt. Aufgrund dieses empirischen Charakters wird klar, dass die Anfangsfeldstärke nicht geschlossen bestimmt werden kann. Mit Hilfe von Durchschlagsmessungen und Umstellen der Gl. 3.17, kann die Anfangsfeldstärke messtechnisch ermittelt werden. Bei den Durchschlagsmessungen mit Variation von Schlagweite d, Krümmungsradius r_{Ks} und Druck p konnte so eine multifunktionale Abhängigkeit untersucht werden. Nach der Literatur sind die oben genannten Näherungsgleichungen nur für den atmosphärischen Druck gültig, siehe Gl. 3.18, 3.19 und 3.20. Ebenso fraglich ist die alleinige Betrachtung der Anfangsfeldstärke nur auf den Krümmungsradius der stärker gekrümmten Elektrode, da die Ladungsträgergeneration vom Integral $\int E\ dx$ abhängt und somit auch die absolute Größe der Elektrodenanordnung heranzuziehen ist. Eine Ähnlichkeitsbetrachtung über den Ausnutzungsfaktor η_S reicht zur gänzlichen Erklärung nicht aus. Trotzdem stellen die Schwaiger Gleichungen einen sehr verbreiteten und guten Ansatz für orientierende Überlegungen dar. In dieser Arbeit sind diese Schwaiger Gleichungen hinsichtlich Geometrie und Druck vor dem Hintergrund der FEM Feldsimulation präzisiert worden.

Für den Durchschlag ist die Zündbedingung bzw. die generierte Ladungsträgermenge $\int \alpha\ dx$ entscheidend. Das Feld einer Kugel-Kugel-Funkenstrecke kann mit einer FEM-Simulation, dem Ersatzladungs- oder Überlagerungsverfahren oder durch konforme Abbildung berechnet werden. Meist wird die maximal auftretende Feldstärke E_{max} bei unterschiedlichen Kugelradien und Schlagweiten benötigt. Hierfür leitete PEEK einen geschlossenen Ausdruck her, siehe Gl. 3.21 ([17, S. 12 f.]).

$$E_{max} = U \cdot \frac{2 \cdot d\left(d^2 \cdot (k_P + 1) + d^2 (k_P - 1)\right)}{\left(d^2 \cdot (k_P + 1) - d^2 (k_P - 1)\right)^2}$$
$$k_P = \frac{\frac{d}{r_K} + 1 + \sqrt{\left(\frac{d}{r_K} + 1\right)^2 + 8}}{4} \tag{3.21}$$

KIRCHHOFF und OLLENDORF formulierten folgenden Ausdruck, siehe Gl. 3.22, [17].

$$E_{max} = \frac{\sin\mu}{r_K}\left[\varphi_I \sum_{0}^{n=\infty} \frac{\sin(\mu+\lambda n)+\sin(\lambda n)}{[\sin(\mu+\lambda n)-\sin(\lambda n)]^2}\right] + \frac{\sin\mu}{r_K}\left[\varphi_{II} \sum_{0}^{n=\infty} \frac{\sin(\mu+\lambda n)+\sin(n+1)}{[\sin(\mu+\lambda n)-\sin(n+1)]^2}\right] \quad (3.22)$$

$$\lambda = \arccos\left(1 + 2\cdot\frac{d}{r_K} + \frac{1}{2}\cdot\left(\frac{d}{r_K}\right)^2\right) \quad (3.23)$$

$$\mu = \arccos\left(\frac{2\cdot r_K}{d+2\cdot r_K}\cdot\cos\lambda\right) = \arccos\left(\frac{\left(2+\frac{d}{r_K}\right)^2 - 1}{2+\frac{d}{r_K}}\right) \quad (3.24)$$

Mit Hilfe der Finite-Elemente-Methode ist es möglich weitere Randbedingungen zu berücksichtigen, wie z.B. beliebige Elektrodenformen und Feldbeeinflussung durch äußere Wandungen. Als Ergebnis lassen sich der Feldverlauf und maximale Feldstärke berechnen, die für das Berechnen der Zündbedingung notwendig sind.

Die Anfangsfeldstärke E_a nach SCHWAIGER wurde aus Experimenten empirisch bestimmt und gibt demnach einen Wert der Feldstärke wieder, die den Durchschlag einleitet. Die Durchschlagspannung ist eine integrale Größe. Der Feldverlauf einer schwach inhomogenen Anordnung ist gleichförmig, jedoch wird eine lineare Näherung in Abhängigkeit der Schlagweite von SCHWAIGER vorgenommen. Eine Korrektur hierbei wird über den Ausnutzungsfaktor erzielt und Korrekturfaktoren für Kugel oder Zylindergeometrien angegeben. Jedoch ändern sich lediglich die Koeffizienten zwischen Kugel und Zylinder. Diese Vorgehensweise der Näherungsgleichung der Anfangsfeldstärke ist nicht in sich konsistent. Da ein linearer Ansatz mit einem nicht-linearen Term rückwirkend korrigiert wird. Arbiträre schwach inhomogene Feldverläufe können nicht mit der Näherungsgleichung nach SCHWAIGER Gl. 3.17 berücksichtigt werden.
Die hier neu eingeführte relative Initiale Feldstärke ist in sich konsistent, da sie das Handwerkszeug besitzt, beliebig schwach inhomogene Feldgeometrien zu beurteilen. Die Vorgehensweise beginnt mit der Problemstellung des Feldverlaufs und gewichtet das Feld auf homogene Feldverhältnisse, so dass mathematisch die Durchschlagspannung für beliebige Schlagweite und Drücke berechnet werden kann. Damit die Durchschlagspannung berechnet werden kann, wird das Paschen-Gesetzes (nur gültig für (quasi)-homogene Felder) für die Anwendung für schwach inhomogene Felder mit der relativen initialen Feldstärke erweitert.

3.5.3 Durchschlagspannung U_d, Anfangsfeldstärke E_a und initiale Feldstärke E_i im schwach inhomogenen Feld

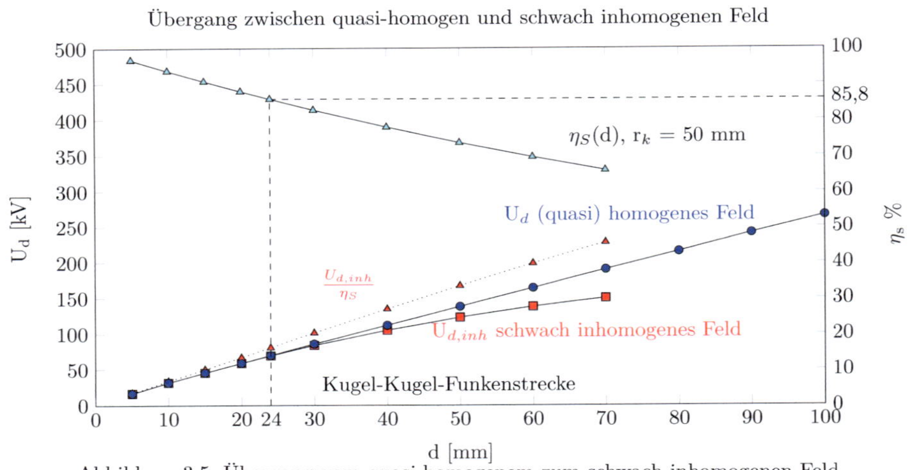

Abbildung 3.5: Übergang vom quasi-homogenem zum schwach inhomogenen Feld

Grundsätzlich sind Messungen im schwach inhomogenen Feld hauptsächlich aus technischer Sicht relevant, deshalb sind diese ausführlich in dieser Arbeit untersucht worden. Homogene Felder treten in technischen Anwendungen äußerst selten auf. Eine Bestimmung der Durchschlagspannung bzw. der elektrischen Festigkeit einer schwach inhomogenen Anordnung ist notwendig, um eine zerstörungsfreie Prüfung zu garantieren. Aus der Literatur sind die bereits diskutierten Näherungsformeln nach SCHWAIGER bekannt. Eine differenzierte Betrachtung nach Druck und Schlagweite liegt jedoch nicht vor. Darüber hinaus finden sich in der Literatur keine weiteren Angaben über die Anfangsfeldstärke bei höherem Druck, vergl. [53], [85]. Eine Fragestellung dieser Arbeit ist die Unterscheidung der elektrischen Festigkeit von Gasen bei höherem Druck, Schlagweiten, homogenen und inhomogenen Feldern. Die Abhängigkeit der Parameter Druck wird nicht von Anfangsfeldstärke E_a berücksichtigt. In Abbildung 3.5 wird deutlich, dass eine direkte Umrechnung der Durchschlagspannung des homogenen Feldes nicht in inhomogene Feldverhältnisse erfolgen kann. Die blaue Kennlinie repräsentiert die Durchschlagspannung im homogenen Feld, die Rote die Durchschlagspannung im schwach inhomogenen Feld (aus Tabelle 3.1). Die gestrichelte Kennlinie zeigt die vermeintliche Durchschlagspannung im homogenen Feld unter Berücksichtigung des Ausnutzungsfaktors η_S, aber ohne Berücksichtigung der Anfangsfeldstärke E_a. Es ist zu sehen, dass die Durchschlagspannung des schwach inhomogenen Feldes nicht mit einem einzigen Faktor korrigiert werden kann. Demnach folgt die Berechnung der Durchschlagspannung im schwach inhomogenen Feld einem komplexeren Zusammenhang, der im Folgenden mit der neu eingeführten Initialen Feldstärke beschrieben und erklärt wird.

3.5.4 Initiale Feldstärke E_i

Der Begriff der Initialen Feldstärke E_i wird in dieser Arbeit erstmals als neue Größe definiert und dient zur Berechnung der Durchschlagspannung im schwach inhomogenen Feld. Es ist eine Funktion der Schlagweite, dem Druck und dem Elektrodenradius (Feldverlauf). Die Überlegungen zur Initialen Feldstärke basieren auf den Vorüberlegungen nach SCHWAIGER und dessen Näherungsformel zur Berechnung der Durchschlagspannung im schwach inhomogenen Feld unter Berücksichtigung der Anfangsfeldstärke und dem Ausnutzungsfaktor η_S, siehe Gl. (3.17). Die Kernaussage nach Gl. 3.17 - **„die inhomogene Anordnung schlägt durch, sobald die Anfangsfeldstärke E$_a$ überschritten ist“** - ist für die Herleitung der Initialen Feldstärke ebenfalls als notwendige Voraussetzung erachtet worden. Prinzipiell findet bei der Herleitung der Initialen Feldstärke E$_i$ auch eine Gewichtung der Feldverhältnisse des schwach inhomogenen elektrischen Feldes auf das homogene elektrische Feld statt. Bei schwach inhomogenen Feldern werden nahezu alle Ladungsträger in einem kleinen örtlich begrenzten Raum unmittelbar vor der stärker gekrümmten Elektrode generiert. Die Initiale Feldstärke E$_i$ berücksichtigt diese Feldverhältnisse. Der Einfluss der Schlagweite wird mit dem erweiterten Paschen-Ansatz berücksichtigt, siehe Gl. 3.33.

Damit eine gasisolierte Elektrodenanordnung durchschlägt, muss die Zündbedingung erfüllt sein. In der Literatur ist hierzu ein Band von $k_S = 13{,}8 \ldots 18{,}4$ angegeben, siehe [53, S. 169] und [5, S. 102]. Es müssen mindestens mehr als 1 Mio. freie Ladungsträger generiert werden. Löst man das Integral der Ladungsträgergeneration einer beliebig schwach inhomogenen Anordnung Gl. 3.25 kann man die Ionisationszahl k$_S$ berechnen. Im Folgenden wird schrittweise jeder Punkt zur Herleitung der initialen Feldstärke beschrieben.

Im Schritt 1.1 wird die kritische Zahl k$_S$ der Ladungsträger nach Gl. 3.25 berechnet, die für einen Streamerdurchschlag benötigt wird. Hierzu wird schrittweise das Streamer Eigenfeld nach Gl. 3.9 bzw. Gl. 3.11 dem Feldverlauf E(x) überlagert. Da der Feldverlauf E(x), der zum Durchschlag führt noch nicht bekannt ist, wird für E(x) mit einem Startwert begonnen, der durch den Maßstabsfaktor m$_E$ entsprechend Gl. (3.25), festgelegt wird. U$_{start}$ ist dabei eine willkürliche Startspannung über die E(x) berechnet wird und die kleiner als die Durchschlagsspannung U$_d$ anfangs ist.

$$k_S = \int_0^{d_I} \alpha \; dx = A \cdot p \int_0^{d_I} e^{-\frac{B \cdot p}{m_E \cdot E(x)}} \; dx \tag{3.25}$$

Schritt 1.2: Im Folgenden wird nun m$_E$ solange erhöht, bis die Werte für k$_S$ nicht mehr konvergieren. Der Streamer würde aufgrund seines starken Eigenfeldes unendlich viele Ladungsträger produzieren. Als Wert für k$_S$ wird der letzte Wert von k$_S$ genommen, für die die Integralgleichungsauswertung entsprechend Gl. 3.25 noch konvergiert. Diese Abbruch-Divergenz-Verfahren ermöglicht die Bestimmung von k_{St}, je nach Schrittweite, sehr präzise. Ist der kritische Ladungsträgerwert k$_S$ nun bekannt, kann die wirkliche Durchschlagsspannung der schwach inhomogenen Anordnung U$_{d_I}$ nach Gl. 3.27 errechnet werden. Die Unschärfe durch den Umschlag von konvergierender zu nicht konvergierender Lösung hierbei beträgt im Ergebnis der Durchschlagsspannung nur wenige Promille (‰). Das lawinenartige Anwachsen des Streamers kann sowohl in Abb. 3.10 als auch in Abb. A.13 anhand der geringen Spannungssteigerung, aber exponentieller Steigerung von k$_S$ beobachtet werden.

$$m_E = \frac{U_d}{U_{start}} \tag{3.26}$$

$$U_{d_I} = \int_0^{d_I} m_E \cdot E(x) \; dx \tag{3.27}$$

Schritt 1.3: Für die weiteren Überlegungen ist es nun wichtig, dass die kritische Ladungsträgerzahl, die etwa im Bereich von $k_S = 13{,}8 \ldots 18{,}4$ liegt, den Durchschlag sowohl in einer schwach inhomogenen, als auch in einer homogenen Anordnung einleitet, siehe (Gl. (3.28)). Mit den bisherigen Überlegungen ist es möglich Durchschlagsspannungen in einer beliebigen schwach inhomogenen Feldanordnung in Abhängigkeit des Druckes zu berechnen.

$$k_S = k_{inhomogen} = k_{homogen} = (13{,}8 \ldots 18{,}4 \ldots > 18{,}4) \tag{3.28}$$

Mit diesen Beiden vorerst letzten Schritten ist es möglich die Durchschlagspannung einer beliebigen Feldanordnung bei unterschiedlichen Drücken zu berechnen. In dieser Arbeit stellte sich die Frage nach einer einfach und zugänglichen Berechnungsmethode der Durchschlagspannung schwach inhomogener Anordnungen. Die Berechnung von U_{d_I} erfolgte bis hierher durch integrative Auswertung des Feldstärkeverlaufs entlang der feldstärksten Linie, um dann über die Zündbedingung auf die Durchschlagspannung zu schließen. Durch Einführung einer zu einem homogenen Feld äquivalenter Schlagweite d^* und einer relativen initialen Feldstärke $E_{i_{rel}}$ können die Verhältnisse näherungsweise auch in Anlehnung an die Darstellung von SCHWAIGER ausgedrückt werden, was zum einen die physikalischen Annahmen verdeutlicht, zum anderen auch Erleichterungen bei konkreter Dimensionierungsaufgaben mit sich bringt und da das Integral $\int_0^d \alpha \, dx$ nicht mehr ermittelt werden muss.

Schritt 2.1: Sobald die Durchschlagspannung U_{d_I} des inhomogenen Feldes berechnet ist, kann die Gewichtung des homogenen Feldes erfolgen. Die Gewichtung der Durchschlagspannung auf das inhomogene Feld kann nur erfolgen, wenn zuvor die Schlagweite d^* eines äquivalenten homogenen Feldes berechnet wurde. Hierfür wurde, wie eben beschrieben, der Ansatz des Paschen-Gesetzes nach Gl. 3.29 genutzt. Die Paschen-Parameter (A und B), Druck, Ionisationszahl k_S und Durchschlagspannung U_{d_I} sind wie bei dem schwach inhomogenen Feld gleich zu wählen (siehe oben). Der einzige Unterschied ist zwischen der Schlagweite der inhomogenen d_I und der homogenen Anordnung d^* zu finden. Es gilt $d_I > d^*$.

$$d^* \leftarrow \text{SOLVE} \rightarrow U_{d_I} = \frac{B \cdot p \cdot d^*}{\ln\left(\frac{A \cdot p \cdot d^*}{k_S}\right)} \tag{3.29}$$

Die Berechnung der äquivalenten Schlagweite d^* kann nach Gl. 3.29 nur numerisch oder mittels Intervallschachtelung erfolgen. Ein geschlossener Ausdruck konnte nicht gefunden werden. Mit der heutigen Rechnertechnologie ist eine numerische Berechnung jedoch kein Problem. Der Begriff der äquivalenten Schlagweite wurde deshalb gewählt, da eine homogene Feldanordnung bei gleichem Gas und Gasdruck eine identische Durchschlagspannung bei der Schlagweite d^* hat, d.h. $U_{d_I} = U_{d_H}$.

Im 2.2 Schritt wird nun die Durchschlagfeldstärke des homogenen Feldes $\bar{E}_i$ nach Gl. 3.30 als Quotient aus der Durchschlagspannung U_{d_I} und der äquivalenten Schlagweite d^* berechnet.

$$\bar{E}_i = \frac{U_d}{d^*} \tag{3.30}$$

Schritt 2.3: Die Berechnung der relativen initiale Feldstärke $E_{i_{rel}}$ (Feldvergleich der beiden Geometrien) ist nach Gl. 3.32 definiert. Es ist der Quotient aus der maximalen Feldstärke E_{max} des schwach inhomogenen Feldes und der äquivalenten Durchschlagsfeldstärke $\bar{E}_i$ des äquivalenten homogenen Feldes. Diese Bezugnahme der beiden Feldstärken leitet sich aus dem Vergleich der Durchschlagspannung des homogenen Feldes und des schwach inhomogenen Feldes nach Gl. 3.31 her. Daraus errechnet sich die relative initiale Feldstärke $\bar{E}_{i,rel}$, Gl. 3.32.

$$\frac{U_{d_{hom}}}{U_{d_i}} = \frac{\bar{E}_i \cdot d^*}{\eta \cdot d_I \cdot E_{max}} \tag{3.31}$$

$$\bar{E}_{i,rel} = \frac{E_{max}}{\bar{E}_i} = \frac{U_d}{\eta_S \cdot d_I \cdot \bar{E}_i} = \frac{d^*}{\eta_S \cdot d_I} = f\left(d, p, r_{Kugel}\right) \tag{3.32}$$

Die Aussagen von Gl. 3.32 ermöglichen nur eine vereinfachte Darstellung der Verhältnisse. Erstens sind die Feldstärken, die zum Durchschlag beim inhomogenen bzw. beim homogenen Feld führen, ungleich. Zweitens ergibt sich die relative initiale Feldstärke $\bar{E}_{i,rel}$ aus dem Verhältnis inhomogener zur homogenen Schlagweite, diese sind ebenfalls ungleich $d^* \neq d_I$. Daraus folgt nach dieser Berechnung, mit den bekannten Formeln (1. Townsend-Koeffizient α, Paschen-Gesetz), dass die Information des inhomogenen Feldverlaufs und dessen Ladungsträgergeneration in dem Ausdruck der initialen Feldstärke integriert ist.

Im 2.4 Schritt wird nun diese neue Erkenntnis mit dem altbekannten Paschen-Gesetz zusammengefügt, um die Durchschlagspannung der oben verwendeten Elektrodengeometrie relativ einfach und schnell zu berechnen. Hier soll nochmals erwähnt werden, dass die folgende Gleichung 3.33 sich aus dem Durchschlag des homogenen Feldes (Paschen-Gesetz) und dem Durchschlag im schwach inhomogenen Feld (initial Feldstärke) zusammensetzt.

$$U_{d_I} = \eta_S \cdot \frac{E_{max}}{\bar{E}_i} \cdot \frac{B \cdot pd}{\ln\left(\frac{A \cdot pd}{k_S^*}\right)} \tag{3.33}$$

Im letzten Schritt (2.5) muss eine Korrektur der Ionisationszahl k_S zu $k_S{}^*$ vorgenommen werden. Bei der Ermittlung der relativen initialen Feldstärke ist die Durchschlagspannung des homogen Feldes bei einer kleineren Durchschlagspannung erfolgt, $d^* < d_I$. Das bedeutet, dass zum Zeitpunkt der Ermittlung der initialen Feldstärke noch keine Berücksichtigung von k_S für größere pd-Werte vorgenommen wurde (Schritt 2.1). Es wurde vorausgesetzt, dass gleich viele Ladungsträger im homogenen als auch im schwach inhomogenen Feld erzeugt wurden. Rückwirkend muss berücksichtigt werden, dass k_S für größere pd-Werte ansteigt. Nach RAETHER erzeugt der Streamer auf seinen Weg zur Anode bei größerer Schlagweite also mehr Ladungsträger. Wird k_S nicht nach Gl. 3.34 berücksichtigt, werden latent geringere Durchschlagspannung berechnet. Bei Ausnutzungsfaktoren kleiner 50 % waren Abweichungen von größer -2% berechenbar.

$$\frac{\ln\left(\frac{A \cdot p \cdot d^*}{k_S}\right)}{\ln\left(\frac{A \cdot p \cdot d}{k_S^*}\right)} \Rightarrow k_S^* = k_S \cdot \frac{d}{d^*} \tag{3.34}$$

Zum besseren Verständnis sollen die nun eingeführten Größen E_i, $E_{i_{rel}}$, d^* nochmal an einem Beispiel verdeutlicht werden. Abbildung 3.6 zeigt auf der linken Seite ein Rogowski-Profil als homo-

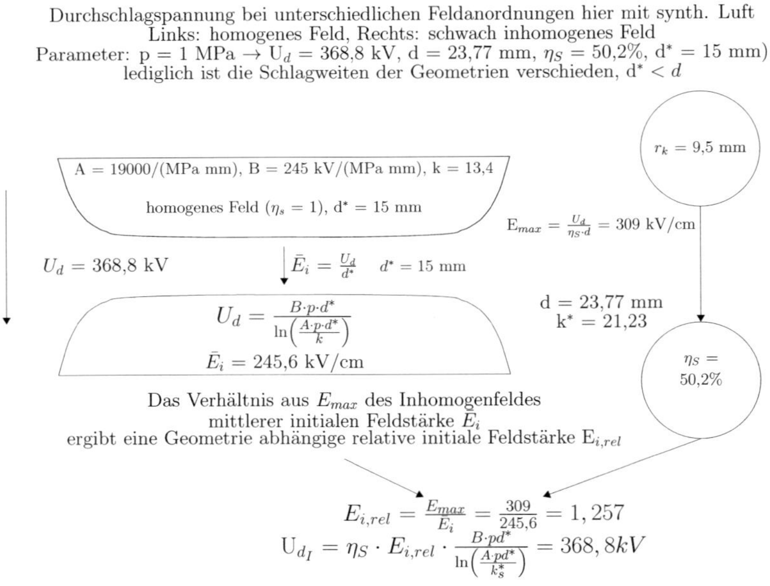

Abbildung 3.6: Vergleichsbeispiel einer homogenen und schwach inhomogenen Anordnung bei gleicher Durchschlagspannung, Druck und Gas

gene Feldanordnung und auf der rechten Seite eine schwach inhomogene Kugel-Kugel-Anordnung. In diesem Beispiel ist die Zündbedingnung bzw. die Durchschlagspannung gleichermaßen für das homogene Feld als für das schwach inhomogenen Feld angesetzt (siehe Paschen-Gesetz, Gl. 3.13 und 3.33). Anhand dieser Gegenüberstellung zwischen homogenem Feld und inhomogenem Feld ist deutlich erkennbar, dass der Begriff der initialen Feldstärke zur Berechnung der Durchschlagspannung von beliebigen Elektrodenanordnungen genutzt werden kann.

Abbildung 3.7 zeigt nun den schwach inhomogenen Feldverlauf der oben genannten Anordnungen bei dem Gasdruck von $p = 1$ MPa. Dieses Diagramm zeigt die Feldverläufe in axialer Richtung und das Integral $\int \alpha \, dx$, also die generierten Ladungsträger. Im homogenen Feld sind das elektrische Feld und die Ladungsträgergeneration konstant. Im schwach inhomogenen Feld hingegen kann beobachtet werden, dass unterhalb einer elektrischen Feldstärke von < 200 kV/cm nahezu keine Ladungsträger generiert werden (grüne Kennlinie). Das stützt die These, dass vor der stärker gekrümmten Elektrode nahezu alle Ladungsträger generiert werden. Etwa 3 mm vor den Elektroden - Bereich hoher Feldstärke - werden praktisch alle Ladungsträger generiert. In dieser Anordnung tritt eine maximale Feldstärke von 309 kV/cm auf. An diesem Beispiel wird deutlich, dass es einen engen Bereich vor der Elektrode gibt, der für die hauptsächliche Generation von Ladungsträgern verantwortlich ist. Dieser Bereich muss demnach für die Ladungsträgergeneration „gewichtet“ berücksichtigt werden. Das wird, wie im Folgenden gezeigt und mit Hilfe der initialen Feldstärke umgesetzt.

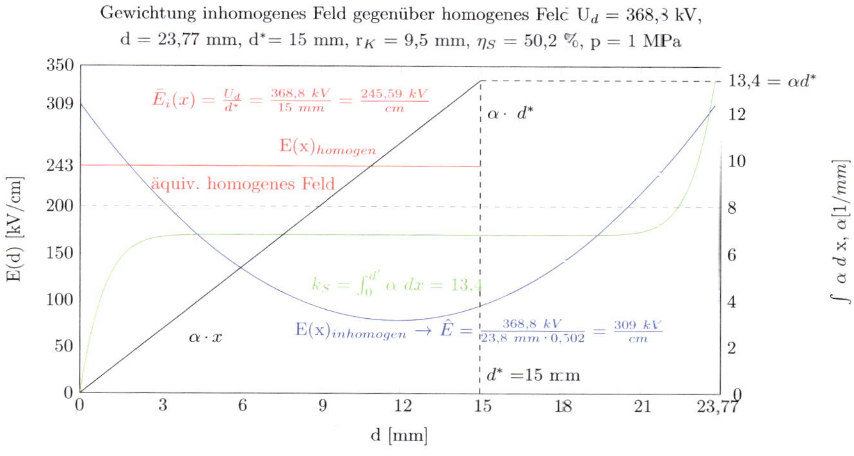

Abbildung 3.7: Feldverlauf des schwach inhomogenen Feldes (blau) und Äquivalenz der Zündbedingung des homogenen Feldes (schwarz)

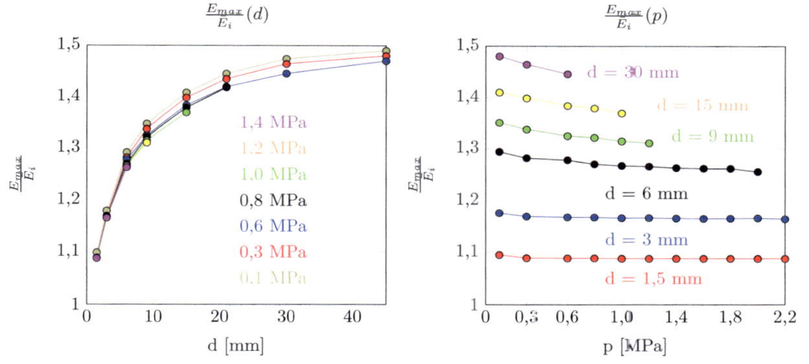

Abbildung 3.8: Relative initiale Feldstärke $E_{max}/\bar{E}_i$ der verwendeten schwach inhomogenen Anordnung mit $r_{1,2}$ = [9,5, 50] mm

Alle diese Überlegungen und Herleitungen bezogen sich nur auf eine Schlagweite und einem Druck. Damit die Durchschlagspannung dieser Anordnung für beliebig verschiedene Schlagweiten und Drücke berechnet werden kann, sind mehrere Stützstellen für $E_{i_{rel}}$ berechnete worden, siehe Abb. 3.8. Damit ist es nun möglich die Durchschlagspannung der Anordnung als Kurvenschar zu berechnen. In Kap. 6.2 ist dieses Verfahren genutzt worden, um den Messpunkten der Durchschlagsspannung eine kontinuierliche Kennlinie zu unterlegen, siehe Abb. 6.22, 6.23, 6.24. Für SF_6 konnte der Paschen-Ansatz Gl. 3.33 nicht verwendet werden. Die Berechnung der Durchschlagspannung erfolgte über Gl. (6.4). Ebenso kann die Ladungsträgergeneration von SF_6 nach Gl. 2.43 mit der Feldstärkeabhängigkeit von SF_6 mit Gl. 2.44 berechnet werden. Die Elektronenanlagerung wird ebenfalls in dieser Formel berücksichtigt. Die Rechenergebnisse und die Messpunkte sind in Abb. 6.56 im Kap. 6.2.1.3 dargestellt. Anhand dieser Vielzahl von Durchschlagsmessungen bei unterschiedlichen Schlagweiten und Drücke kann empirisch bestätigt werden, dass dieses neue Verfahren sehr gute Ergebnisse liefert und die Berechnung der Durchschlagspannung ermöglicht.

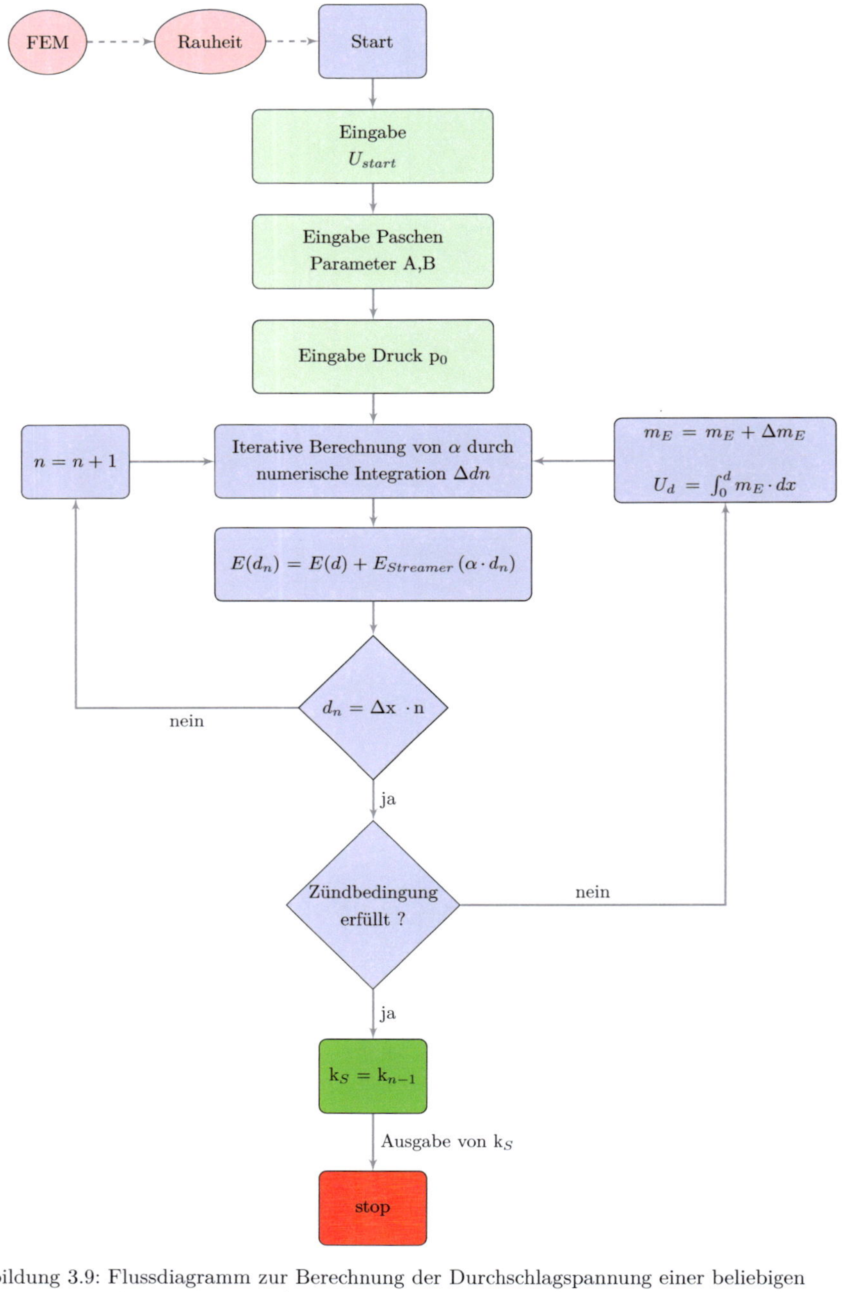

Abbildung 3.9: Flussdiagramm zur Berechnung der Durchschlagspannung einer beliebigen Elektrodenanordnung in Abhängigkeit von Druck und Streamer-Einfluss

Abb. 3.9 zeigt das Flussdiagramm zum Berechnungsprogramm der Durchschlagspannung einer beliebig schwach inhomogenen Elektroden-Anordnung mit Hilfe der Zündbedingung. Als Eingangsgröße muss der kritische Feldverlauf des Pfades der Entladungslawine $E(x)$, z.B. aus einer FEM Simulation, bekannt sein. Bei nicht raumladungsbeschwerten Entladungen ist dies im Allgemeinem die Linie maximaler Feldstärke, die mit FEM-Simulationen berechnet werden kann. Für eine Kugel-Kugel-Funkenstrecke ist dies die kürzeste Distanz zwischen den Kugeln. Bei beliebigen Elektrodenkonfigurationen ist das nicht unbedingt der Fall, [17, S. 16].

Die Durchschlagspannung kann frei gewählt werden oder ist meist eine geforderte Kenngröße aus der Isolationskoordination. Die Paschen-Parameter und das Gas zwischen den Elektroden sind obligatorisch zur Berechnung von $\bar{\alpha}$. Mit Hilfe des Drucks kann die generierte Ladungsträgermenge beeinflusst werden, so dass die Anordnung durchschlägt oder nicht. Das ermöglicht die Dimensionierung des Isolationsdrucks. Vereinfacht kann im ersten Schritt von einer Ladungsträgerzahl von $k_s > 13{,}58$ ausgegangen werden. Die Integration erfolgt iterativ. So kann nach jedem Iterationsschritt das zusätzliche Feld des Streamers nach Gl. 3.9 bzw. 3.10 mit dem Grundfeld überlagert werden, so dass auch ein moderater Raumladungseinfluss, wie er durch die Streamerentladung gegeben ist, berücksichtigt werden kann. Die Iteration ist beendet, sobald über der gesamten Wegstrecke integriert wurde, d.h. $d = \Delta x \cdot n$. Der effektive Ionisationskoeffizient $\bar{\alpha}$ kann für Luft und andere elektrisch neutrale Gase nach Gl. 2.28 und für SF_6 nach Gl. 2.43 mit Gl. 2.44 berechnet werden. Dieses Programm ermöglicht die Berechnung der Durchschlagspannung für verschiedene Gase (Luft, N_2, CO_2, O_2 und weitere elektrisch neutrale Gase) in einem weiten Druckbereich bei einer beliebig schwach inhomogenen Anordnung unter Berücksichtigung idealisierter Raumladungseffekte durch Streamer-Bildung, sofern die Feldstärkeverlauf bekannt ist, siehe Durchschlagskurven im Vergleich der Messpunkte in den Abb. 6.22, 6.23 und 6.24. Für SF_6 kann ebenso die Ladungsträgergeneration nach der empirischen Gl. 2.43 und der Feldstärkeabhängigkeit nach Gl. 6.6 mit dem vorgestellten Programm berechnet werden. Ebenso kann der Einfluss von Oberflächenrauheiten mit Hilfe eines lokalen überhöhten Feldes berücksichtigt werden. Aus didaktischen Gesichtspunkten ist das Modell der Oberflächenrauheit in Kap. 6.2.1.5 ausführlich dargestellt. Hier in diesem Kapitel soll vorerst nur das rechnerische Programm erläutert werden.

In Abb. 3.10 ist der Feldstärkeverlauf E(x), der Ionisationskoeffizient $\bar{\alpha}$(x) und $\int \bar{\alpha}\ dx$ einer inhomogenen asymmetrischen Kugel-Kugel Anordnung ($d = 30$ mm und $r_{1,2} = [9{,}5; 50]$ mm) für eine Durchschlagspannung $U_d = 250$ kV exemplarisch dargestellt. Für 250,1 kV divergiert der Streamer so stark, so dass kein endlicher Wert für k_S berechnet werden kann. Aus diesem Grund ist dies auch gleichzeitig das Abbruchkriterium der Berechnung der Durchschlagspannung. An der linken Ordinaten-Achse, ist die Feldstärke $E(x)$ und an der rechten Ordinate, α und $\int \alpha\ dx$ dargestellt. Für homogene Feldverhältnisse ist die kritische Wegstrecke bei d* erreicht. In diesem Beispiel von Abb. 3.10 ist die kritische Wegstrecke bei 250 kV und 0,6 MPa Luft im homogenen Feld bei d* = 16,41 mm erreicht (bei $k_S = 13{,}58$, Abbruch-Divergenz-Verfahren). Die Berechnung von d* erfolgte nach dem Ansatz Gl. 3.29 und ist nur numerisch möglich. Die Berechnung erfolgte wie im Flussdiagramm Abb. 3.9 gezeigt. Ebenso konnte diese Art und Weise der Berechnung auch zur Ermittlung von $\bar{E}_i$ genutzt werden.

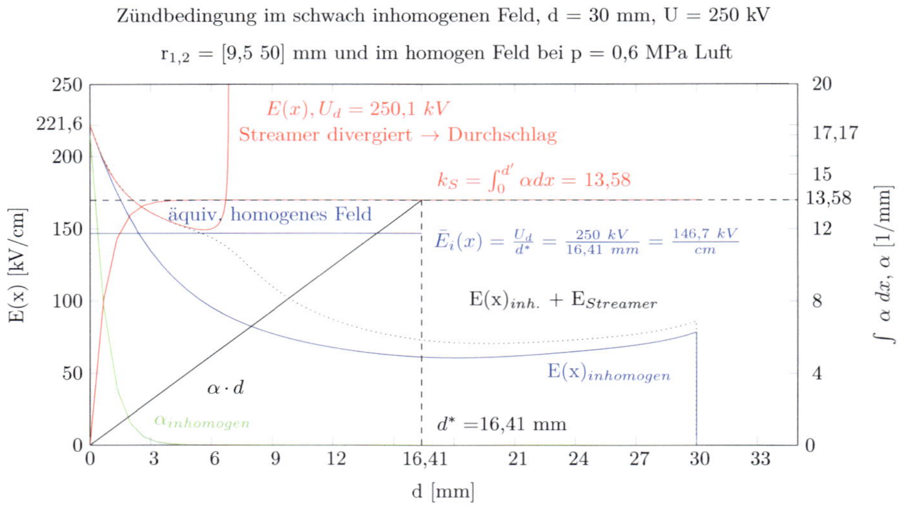

Abbildung 3.10: Feldverlauf des schwach inhomogenen Feldes und Äquivalenz der Zündbedingung des homogenen Feldes

Es wird ein Vergleich zwischen dem homogenen Feld und der real vorliegenden Geometrie gezogen. Mit Hilfe der äquivalenten Schlagweite d* ist es möglich das Verhältnis von $E_{max}/\bar{E}_i$ anzugeben, siehe Gl. 3.32. Ebenso kann die relative initiale Feldstärke E_{irel} aus dem Verhältnis von äquivalenter Schlagweite d* und Schlagweite d mit η_S gebildet werden. Einfach formuliert wird ein Vergleich der kritischen Wegstrecke des homogenen Feldes d* mit der Wegstrecke des inhomogenen Feldes d bei gleicher Durchschlagspannung und Druck aufgestellt. Alle diese Betrachtungen werden für die Messergebnisse in Kap. 6.2 und 6.2.1.1ff. verwendet. Neben den Messpunkten werden berechnete Kurven der Durchschlagsspannung den Messergebnissen gegenübergestellt.

3.5.5 Stark inhomogenes Feld

Das stark inhomogene Feld ist durch Vorentladungen (Teilentladungen, Koronaentladungen) gekennzeichnet. Das sind Entladungserscheinungen, die nicht direkt zum Durchschlag führen. Der Durchschlag wird oberhalb der Anfangsfeldstärke durch Raumladungen beeinflusst. Als Raumladungen können Ladungsträger in einem Volumen (Gasraum, aber auch an Grenzschichten) angesehen werden. Durch die Anwesenheit von Ladungsträger wird der äußere eingeprägte Feldverlauf beeinflusst. Elektronen und Ionen können gleichermaßen als Raumladungen zur Feldverzerrung beitragen, führen aber durch deren unterschiedlichen Beweglichkeit zu polaritätsabhängigen Effekten. Ähnlich wie beim Streamer überlagert sich das Eigenfeld der Raumladungen und das äußere elektrische Feld. Je nach Polarität der Raumladungen wird dabei eine Überhöhung oder eine Minderung des Feldes erzwungen. Diese Arbeit fokussierte sich auf die reine Gasentladung. Anhand des klassischen Beispiels einer gasisolierten **Spitze-Platte-Anordnung** kann der Einfluss von Raumladungen und deren Polarität auf die Durchschlagspannung anschaulich gezeigt werden, siehe [53], [5] und [55].

In Abb. 3.11 ist sowohl der Fall einer positiven als auch einer negativ geladenen Spitze auf Hochspannungspotential dargestellt. Die Feldanordnung ist stark inhomogen, so dass stets Teilentladungen einsetzen. Bei beiden Polaritäten beeinflussen schwere positive Ionen den Durchschlag. Im Falle der **negativen** Spitze steigern nahezu ortsfeste positive Ionen das Feld vor der Spitze. Der Bereich hoher Feldstärke wird belastet und der Bereich geringer Feldstärke wird entlastet. Ein Startelektron muss direkt an der Spitze starten, Entladungslawinen und kleine Streamer bewegen sich in Richtung geerdete Platte (Anode). Im Bereich geringer Feldstärke verarmen diese und sie werden am Durchschlag durch Anlagerung gehindert.

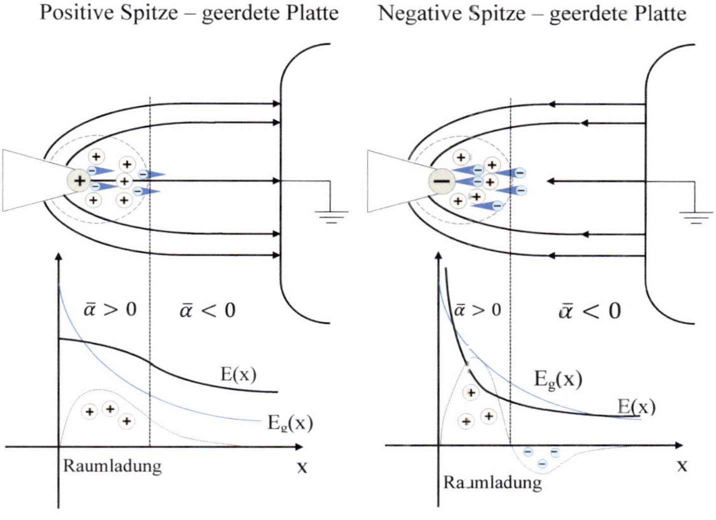

Abbildung 3.11: Raumladungseinfluss bei einer Spitze-Platte-Anordnung

Im Falle der **positiven** Spitze verbleiben wieder die langsamen, nahezu ortsfesten Ionen vor der positiven Spitze und bilden eine Ladungswolke um die Spitze. Dadurch wird die Spitze entschärft und ein scheinbar größerer Krümmungsradius umgibt die Spitze, so dass die elektrische Feldstärke im Bereich der Spitze sinkt. Durch die vorgeschobene Raumladungswolke, die das Restfeld verstärkt, verringert sich die Schlagweite. Deshalb hat die positive Spitze-Platte-Anordnung eine geringere Durchschlagspannung als die negative Spitze (Merksatz: „U_d(positiv) ist negativ" [33]).

3.6 Zeitabhängigkeit auf die Durchschlagspannung

Die bereits getroffenen Vorüberlegungen beinhalten keine Zeitabhängigkeiten. Im Folgenden wird der Einfluss des statistischen Auftretens von Startelektronen deren Vorwachsgeschwindigkeit und Auswirkung auf die Durchschlagspannung bei zeitabhängigen Spannungsverläufen zwischen den Elektronen beschrieben.

3.6.1 Statistischer Zündverzug

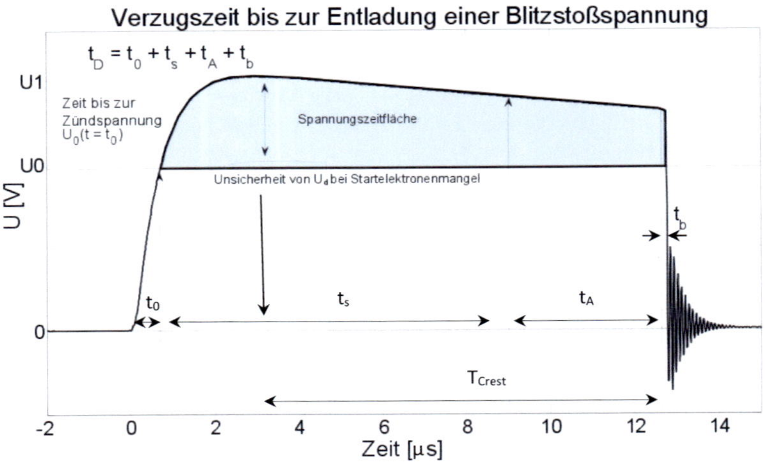

Abbildung 3.12: Statistischer Zündverzug bei kurzzeitigen Spannungsimpulsen

In der Zeitspanne des Zündverzugs tritt kein Durchschlag ein, obwohl die Zündbedingung rechnerisch erfüllt wäre. Nach den Entladetheorien von TOWNSEND und RAETHER wird angenommen, dass stets ein Startelektron zur Initialisierung einer Gasentladung bereitsteht. Bei Gleich- und Wechselspannung ($f = 50 \ldots 60$ Hz) und Spannungssteigerungsversuchen ist dies praktisch der Fall. Innerhalb der Zeit, in der die Zündbedingung erfüllt ist, wird mit sehr hoher Wahrscheinlichkeit ein Elektron bzw. ein Startelektron durch natürliche Strahlung bereitgestellt. Es ist sehr wahrscheinlich, dass ein Startelektron im Zeitraum der Spannungsbelastung generiert wurde. Sobald die Zündbedingung erfüllt bzw. die Durchschlagspannung erreicht ist, setzt ein Durchschlag ein. Eine Beeinflussung der Durchschlagspannung aufgrund des Ausbleibens von Startelektronen (Zündverzug, engl. statistical time lag) tritt hauptsächlich im Gas bei Blitzstoßspannung und den noch schnelleren Impulsspannungen (VFT, very fast transients) auf. Die Verzugszeit t_D bis zum Durchschlag nach Gl. 3.35 ist die Summe aus den Zeiten: Zeit bis zum Erreichen des Zündspannungspegels t_0, Zeit bis zum Auftreten des Startelektrons t_S, der Aufbauzeit t_A des Entladungskanals und der Zusammenbruchzeit t_b (Erreichen der vollständigen Leitfähigkeit), siehe [53], [5] und [17]. Abb. 3.12 stellt den Entladeverzug einer 1,2/50 μs Blitzstoßspannung schematisch dar.

$$t_D = t_0 + t_s + t_A + t_b \tag{3.35}$$

Der statistische Zündverzug ist besonders bei kurzzeitigen Spannungsimpulsen von Interesse und führt besonders bei schnelleren Anstiegszeiten, kleineren Gasvolumen, polierten Oberflächen und elektronegativen Gasen zu einer größeren Streuung bei den Spannungsmessungen und tendenziell zu höheren dynamischen Durchschlagspannungen. Um diesen Effekt von anderen Effekten zu separieren, sind Messreihen mit unterschiedlichen Oberflächenrauheiten siehe Kap. 3.7.3 und Kap. 6.2.2, 6.2.2.2, 6.2.2.3, Rückenzeitkonstanten (BIL, SIL, AC, DC), Schlagweiten und Gasen durchgeführt worden.

3.6.2 Stoßspannungskennlinie

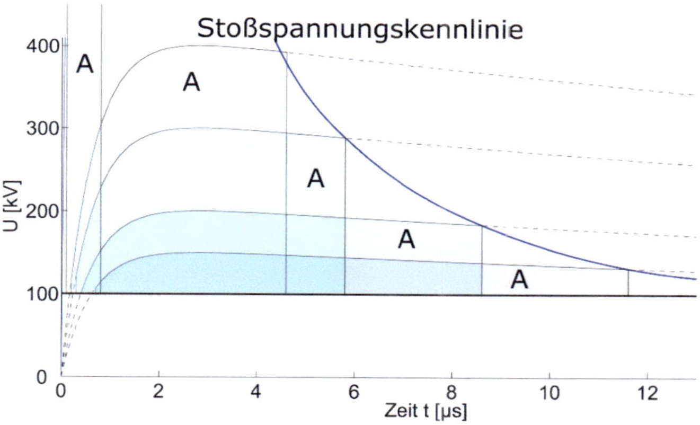

Abbildung 3.13: Stoßspannungskennlinie

Steht nach Erreichen der Zündspannung ein Startelektron und genügend Zeit zum Funkenaufbau zur Verfügung, setzt ein Durchschlag ein. Bei schnellen Impulsen leiten meist eine höhere Scheitelspannung den Durchschlag ein. Nach KIND (siehe [55], [5] und [53]) ist die Spannungs-Zeit-Fläche konstant. In Abb. 3.13 ist beispielsweise eine Spannung von 100 kV als Zündspannungspegel angenommen, oberhalb dieser Spannung sind die Spannungs-Zeit-Fläche bis zum Durchschlagszeitpunkt gleich groß, siehe [55]. In dieser Arbeit sind ebenfalls Messungen mit unterschiedlichen Rückenzeitkonstanten bei unterschiedlichen Schlagweiten und Drücken durchgeführt worden, um Aussagen über die Spannungs-Zeit-Fläche und Stoßspannungskennlinie in Abhängigkeit einer *pd*-Variationen zu erlangen. Diese Überlegung wird später in Kap. 6.2.2 benötigt.

3.6.3 Startelektronenmangel und Bestrahlung der Funkenstrecke

Bei Durchschlagsversuchen mit der 1,2/50 Blitzstoßspannung nach IEC 60060, siehe Kap. 5.4, wurde tendenziell eine erhöhte Durchschlagspannung gemessen. Ein Entladeverzug stellte sich bei ideal polierten Oberflächen, kleinen Schlagweiten ($d < 1$ cm) und geringem Druck ($p < 0{,}8$ MPa, Luft) ein. Durch den 1 cm dicken Stahlkessel, der Vollmaterial-Elektroden und synthetischer Luft wurde das Auftreten von Startelektronen im kritischen Volumen stark reduziert. Anhand von Messergebnissen wird gezeigt, dass sich dieser Effekt mit einer größeren Spannungs-Zeit-Fläche, Oberflächenrauheiten oder durch Bestrahlung der Elektroden verringert, was einer höheren Auftrittswahrscheinlichkeit von freien Elektronen geschuldet ist. Nach Messungen von KINDERSBERGER [58] ist mit einer Ionisationsrate von $\dot{n}_i^+ = 10/(\text{cm s})$ in metall-gekapselten SF_6-GIS-Komponenten zu rechnen. Bei Versuchen mit einer im Kessel befindlichen UV-Lampe ($\lambda_{UV} \approx 400$ nm) konnte eine Startelektronen-Emission aus dem Kathodenmaterial nachgewiesen werden. Die Elektronik der UVC-Lampe versagte trotz Schirmung während der Gasdurchschläge. Deshalb ist ein β-Strahler (Sr_{90}, $Q = 1{,}8$ MBq, $E_\beta = 546$ keV) an einem verstellbaren Getriebe zur Bestrahlung der Funkenstrecke genutzt worden (siehe Abb. 5.1, seitliches Zugangsloch). Der Abstand des Strahlers zur Funkenstrecke betrug etwa 25 cm, siehe Abb. 5.1. Unter Normaldruck haben β-Strahlen eine Reichweite von wenigen Metern, bei höherem Gasdruck sinkt die Reichweite mit $1/p$, [30], [59]. Eine Bestrahlung der Funkenstrecke mit dem oben genannten Strahler war bei diesem Abstand bis 1,1 MPa Druck möglich. Der Großteil des Strahlers und die gesamte Mechanik waren im Feldschatten des Zugangsloch des Prüfgefäßes untergebracht. Spitzen sind so verdeckt und Vorentladungen unterbunden. Zur Ermittlung der Durchschlagspannung bei geringen Feldstärken, geringen Schlagweiten und beim Blitzstoß ist eine Bestrahlung **notwendig**. Bei Prüfspannungen mit größeren Zeitkonstanten SIL, AC, DC war kein signifikanter Einfluss auf die Durchschlagspannung zwischen bestrahlter und unbestrahlter Funkenstrecke messbar. Die Bestrahlung der Funkenstrecke wird in Kap. 6.2.2.3 genutzt.

3.7 Randeffekte

3.7.1 Elektronenablösung elektronegativer Gase

Nach der allgemeinen Theorie zur Gasentladung sind hauptsächlich Elektronen zum Entstehen einer selbständigen Gasentladung verantwortlich. Elektronegative Gase besitzen, aufgrund ihrer Fähigkeit Elektronen anzulagern, eine hohe elektrische Festigkeit. Werden angelagerte Elektronen vom Gasmolekül abgelöst, stehen diese nun zur weiteren Ladungsträgergeneration bereit. Ohne Energiezufuhr ist eine Ablösung sehr unwahrscheinlich. Nur instabile SF_6^--Ion-Konfigurationen können wieder in ein freies Elektron und in ein SF_6-Molekül zerfallen (Selbstablösung). Bei hohem Druck verhindert eine Stoßstabilisierung diesen Zerfall und die Lebensdauer von instabilen Ionen wird erhöht [4]. Zur Elektronenablösung ist eine Energie von etwa 4...7 eV notwendig, diese Energie ist die Summe aus Elektronenaffinität und Anregungsprozessen (Rotations- und Schwingungszustände). Die Elektronenablösung kann durch Kollision beschleunigter Elektronen mit SF_6-Ionen, aber auch durch Kollision beschleunigter SF_6-Ionen mit neutralen Molekülen erfolgen. Hierbei wird die Ablöseenergie vom stoßenden Teilchen aufgewendet. Wie folgt lässt sich ein Ablösungsratenkoeffizient k_{ab} Gl. 3.37 aus dem Ablösungskoeffizient δ_{ab} Gl. 3.36 mit den gasspezifischen Parameter k_1 und k_2, Teilchendichte n und Ionendriftgeschwindigkeit v_I bestimmen. Aus Moleküldichte n und mittlerer Ionendichte $\bar{n_I}$ lässt sich im Gleichgewichtszustand der Mittel- bzw. Erwartungswert der Ablösungsrate $\dot{n}_{ab}$ Gl. 3.38 abschätzen, [12].

$$\delta_{ab} = k_1 \cdot p \cdot e^{k_2 \cdot \frac{E/p_0}{E/p}} \tag{3.36}$$

$$k_{ab} = \delta_{ab} \cdot \frac{\bar{v}_I}{n} \tag{3.37}$$

$$\dot{n}_{ab} = \frac{\partial n_n}{\partial t} = \nu_{ab} \cdot \bar{v_I} \cdot \bar{n}_I = \delta_{ab} \cdot \bar{n}_I \cdot n = k_1 \cdot \bar{n}_I \cdot n \cdot p \cdot e^{k_2 \cdot \frac{E/p_0}{E/p}} \tag{3.38}$$

In Tabelle 3.3 sind die empirische Ablösungsratenkoeffiziente k_1 und k_2 gegeben. Die Literaturwerte weichen je nach Messmethode, Aufbau und Umgebungsbedingungen sehr voneinander ab. Jedoch wird aus den theoretischen Vorüberlegungen deutlich, dass die Ablösung von angelagerten Elektronen eine Funktion der Feldstärke, aber auch des Druckes bzw. der Teilchendichte oder Teilchenmenge ist. Diese beiden Effekte beeinflussen sich gegenseitig. Bei hoher Feldstärke steigt die Ablösewahrscheinlichkeit. Hohe Feldstärken können nur bei hoher Teilchendichte (Druck) erreicht werden, d.h. die Zahl der potentiellen Elektronenquellen steigt nahezu linear mit dem Druck. Das hat zur Folge, dass eine Sättigung der Anlagerung bei hohem Druck erreicht ist. Hiermit ist das nicht lineare bzw. degressive Wachstum der elektrischen Festigkeit bei SF_6 in Abhängigkeit des Druckes von SF_6 zu erklären. Wie in Kap. 6.1.2.3 und Kap. 6.2.2.4 und Gl. (6.1) und Gl. (6.15) gezeigt wird, besteht eine Abhängigkeit aus Feldstärke, Druck bzw. Teilchenanzahl mit dem nicht linearen Isoliervermögen. Bei Luft oder N_2 war ein nahezu linearer Anstieg der Festigkeit mit dem Druck messbar. Eine solche Degradation der elektrischen Festigkeit bei hohem Druck in Abhängigkeit der Schlagweite konnte bei Luft und anderen natürlichen Gasen im Gegensatz zu SF_6 oder C_3F_7CN nicht festgestellt werden.

Tabelle 3.3: Ablösungsratenkoeffizient von angelagerten Elektronen an SF_6

	Einheit	Kindersberger [58]	Wiegart [95]	Dams [12]
k_1	$\frac{1}{cm^3 \mu s}$	$7{,}35 \cdot 10^9$	$8{,}80 \cdot 10^5$	400
k_2	-	20,75	17,33	3,8

3.7.2 Vergrößerungsgesetz

In Kap. 3 sind Annahmen getroffen, die das idealisierte Entladungsverhalten theoretisch und modellhaft beschreiben. Der negative Einfluss durch eine erhöhte Auftrittswahrscheinlichkeit von Störeinflüssen wie Oberflächenrauheit, Schmutzpartikel und ein vergrößertes Volumen wurde bisher noch nicht berücksichtigt. In praktischen Anwendungen unterscheiden sich die Durchschlagspannungen in großen Volumen von Laboruntersuchungen an Probekörpern. Erfahrungsgemäß ist bekannt, dass bei größerem Volumen, Fläche oder Belastungsdauer die Durchschlagspannung sinkt. Die elektrische Festigkeit von Feststoffen und Isolierflüssigkeiten unterliegt einer Degradation bei Vergrößerung der Anzahl, Vergrößerung der Oberfläche, Volumen oder Stückzahl. Der Einfluss des Vergrößerungsgesetz wird im Allgemeinen mit einer Weibullverteilung berücksichtigt, siehe Gl. 3.39, siehe Lit. [53] und [66].

$$W_m(U_d) = e^{-m \cdot \left(\frac{U_d - U_{d0}}{U_{d63} - U_{d0}} \right)^{\delta}} \tag{3.39}$$

Unter der Voraussetzung, dass kein signifikanter Fehler in einem Prüfling vorliegt, wird sich ein endlicher Grenzwert der Haltespannung ergeben. Werden beispielsweise viele Hochspannungsisolatoren parallel mit Spannung beaufschlagt und so gleichzeitig geprüft, dann ist die Haltespannung statistisch geringer, als wenn nur einzelner Isolator bzw. Prüfling geprüft wird. Jeder Prüfling bzw. jedes Betriebsmittel unterliegt einer Fertigungsstreuung, diese beeinflusst dessen elektrische Festigkeit. Die Weibullverteilung eignet sich deshalb gut für hochspannungstechnische bzw. statistische Aussage über die Isolierfähigkeit, da diese einen kleinsten Anfangswert U_{d0} und eine statistische Streuung $\delta_{weibull}$ berücksichtigt. So kann eine Aussage über die Prozesssicherheit getroffen werden. In unserem Fall konnte der Anfangswert, die Haltespannung U_{d0}, die 63%ige Durchschlagspannung (U_{d63}) und 99%ige Durchschlagspannung (U_{99}) rechnerisch bestimmt werden.

3.7.3 Oberflächenrauheit und Feldemission

Eine Feldemission setzt nach dem klassischen Modell bei ideal glatten Oberflächen erst bei 1 MV/mm ein, siehe Kap. 2.2.1. Durch Oberflächenrauheiten (mikroskopische Spitzen und Krater), Schmutzpartikel sowie Adzorbate (Oxidschichten, Fremdpartikel) auf der Oberfläche können lokal höhere

Feldstärke auftreten. Dadurch wird nach der Theorie von SCHOTTKY die Potentialbarriere zwischen Elektrodenmaterial und Gas herabgesetzt. Die Tunnelwahrscheinlichkeit (Abb. A.9) steigt und Elektronen können das Elektrodenmaterial selbst bei niedriger Feldstärke verlassen. Dieser Emissionsstrom verzerrt, ähnlich wie der Streamer, das Grundfeld und eine erhöhte Ionisation setzt ein. Daraus kann ein Streamer entstehen, der den Durchschlag einleitet. Messungen von FOWLER, NORDHEIM und FINKELMANN bis 10 MPa zeigten eine Unabhängigkeit der Feldemission von der Gasart, [17] und [16]. Die Feldemission ist eine Funktion der Feldstärke. Jedoch wirkt sich die Feldemission unterschiedlich auf die elektrische Festigkeit des Gases aus. Da bei SF_6 der effektive Ionisationskoeffizient $\bar{\alpha}$ wesentlich stärker als bei Luft mit der elektrischen Feldstärke ansteigt (siehe. Kap. 2.5), nehmen Oberflächenrauheiten bei elektronegativen Gasen (SF_6, C_3F_7CN oder C6-K-Keton) stärkeren Einfluss auf die Degradation der elektrischen Festigkeit. Vorhersagen über den Einfluss von Rauheiten auf die elektrische Festigkeit in Abhängigkeit des Druckes sind schwer zu treffen, da Emissionskoeffizienten, Feldüberhöhungsfaktoren und Streamer-Ausbildung schwer abzuschätzen sind. Aus diesem Grund sind Messungen mit unterschiedlichen Oberflächenrauheiten durchgeführt worden. Die unterschiedlichen Rauheiten wurden mit einem taktilen Rauheitsmessgerät mit jeweils 5 Wiederholungsmessungen durchgeführt. Entscheidend war die maximale Rauheit R_{max}. In Tabelle A.1 und Abb. A.3 können die jeweiligen Oberflächenqualitäten, die für die Messungen verwendet wurden, abgelesen werden. In Kapitel 6.2.2.1 sind die Messergebnisse bei unterschiedlichen Oberflächenrauheiten und Blitzstoßspannungen gezeigt. Die BIL-Spannungsform wurde gewählt, weil nach Norm diese den höchsten Spannungspegel hat, Startelektronen wurden durch Bestrahlung mit Sr_{90} bereitgestellt.

Kapitel 4

Statistik und Messwertermittlung

Das folgende Kapitel bezieht sich auf die Messwertermittlung der Durchschlagspannung bei den unterschiedlichen Prüfspannungen AC, DC, BIL und SIL, siehe [53]. Jede Spannungsart muss gesondert behandelt werden, da mit kurzen Spannungsimpulsen der statistische Einfluss der Startelektronen auf die Durchschlagspannung zunimmt, siehe Kap. 3.6. Die Durchschlagspannung unterliegt einer natürlichen Streuung und ein eindeutiger Durchschlagspannungswert existiert nicht. Statistische Effekte beeinflussen immer den Funkenaufbau. Die Durchschlagspannung kann immer nur als Größe mit einer gewissen Unschärfe und Wahrscheinlichkeitsverteilung gemessen werden. Typische Werte sind Haltespannung U_{d_0}, 50%igen Durchschlagspannung $U_{d_{50}}$ und 100% Durchschlagspannung $U_{d_{100}}$, siehe [66]. Anhand der Wahrscheinlichkeitsverteilungen können zufällige und systematische Unsicherheiten erkannt, bewertet und die Messergebnisse gegebenenfalls verworfen bzw. korrigiert werden. Zufällige Unsicherheiten können Startelektronenmangel, Schmutzpartikel, Kondensate oder Staubpartikel sein (Reinigungsdurchschläge vor der Messung durchführen). Zu den systematischen Unsicherheiten zählen Unsicherheiten in Schlagweite, Druck und systematische Fehler in der Messwerterfassung. Zufällige Fehler sind im Allgemeinen mittelwertfrei und können in ihrer Auswirkung durch den Stichprobenumfang reduziert werden. Aus diesem Grund wurden bei den Messungen je Durchschlagspannungswert entsprechend der Spannungsform 20 bis 200 Einzelmessungen (siehe Kap. 4.3.1 und Kap. 4.3.2) durchgeführt. Die Bestimmung der systematischen Fehler erfolgte durch eine systematische Analyse der Messkette, siehe Kap. 4.4.

4.1 Normalverteilung

Die Normalverteilung nach Gauss ist durch den Mittelwert μ und einer symmetrischen Standardabweichung σ um den Mittelwert charakterisiert. Das hat zur Folge, dass eine Haltespannung U_0 gleichwahrscheinlich wie die Durchschlagspannung U_{d100} zum Mittelwert ist. Bei Messungen im schwach inhomogenen elektrischen Feld (keine Vorentladungen) war ein asymmetrischer Verlauf um den Mittelwert der Durchschlagspannung der Verteilungsfunktion messbar. Das ist mit einer Normalverteilung schwer abbildbar. Es kann auch keine definierte Haltespannung U_{d0} abgebildet nach Gl. 4.1, die die Wahrscheinlichkeit eines Durchschlages in Abhängigkeit der Spannung U_d nach Gauss ableitet, nur asymptotisch an die Grenzwerte 0...100 % annähert. Deshalb fiel die Wahl, wie bei Durchschlagmessungen und wie in der Hochspannungstechnik üblich (siehe [65]), auf eine drei-parametrige Weibullverteilung Kap. 4.2.

$$F\left(U_d\right) = \frac{1}{\sqrt{2\pi}\cdot\sigma}\cdot\int_{\infty}^{-\infty} e^{-\frac{1}{2}\left(\frac{U_d-\mu}{\sigma}\right)^2}\partial U_d \tag{4.1}$$

4.2 Weibullverteilung

In der Hochspannungstechnik wird die statistische Streuung der Durchschlagspannung nach WEIBULL Gl. 4.2 berücksichtigt. Durch die drei Parameter (U_{d0}, U_{d63}, δ_w) steht ein weiterer Freiheitsgrad im Vergleich zur Normalverteilung zur Verfügung, so dass die Wahrscheinlichkeitsdichtefunktion δ_w besser an den gemessenen Verlauf angeglichen werden kann. Des Weiteren ist die Weibullverteilung eine nach unten beschränkte Verteilungsfunktion, so dass eine diskrete Haltespannung U_{d0} definiert werden kann, welches der physikalischen Realität des Hochspannungsdurchschlages entspricht. Aufgrund der Flexibilität dieser Verteilungsfunktion ist ausschließlich die Weibullverteilung zur Ermittlung der Blitzstoß-Durchschlagspannungsverteilung genutzt worden.

$$F_{Weibull}\left(U_d\right) = 1 - e^{-\left(\frac{U-U_0}{U_{63}-U_0}\right)^{\delta_w}} \tag{4.2}$$

Die Schätzung der drei Parameter der Weibullverteilungsfunktion kann mit dem Summenhäufigkeitspolygon nach Gl. 4.3 gut gelöst werden, [53], [66]. Eine grobe Abschätzung der Durchschlagwahrscheinlichkeiten für den Anfangswert U_{d0} und dem 63 %-Wert $U_{d_{63}}$ kann meist direkt abgelesen oder durch Interpolation in einer doppelt logarithmischen Darstellung ermittelt werden. Wichtig ist eine große Stichprobe. Zur Bestimmung der Weibullsteigung δ_w werden die Werte U_{d0} und U_{d63} benötigt. Durch Umformen von Gl. 4.2 zu Gl. 4.3 erhält man durch beidseitiges Logarithmieren und einer Koordinatentransformation die Weibullsteigung δ_w Gl. 4.4. Abb. 4.1 zeigt genau diese Bestimmung aus den Messgrößen der gehaltenen Stoßspannung und der Gasdurchschlag-Stoßspannung. Aus diesen Messdaten konnte eine kontinuierliche Verteilungsfunktion ermittelt werden.

$$\delta_w = \frac{\lg\left(\frac{1}{\ln(1-F_w)}\right)}{\lg\left(\frac{U-U_0}{U_{63}-U_0}\right)} \tag{4.3}$$

$$z_5 = x_5 - x_0; \rightarrow z_{63} = x_{63} - x_0$$

$$\delta_w = \frac{\lg\left(\frac{\ln(1-F_w(z_1))}{\ln(1-F_w(z_2))}\right)}{\lg\left(\frac{z_1}{z_2}\right)} = \frac{\lg\left(\frac{\ln(1-F_w(z_5))}{\ln(1-F_w(z_{63}))}\right)}{\lg\left(\frac{z_5}{z_{63}}\right)} \tag{4.4}$$

4.3 Ermittlung der Durchschlagspannung

In der Hochspannungstechnik sind mehrere Verfahren zur Ermittlung der Durchschlagspannung etabliert, [66], [53]. Es werden Ermittlungsverfahren unterschieden, die sich besser für quasi-statische Spannungsformen (z.B. Gleich- und Wechselspannung) eignen und solche die sich besser für transiente Prüfspannungen (z.B. Blitz- und Schaltstoß) eignen. Beide Verfahren sind wie folgt beschrieben.

4.3.1 Quasi-statische Prüfspannung

Die quasi-statischen Prüfspannungen kennzeichnen sich durch vergleichsweise langsame Spannungsänderungen. Da ein Gasdurchschlag ab Normalbedingungen Aufbauzeiten von einigen 10 ns zeigt, sind Zeitkonstanten im ms-Bereich als nahezu statisch anzusehen. Die Ermittlung der Durchschlagspannung mit einer quasi-statischen Prüfspannung wird typischerweise mit einem repetitiven Steigerungsversuch ermittelt. Hier wird die Prüfspannung mit einer gleichmäßigen Geschwindigkeit bis zum Durchschlag langsam bis moderat gesteigert (1 ... 5 kV/s). Tritt ein Durchschlag ein, wird die Prüfspannung so schnell wie möglich reduziert, um den Energieeintrag und Schädigungen der Elektrodenoberfläche zu minimieren. Dieser Vorgang wurde für jeden Druck und Schlagweite (pd-Wert) n = 20 mal wiederholt, so dass Streuung nach Gl. 4.6 und ein vertrauenswürdiger Erwartungswert aus dem Mittelwert U_{d50} bzw. $\bar{x}$ entsprechend Gl. 4.5 ermittelt werden konnte.

$$U_{d50} = \bar{x} = \frac{1}{n} \cdot \sum_{i=1}^{n} x_i \tag{4.5}$$

Die Streuung der Durchschlagswerte untereinander wurde mit einer Gleichverteilung angenommen und die Bestimmung der Standardabweichung, nach Gl. 4.6, erfolgte mit Hilfe der Normalverteilung.

$$s = \sqrt{\frac{1}{n-1} \cdot \sum_{i=1}^{n} (x_i - \bar{x})^2} \tag{4.6}$$

4.3.2 Transiente Prüfspannung

Als transiente Prüfspannung sind hier Impulsprüfspannungen zu sehen. Ein Einzelimpuls liefert nur eine binäre Aussage, Durchschlag oder kein Durchschlag. Um statistische Aussagen hinsichtlich der Durchschlagwahrscheinlichkeit von Impulsspannungen unterschiedlicher Amplitudenwert zu treffen, muss eine ausreichend große Menge an Einzelereignissen vorliegen. In der Hochspannungstechnik haben sich die folgenden Untersuchungsmethoden etabliert, um statistisch realisierte Durchschlagspannungen, z.B. 50%ige Darstellungswahrscheinlichkeit bei U_{d50} von Impulsspannungen zu ermitteln, siehe [66].

- Up-and-Down-Methode
- Impulsspannungssteigerungsversuch
- Konstantspannungsversuch

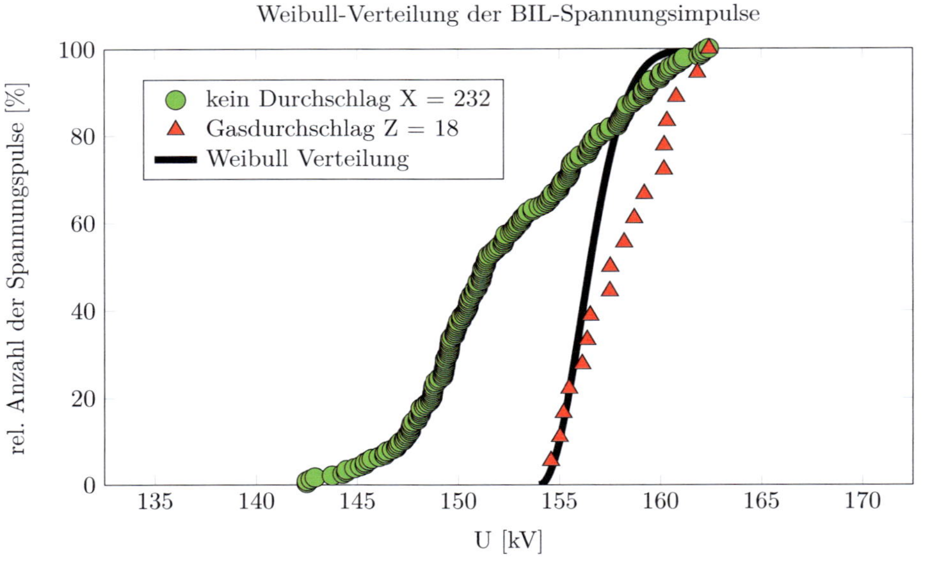

Abbildung 4.1: Ermittlung der Durchschlagspannung mit Hilfe von Weibull

Alle drei Methoden kombiniert ergeben eine ausreichend genaue Durchschlagspannungsverteilung. Als erstes ist mit der Up-and-Down-Methode die Prüfspannung solange, um jeweils 3 % zu steigern, bis ein Durchschlagereignis einsetzt. Danach ist diese solange, um jeweils wieder 3 % zu verringern, bis die Spannung wieder gehalten wird. Dieser Vorgang wird 10...20 mal wiederholt. Nach dieser ersten Grobabschätzung wird der Impulsspannungssteigerungsversuch 10 % unterhalb der vermeintlichen Anfangsspannung mit jeweils 10 Impulsen je Spannungswert gestartet und bis zum Durchschlag gesteigert. Die Ermittlung der Haltespannung wird mit dem Konstantspannungsversuch verifiziert, indem die Anfangsspannung mit mehreren Impulsen ausreichend abgeprüft wird. Alle Impulsspannungen werden mittels Transientenmesssystem aufgezeichnet und mittels Software ausgewertet. Aus der Sortierung nach Spannungshöhe und Prüfergebnis (Durchschlag, kein Durchschlag) kann die Verteilungsfunktion nach Weibull mit den Durchschlagspannungen $U_{d0\%}$ und $U_{d63\%}$ und der Weibullsteigung δ_w ermittelt werden, siehe Abb. 4.1. Innerhalb dieser Untersuchung ist festgelegt worden, dass jeder pd-Messwert mit einer hinreichend großen Stichprobe untersucht wird. So sind im Mittelwert mindestens 150 Spannungsimpulse zur Durchschlagspannungsbestimmung verwendet worden.

4.4 Fehlerfortpflanzung

Das Fehlerfortpflanzungsgesetz dient als mathematisches Mittel zur Abschätzung der Genauigkeit des Messwertes. Da ein Messwert meistens von mehreren Größen abhängig ist, greifen mehrere Einflussfaktoren in die Ermittlung der Messwert ein. Liegt eine physikalische Abhängigkeit vor (wie z.B. das Paschen-Gesetz), ist es möglich die einzelnen Unsicherheiten zu berechnen und miteinander zu verknüpfen. Die Messung der Durchschlagspannung ist abhängig von Druck, Schlagweite, Temperatur und Spannungsmessung. Die zwei bekanntesten Fehlerfortpflanzungsgesetze berechnen den schlechtesten Fall („Worst Case", Gl. 4.7) und den wahrscheinlichen Fall („quadratischer Mittelwert", Gl. 4.8).

$$u_{worst} = \left|\frac{\partial U_d}{\partial p}\right| \cdot |u_{p_{rel}}| + \left|\frac{\partial U_d}{\partial d}\right| \cdot |u_{d_{rel}}| + \left|\frac{\partial U_d}{\partial T}\right| \cdot |u_{T_{rel}}| + |u_{d_{rel}}| \tag{4.7}$$

$$u_{wahr} = \sqrt{\left(\frac{\partial U_d}{\partial p} \cdot u_{p_{rel}}\right)^2 + \left(\frac{\partial U_d}{\partial d} \cdot u_{d_{rel}}\right)^2 + \left(\frac{\partial U_d}{\partial T} \cdot u_{T_{rel}}\right)^2 + (u_{d_{rel}})^2} \tag{4.8}$$

Kapitel 5

Versuchsanordnung

In den vorangegangen Kapiteln 2 und 3 wurde gezeigt, dass die elektrische Festigkeit von Druck p, Schlagweite d, Feldgeometrie und weiteren Randbedingungen z.B. wie der Oberflächenrauheit abhängt. Ebenso spielt die Art der Prüfspannung eine Rolle. In diesem Kapitel werden die zur Untersuchung genutzten hochspannungstechnischen Komponenten (mechanisch und elektrisch) und die Messmittel dargestellt.

5.1 Prüfgefäße PG11 und PG26

Die Prüfgefäße PG11 und PG26, siehe Abb. 5.1, sind die Herzstücke dieser Untersuchung. Das PG11 besteht aus zwei Gasräumen, die durch einen Schottisolator (p_{diff} = 1 MPa) hermetisch getrennt sind - die Hochspannungsdurchführung (p_{abs} = 0,75 MPa, SF_6-Füllung) und der Prüfraum (p_{max} = 1,1 MPa). Es ist nur bei Druckausgleich mit der Umgebung zulässig beide Druckbehälter voneinander zu trennen. Die Prüfelektroden können über ein seitliches Zugangsloch (Mannloch) montiert und demontiert werden. Die Schlagweite kann über ein Hubgetriebe eingestellt werden (h_{sp} = 1,5 mm/360° Vollumdrehung). Bei Nenndruck (SF_6, p_n = 0,7 MPa) ist die Durchführung das begrenzende Bauteil $U_{BIL+} \approx$ 750 kV, bei einer Füllung mit Luft sollte die Spannung nicht über 400 kV gesteigert werden (Feldsteuerungselektrode).
Das PG26 ist ein Kompositisolatorrohr mit zwei Flanschverbindungen. Nach der Druckbehältervorschrift ist dieser Typ auf den 4-fachen Berstdruck und auf den doppelten Nenndruck getestet. Insgesamt kann ein Nenndruck von 2,6 MPa beaufschlagt werden. Das PG26 verwendet die gleiche Mechanik für Elektroden und Schlagweitenregulierung wie das PG11. Aufgrund der kleinen Bauhöhe ist die äußere Spannungsfestigkeit auf etwa 400 kV begrenzt (positive Blitzstoßspannung).
Die Kombination der beiden Prüfgefäße PG11 und PG26 (ineinander gekapselt) ermöglicht die Untersuchung sowohl von Drücken bis 2,6 MPa als auch Spannungen bis zu 750 kV. Hierzu musste lediglich ein Zwischenflansch eingesetzt werden. Durch die Verwendung unterschiedlicher Elektroden konnten innerhalb des Prüfgefäßes quasi-homogene, schwach und stark inhomogene Felder erzeugt werden.

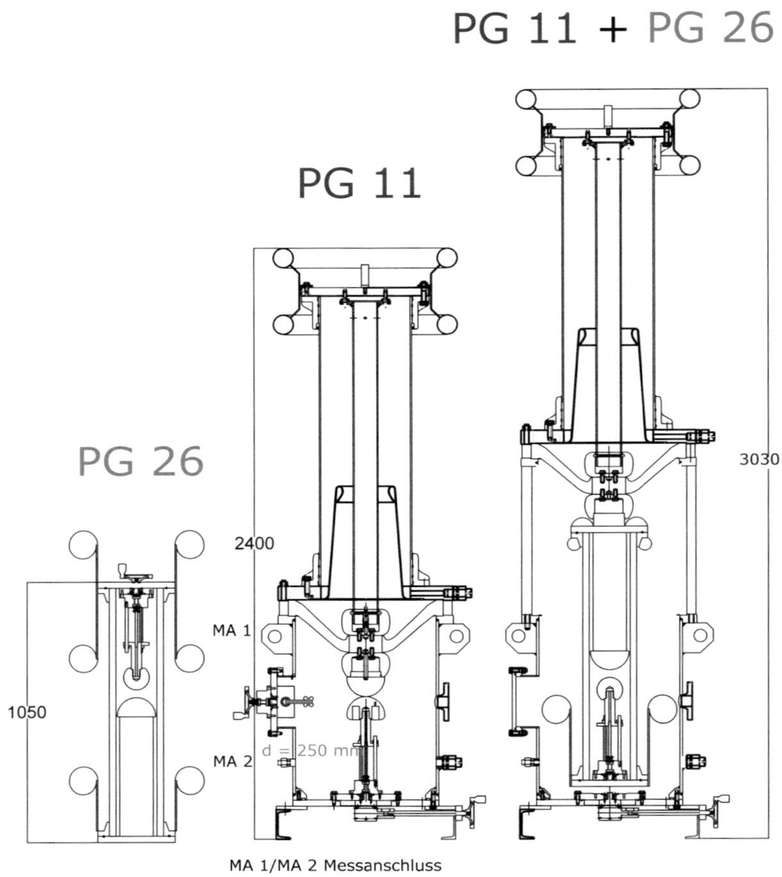

Abbildung 5.1: Zur Untersuchung verwendete Prüfgefäße PG11 p_{max} = 1,1 MPa und U_{max} = 750 kV und PG26 p_{max} = 2,6 MPa und U_{max} = 400 kV

5.2 Elektrodenformen

Zwischen zwei Elektroden ist es möglich ein definiertes elektrisches Feld zu erzeugen. Nach dem Hüllsatz von GAUSS ordnen sich Elektronen an der Oberfläche von Metallelektroden an. Mit unterschiedlichen Elektrodenformen kann so ein quasi-homogenes, schwach und stark inhomogenes Feld für Untersuchungszwecke bereitgestellt werden.

5.2.1 Homogenes Feld

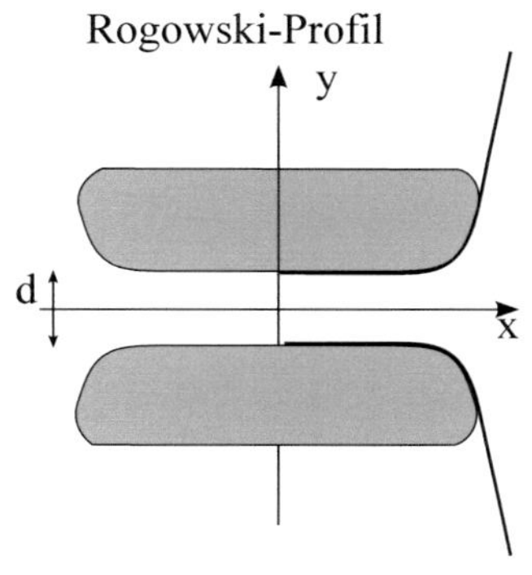

Abbildung 5.2: Rogowski-Profil

Das homogene elektrische Feld eines Plattenkondensators ist relativ einfach berechenbar. Mit Hilfe eines Rogowski-Profils ist die Randfeldüberhöhung des Kondensators beherrschbar (Äquipotentiallinie), siehe Abb. 5.2. Das Rogowski-Profil bildet die Form der Äquipotentiallinie des Plattenkondensators nach. Da Potentiale senkrecht zum Feldstärkevektor $\vec{E}$ stehen, ist das Feld zwischen den Platten ein homogenes. Die Form eines rotationssymmetrischen Rogowski-Profils kann nach Gl. 5.1 berechnet werden. Die maximale Feldstärke tritt im homogenen Feld auf und nimmt zu den Rändern hin ab.
Rogowski-Profile sind nur für eine bestimmte Schlagweite berechenbar. Daher ist die Untersuchung der elektrischen Festigkeit von Gasen mit unterschiedlichen Schlagweiten praktisch nicht durchführbar. Sofern ein Profil mit einem großen Kantenradius genutzt wird, muss die Feldüberhöhung am Rand beherrscht und die Parallelität gewährleistet sein. Ein Taumeln des Hubgetriebes ist nicht auszuschließen, so dass eine Unsicherheit in der Plan-Parallelität der Platten-Profile anzunehmen ist. Bei Kugel-Kugel-Funkenstrecken ist hierbei die Unsicherheit vernachlässigbar. Deshalb wurde bei dieser Untersuchung die leichte Überhöhung der Feldstärke einer Kugel-Kugel-Anordnung toleriert und mit dem quasi-homogenen Feld gearbeitet, Kap. 6.1.

$$f(x) = y = \frac{d}{\pi} \cdot \left(\frac{\pi}{2} + e^{\frac{x \cdot \pi}{d}} \right) \tag{5.1}$$

5.2.2 Ausnutzungsfaktor nach Schwaiger der Elektrodenanordnung

Nach SCHWAIGER definiert das Verhältnis aus mittlerer und maximalen Feldstärke den Feldausnutzungsfaktor η_S, siehe Gl. 3.15. In Dieser Arbeit sind wie in den folgenden Kap. 6.1ff. beschrieben, unterschiedliche Elektrodenanordnung verwendet worden, um eine Variation im Ausnutzungsfaktor darzustellen (Quasi-homogen, schwach inhomogen und stark inhomogen). Der Feldverlauf zwischen den verwendeten Kugelelektroden ist mit Hilfe der FEM simuliert worden und Randeinflüsse des geerdeten Kessels und Erdstreukapazitäten sind berücksichtigt. In Abb. 5.3 kann am Beispiel der 2 mm Stab-Kugel-Elektrode ein FEM-Feldbild und der kritische Feldverlauf entnommen werden. Aus dem Verhältnis zwischen maximaler zur mittleren Feldstärke ist der Ausnutzungsfaktor η_S für alle verwendeten Kugelelektroden und Schlagweiten-Variationen mit jeweils einer solchen Feldsimulation berechnet worden, die Ergebnisse können in Abb. 5.4 abgelesen werden. Alle Feldverläufe der verwendeten Kugel-Kugel-Funkenstrecken sind wie im Beispiel (Abb. 5.3) mit dem Startwert von 100 kV simuliert. Das FEM-Netz ist durchschnittlich mit 10 Knoten pro mm^2 im interessanten Bereich der Anordnung vernetzt worden. Beide Prüfgefäße, PG11 und PG26 wurden in allen Möglichkeiten simuliert. Die Feldsimulation wurde bei 0,1 % Genauigkeit beendet. Grundsätzlich sind in dieser Arbeit die Ausnutzungsfaktoren durch FEM-Simulation ermittelt worden.

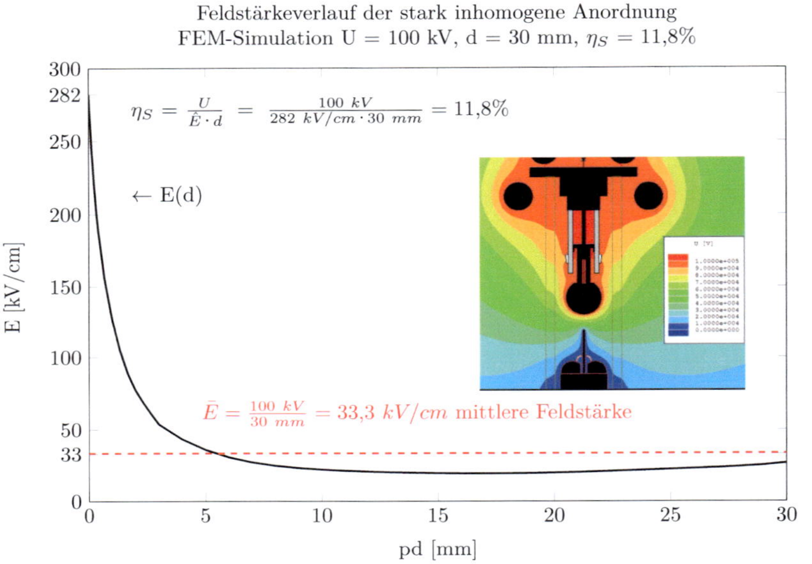

Abbildung 5.3: Beispiel der Ermittlung des Ausnutzungsfaktors der verwendeten Elektrodenformen

In Abb. 5.4 kann der jeweilige Ausnutzungsfaktor entnommen werden (FEM- Simulation des gesamten Prüfgefäßes). Es ist mit einem Ausnutzungsfaktor von $\eta_S \geq 93\%$ (90 %) für die verwendeten Schlagweiten $d = 1{,}5 \ldots 6 \ldots (9)$ mm zu rechnen, d.h. die Messungen sind in einem quasi-homogenen Feld getätigt worden, siehe Abb. 5.4, rote Kennlinie (50-75 mm).

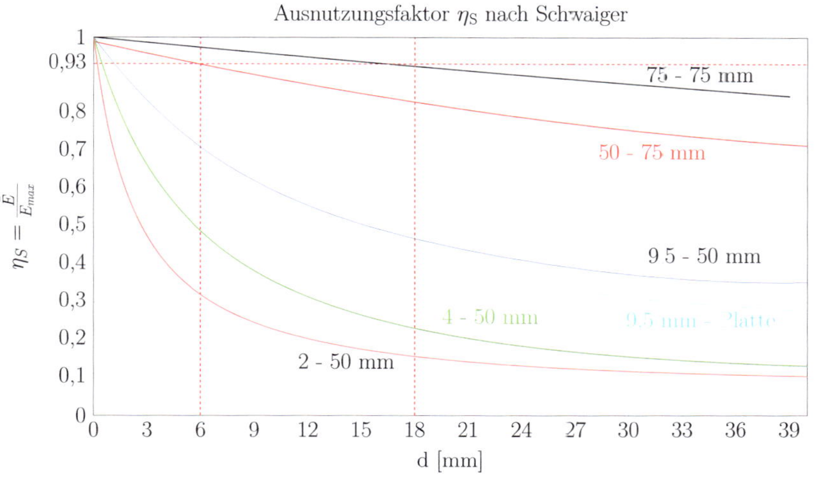

Abbildung 5.4: Ausnutzungsfaktor der verwendeten Kugelelektroden

5.2.3 Quasi-homogenes Feld

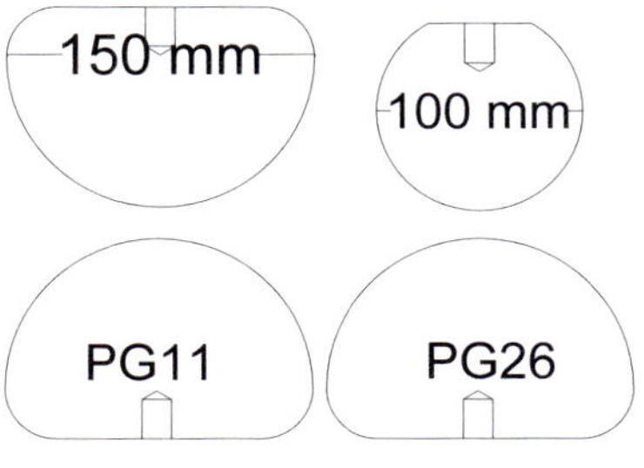

Abbildung 5.5: Quasi-homogene Kugel-Anordnung

Nach den Messwerttabellen für Messkugelfunkenstrecken Tab. 3.1 liegt näherungsweise eine nahezu homogene Feldanordnung für einen Ausnutzungsfaktor $\eta_S > 93\%$ vor, da auch bei größeren Kugelradien (η_S strebt gegen 1) keine Unterschiede in der Durchschlagspannung mehr auftreten. Im Kap. 6.1.1 wird gezeigt, dass für die Durchschlagspannung im quasi-homogenen Feld keine Korrektur notwendig ist. D.h. die Durchschlagspannung im quasi-homogenen Feld ist bis auf 1 % mit der Durchschlagspannung im homogenen Feld identisch. Als Beweis hierfür ist die Ladungsträgergeneration für ein homogenes und ein quasi-homogenes Feld numerisch berechnet worden (siehe Kap. 6.1). Im Prüfgefäß PG11 ist es möglich eine symmetrische Kugel-Kugel-Anordnung ($r_K = 75$ mm) zu verwenden. Für das PG26 ist eine asymmetrische Kugel-Kugel-Anordnung ($r_{K1} = 50$ mm, $r_{K2} = 75$ mm) gewählt, um die tangentiale Feldstärke an der GFK-Oberfläche zu minimieren, siehe Abb. 5 5.

5.2.4 Schwach inhomogenes Feld

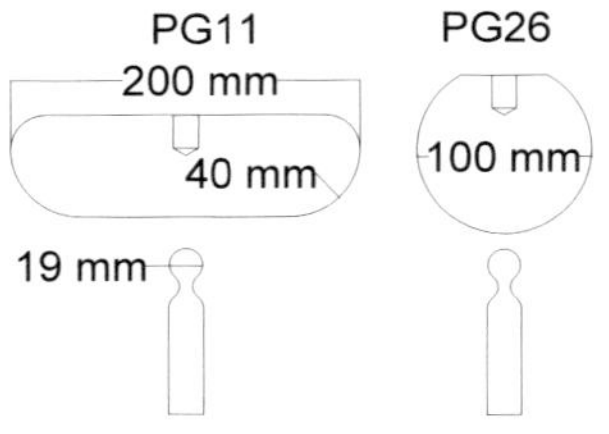

Abbildung 5.6: Schwach-inhomogene Kugel-Anordnung

Das schwach inhomogene Feld ist mittels einer kleinen Kugelelektrode (r_K = 9,5 mm) erzeugt worden. Die Gegenelektrode ist eine Platte (Kantenradius 40 mm) im Prüfgefäß PG11 und eine Edelstahlkugel (r_K = 50 mm) im Prüfgefäß PG26, siehe Abb. 5.6. Diese Art der Anordnung ist gewählt, um den Polaritätseffekt zu untersuchen und um einen kleineren Ausnutzungsfaktor zu erzielen. So kann eine größere Kugel und ein größerer Gasraum zu Untersuchung ausgenutzt werden. Die verwendeten Stahlkugeln konnten durch eine Gewindeverbindung schnell und leicht ausgetauscht werden. Das ermöglichte die Untersuchung unterschiedlicher Oberflächenrauheiten.

5.2.5 Stark inhomogenes Feld

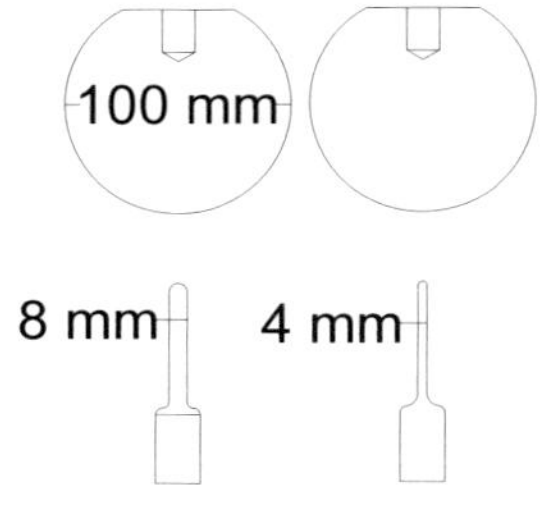

Abbildung 5.7: Stark-inhomogene Kugel-Anordnung

Das stark inhomogene Feld wurde mit einer auf Erdpotential befindenden Stabelektrode (r_K = [2; 4] mm) bereitgestellt, siehe Abb. 5.7. Als Gegenelektroden diente eine Edelstahl-Kugelelektrode (r_K = 50 mm) im PG26. Mit dieser stark inhomogenen Elektrodenanordnung ist der Einfluss und das Entstehen von Vorentladung bei unterschiedlichen Spannungsformen und Gasdruck untersucht. Da nach Norm keine definierte Prüfanordnung (Kugelradius, Homogenitätsgrad oder Öffnungswinkel der Spitze) existiert, ist diese Anordnung mit einem praktischen Hintergrund gewählt. Aus technischer Sicht werden starke Spitze und Kanten vermieden, kleine Rundungen oder Kanten treten jedoch in der Praxis auf.

5.3 Wechselspannungskaskade

Die Prüfwechselspannung wurde mit einer Kaskadenschaltung aus zwei Prüftransformatoren des Hochspannungsbaukasten von Messwandlerbau Bamberg (TEO 100/10 → TEO 200/10) erzeugt. Die jeweils 100 kV ölisolierten Prüftransformatoren sind in der Isoliermantelbauweise aufgebaut und besitzen eine Koppelwicklung. Die maximale Prüfspannung ist aus Sicherheitsgründen auf 180 kV_{rms} limitiert, denn die äußeren Streukapazitäten ($C_1 \approx$ 120 pF, $C_2 \approx$ 80 pF, 1. und 2. Stufe) und internen Streuinduktivitäten bedingten eine 5 %ige unsymmetrische Spannungsverteilung.

5.4 Marxgenerator

Der Blitzstoßspannungsgenerator nach E. MARX erzeugt einen doppel-exponentiellen Prüfspannungsverlauf. Dieser Spannungsimpuls ist durch die Stoß- und Belastungskapazitäten und dem Widerstandsnetzwerk definiert. Die Summenladespannung steigt mit der Anzahl der Stufenzahl des Generators, so kann mit einer vergleichsweise geringen Ladespannung durch Überlagerung eine sehr hohe Scheitelspannung erzeugt werden.

5.4.1 Aufbau Marxgenerator

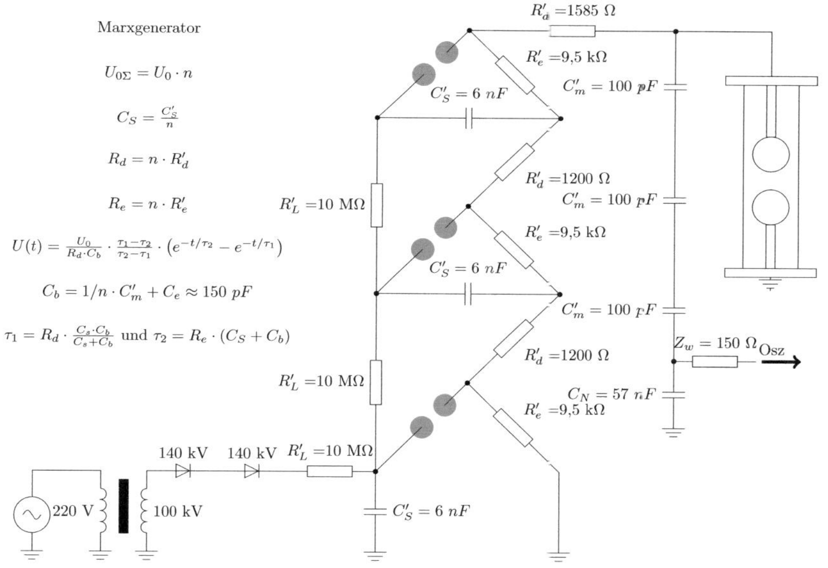

Abbildung 5.8: Dreistufiger Marxgenerator $\hat{U} = 320$ kV

Speziell für diese Untersuchung ist ein dreistufiger Marxgenerator aus dem MWB Baukastensystem aufgebaut. Die Anforderung war es, eine möglichst hohe Prüfspannung bereitzustellen. Die limitierende Größe der Deckenhöhe des Labors von 3,5 m, erzwang eine Optimierung des dreistufigen Stoßspannungsgenerators. Hier konnte der Ausnutzungsfaktors durch eine sehr kleine Messkapazität von $C_m \approx 33$ pF und der Anpassung der Dämpfungswiderstände R'_d um 20 % verbessert werden (Gesamtwirkungsgrad $\approx 93\%$). In Abb. 5.8 ist der Schaltplan des genutzten Marxgenerators dargestellt. Nach Norm IEC 60060 sind die Zeitkonstanten der 1,2/50 Blitzstoßspannung, Rückenhalbwertzeit $T_r = 40 \ldots 60$ μs und Stirnzeit $T_s = 0{,}84 \ldots 1{,}56$ μs definiert. Nach Abb. 5.9 liegt die Rückenhalbwertszeit mit 47 μs in der Norm. Die Stirnzeit überschreitet mit 1,73 μs um etwa 11 % die zulässige Norm. Diese geringfügige Überschreitung um 0,17 μs der Anstiegszeit ist vertretbar. Denn Vergleichsmessungen mit einem geringeren Effizienzfaktors des Marx-Generators, aber mit Norm konformen Zeitkonstanten zeigten keinen Unterschied in der Durchschlagspannung. Die oben genannten Zeitkonstanten ergaben sich auch mit der parallelen Erd-Streukapazität von etwa 165 pF, welche über den Spannungsverlauf indirekt ermittelt wurde, siehe Abb. 5.9 (Referenz der linken Ordinatenachse).

$$R_d \geq 2 \cdot \sqrt{\frac{L_{Kreis}}{C_{ges}}} \tag{5.2}$$

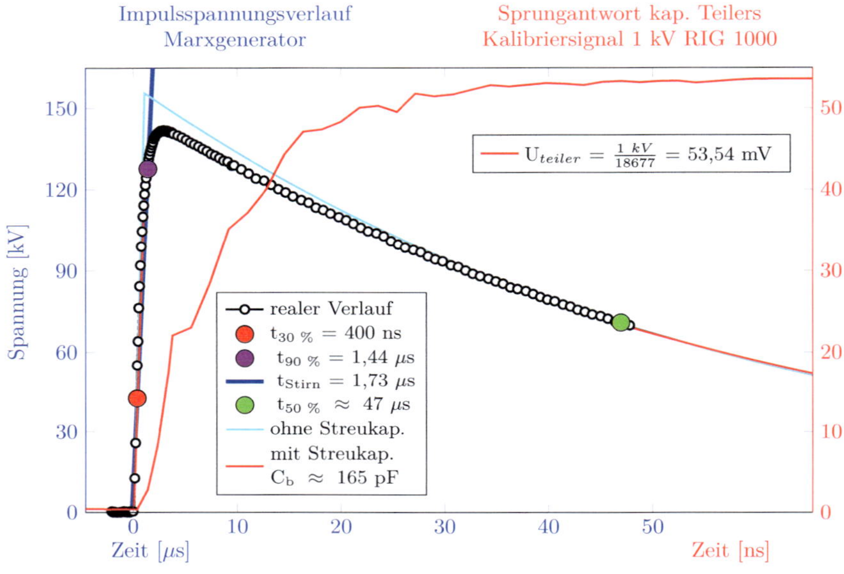

Abbildung 5.9: Zeitkonstanten der erzeugten Blitzstoßspannung und des Kalibrierimpulses

5.4.2 Kalibration kapazitiver Spannungsteiler

Der kapazitive Spannungsteiler unterteilt sich in Hoch- (C_m) und Niederspannungskondensator C_N. Die Optimierung des Ausnutzungsfaktors des Stoßkreises erforderte eine Optimierung des Niederspannungskondensators (Vermeidung von Eigenresonanz durch niederinduktive Ausführung). Der koaxiale, im Gegenstromprinzip aufgebaute, induktivarme Niederspannungskondensator besteht aus einer Parallelschaltung von 32 induktivarmen Glimmerkondensatoren. Das zylindrische Metallgehäuse ist direkt über einer PL-Buche am Hochspannungskondensator angeschlossen. Die Kalibrierung erfolgte in zwei Schritten. Das Übersetzungsverhältnis ist mittels Sprungantwortmessung, durch Einprägen eines 1 kV und 1 ns Spannungsimpulses (RIG 1000, DKD kalibriert) bestimmt. Die Mittelung von n = 100 Impulsen ergab das Übersetzungsverhältnis von ü = 1/18677 und eine Anstiegszeit $T_1 \approx 15$ ns des Teilers. Abb. 5.9 zeigt auf der rechten Ordinatenachse den Mittelwert aus n = 100 Kalibrierimpulsen (1 kV) mit Endwert und Anstiegszeit des Teilers. Als zweiter Schritt bestätigen Vergleichsmessungen mit einer Messkugelfunkenstrecke die Linearität des gesamten Messsystems. Die Ergebnisse dieser Vergleichsmessung sind in Tabelle A.2 aufgelistet. Aufgrund der kleinen Messkapazität nehmen Erdstreukapazitäten einen sehr großen Einfluss auf die Kalibration. Eine Neukalibrierung wurde nach Umbaumaßnahmen durchgeführt.

5.4.3 Transientenrekorder und EMV-Maßnahmen

Die Aufzeichnung der Blitzstoßspannung ist mit einem potentialfreien 12 Bit USB-Oszilloskop (4 ns, 250 MHz) umgesetzt. Aufgrund des bipolaren Messbereiches stehen nur 11 Bit zur Messwerterfassung zur Verfügung. Die maximale Unsicherheit durch die Quantisierung liegt bei ca. 183 V im Messbereich von 360 kV, d.h. das Quantisiergunsrauschen liegt bei etwa 0,05 %. Je nach Messbereich verringert sich diese Unsicherheit. Spezielle EMV-Maßnahmen wurden umgesetzt. Das doppelt-geschirmte Koaxialkabel ist mit Mantelstromsperren (Ferritkerne) versehen und in einem Stahlrohr verlegt. Ein doppelt-geschirmter EMV Messschrank und eine großflächige Sternpunkterdung ist dazu ausgeführt (2 mm dickes Aluminium Blech, niederinduktive Kupfererdungsbänder). Ein batteriebetriebener Laptop dient zur potentialfreien Datenerfassung.

5.5 Greinacher-Kaskade

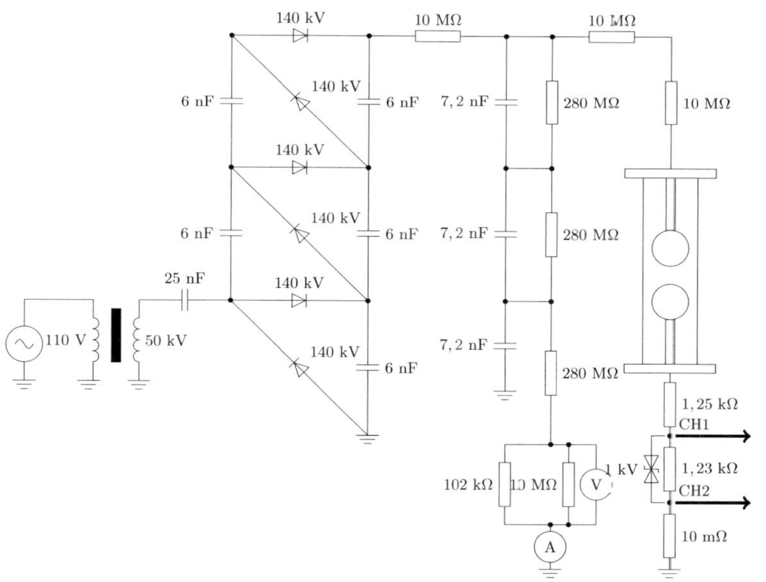

Abbildung 5.10: Dreistufige Greinacher Kaskade 360 kV

Die dreistufige Greinacher-Kaskade, aufgebaut aus dem MWB-Hochspannungsbaukasten, erzeugt durch Gleichrichtung und Überlagerung eine hohe Prüfgleichspannung bis theoretisch 420 kV, siehe Abb. 5.10. Durch Verluste an den Selen-Gleichrichtern und dem ohmschen Spannungsteiler liegt die maximale Spannung bei 360 kV. Nach Norm 0432 DIN VDE muss der Welligkeitsfaktor $\Delta u/U \leq 3\,\%$ betragen. Aus Messungen wurde eine maximale Welligkeit von kleiner 0,3 % bestätigt. Das Ergebnis deckte sich mit einer zuvor getätigten Simulation des Prüfaufbaus.

5.5.1 Kalibration des ohmschen Spannungsteilers

Der ohmsche Spannungsteiler besteht aus drei seriellen 280 MΩ Messwiderständen (Hochspannungsteil). Durch die Strommessung ist eine Berechnung der Prüfspannung möglich. Ein zusätzlicher Messwiderstand von ca. 102 kΩ ist im Erdpfad, um mit einem potentialfreien 16 Bit Multimeter das Spannungssignal genau aufzulösen. Das Übersetzungsverhältnis ist über eine Widerstandsbestimmung ermittelt. Eine Kalibration des Gesamtsystems erfolgte mittels Kugelfunkenstrecke ($r_K = 125$ mm, $d = 10 \ldots 100$ mm). In Tabelle A.3 ist die Kalibrationsmessreihe dargestellt. Da die Messfunkenstrecke nach Norm eine Unsicherheit von 3 % hat, liegt die Messunsicherheit in gleicher Größenordnung.

5.5.2 Messshunt und Vorentladestrommessung

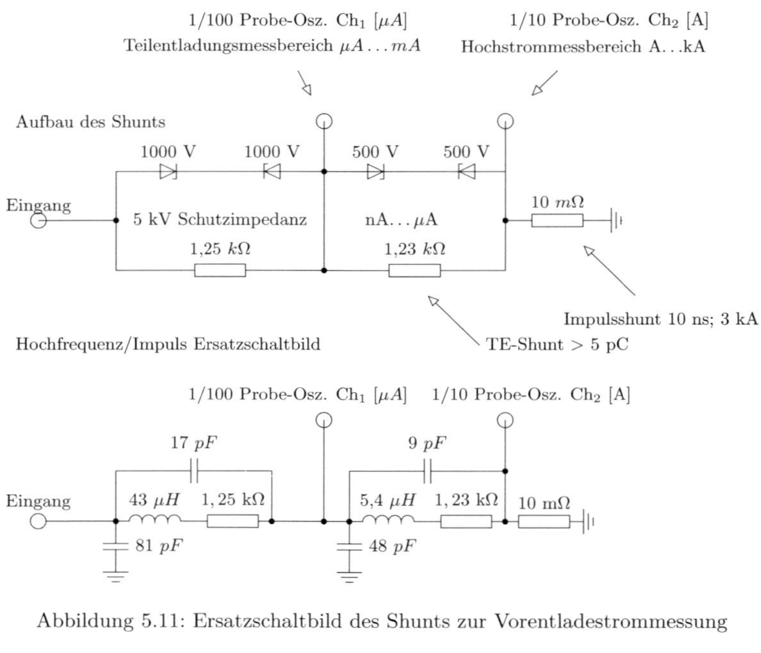

Abbildung 5.11: Ersatzschaltbild des Shunts zur Vorentladestrommessung

Die Anforderung zur Vorentladestrommessung ist, dass ein sehr kleiner Strom von einigen μA mit hoher Anstiegszeit, in der Regel kleiner als 50 ns, gemessen werden muss, der dann in einen Entladestrom von einigen 10 bis 100 A übergeht. Meist schlägt die Funkenstrecke durch, sobald der Strom eine kritische Stromdichte erreicht. Der Strom steigt schlagartig innerhalb wenigen 10 ns an, was große Anforderung an den Überspannungsschutz stellt. Ohne Schutzmaßnahme läge kurzzeitig die volle Hochspannung am Vorentladungsmesszweig und am Messgerät an. Aufgrund dieser Aufgabe solche Strom-Impulse zu messen und der geringen Verfügbarkeit handelsüblicher Shunts, wurde speziell für diese Arbeit ein 3-stufiger Messshunt entwickelt und aufgebaut. Die erste Stufe besteht aus einem Schutzwiderstand $R_1 = 1{,}25$ kΩ. Die zweite Stufe bildet die Messimpedanz für den Vorentladestrom, $R_2 = 1{,}23$ kΩ. Das Messsignal gelangt über einen 1/100, 300 MHz, 2,5 kV Tastkopf ins Oszilloskop (Vorentladestrommessung). Die dritte Stufe ist ein niederohmiger Impuls-Strom-Shunt (10 mΩ) zur

Erfassung des hohen Entladestroms. Aus einer Frequenzgangmessung (siehe Abb. 5.12) sind die Größen des Messteilers abgeleitet und das daraus abgeleitete Ersatzschaltbild ist in Abb. 5.11 dargestellt ($f_e \approx 3$ MHz, $T_a \approx 100$ ns). In Abb. 5.13 kann die Sprungantwort des Strommessshunts auf einem 5 nC Teilentladungskalibrierimpuls entnommen werden, nach Norm IEC 60270.

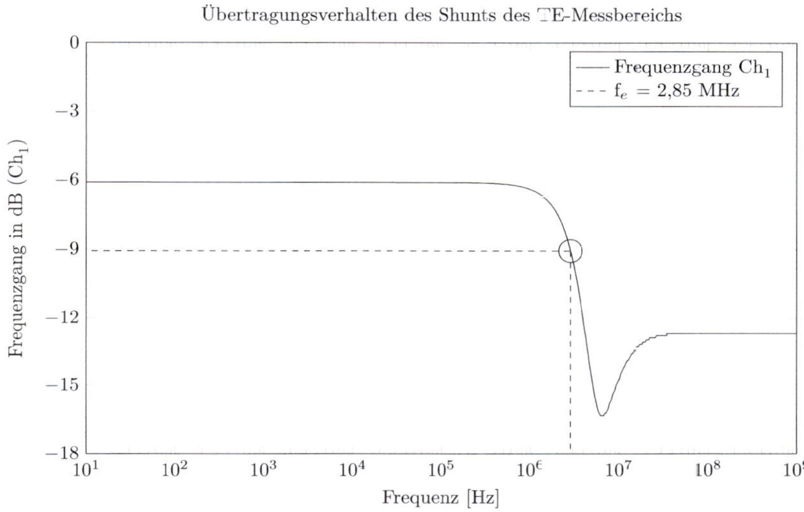

Abbildung 5.12: Frequenzgang, Übertragungsfunktion zwischen Eingang und Kanal 1

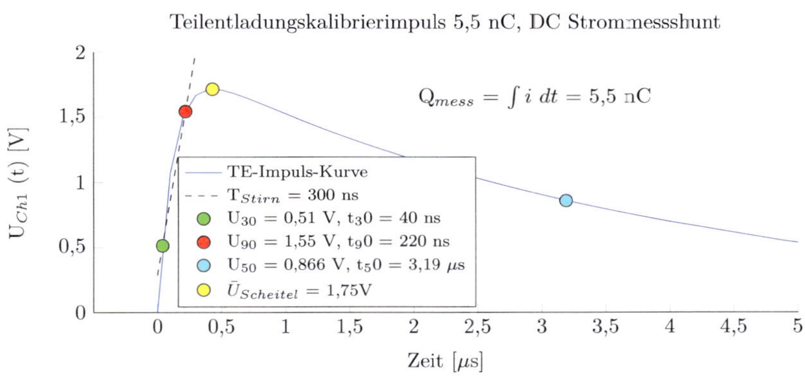

Abbildung 5.13: Impulsantwort des Strommessshunts auf einen 5,5 nC Kalibrierimpuls

Abbildung 5.14 zeigt einen realen Entladungsverlauf einer stark inhomogenen Anordnung bei Luft (p = 0,8 MPa und einem Ausnutzungsfaktor von 15 %). Die blaue Kennlinie zeigt den Vorentladungsverlauf bis zum Durchschlag bei etwa 2,75 μs. Beim Durchschlag wird der Messbereich des Messkanals überschritten. Der 2,5 kV Tastkopf (1/100) und Überspannungsschutzdioden verhindern eine unzulässige Spannungsbelastung des Messkanals. Die Hochstrommessung erfolgt dann über den Impulsshunt. In diesem Diagramm ist selbst der Hochstrommesskanal übersteuert. Mit etwa 1 kA Scheitelstrom kann hier von einem Durchschlag ausgegangen werden. Für unsere Messungen war hauptsächlich nur der Vorentladestrom interessant. Die kritische Ladungsmenge bei den Vorentladungsvorgängen, die den Durchschlag einleitet, war von größerer Bedeutung, siehe Kap. 6.3.2.

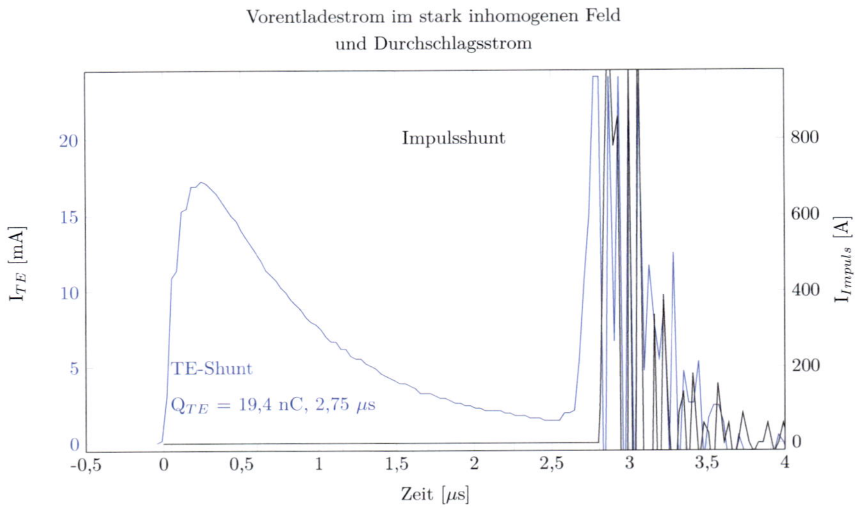

Abbildung 5.14: Vorentladeimpuls und Durchschlagstrom im stark inhomogenen elektrischen Feld bei Luft $p = 0{,}8$ MPa, $\eta_S = 15$ %,

5.5.3 Messunsicherheit

In Tabelle 5.1 können die jeweiligen partiellen Ableitungen des Paschen-Gesetzes zur Fehlerfortpflanzung entnommen werden.
Die Unsicherheit in der Spannungsmessung von 3 % ergab sich aus der Genauigkeit der Messtechnik und Kalibration. Die 6,5 kPa Druckunsicherheit sind der Unsicherheit des Manometers von 0,25 % (bezogen auf den Maximalwert) geschuldet. Die Mechanik des Hubgetriebes hatte eine Winkel-Unsicherheit von 10° (bezogen auf die Steigung von 1,5 mm pro Umdrehung bedeutet das eine Abstandsunsicherheit von $\Delta d = 41{,}7$ μm). Die Umgebungstemperatur konnte bis auf 1 K genau bestimmt werden.

Tabelle 5.1: Partielle Ableitungen des Paschen-Gesetzes zur Fehlerfortpflanzung

physikalische Größe	Unsicherheit	partielle Ableitung
Spannung U	$\Delta U = U \cdot u_{rel} = U \cdot 3\%$	-
Druck p	$\Delta p = 6{,}5$ kPa	$\frac{\partial U}{\partial p} = \frac{B \cdot d}{\ln\left(\frac{A \cdot pd}{k_B}\right)} - \frac{B \cdot d}{\ln\left(\frac{A \cdot pd}{k_B}\right)^2}$
Schlagweite d	$\Delta d = \frac{10° \cdot 1{,}5 \text{ mm}}{360°} \approx 0{,}04$ mm	$\frac{\partial U}{\partial d} = \frac{B \cdot p}{\ln\left(\frac{A \cdot pd}{k_B}\right)} - \frac{B \cdot p}{\ln\left(\frac{A \cdot pd}{k_B}\right)^2}$
Temp. T	$\Delta T = \pm\, 1$ K	$\frac{\partial U}{\partial T} = \frac{B \cdot p/T}{\ln\left(\frac{A \cdot p}{k_B}\right)} - \frac{B \cdot p/T}{\ln\left(\frac{A \cdot p}{k_B}\right)^2}$

Kapitel 6

Durchschlagsmessungen

Dieses Kapitel stellt die Messresultate der Durchschlags- und Entladungsmessungen vor. Die Ergebnisse sind entweder Messpunkten (Durchschlagspannung) oder daraus abgeleitete Kenngrößen (Elektrische Festigkeit). Sofern ein Vergleich mit bekannten und vergleichbaren Literaturwerten möglich war, sind diese gekennzeichnet. Wegen der Übersichtlichkeit sind nur die wichtigsten Ergebnisse angegeben.

6.1 Quasi-homogenes Feld

Im Kap. 3.5.1 wurde anhand von Literatur (siehe ([53], [5] und [82]) beschrieben, dass sich die Durchschlagspannung zwischen dem quasi-homogenen Feld und dem homogenen Feld bei einem Ausnutzungsfaktor $\eta_S > 93$ % kaum voneinander unterscheidet. Nach den Normtabellen der Messfunkenstrecken, siehe Tabelle 3.1, ist die Durchschlagspannung im nahezu homogenen Bereich unabhängig vom Kugelradius.

6.1.1 Durchschlagspannung im Vergleich zwischen quasi-homogenen Feld und homogenen Feld

Eine wesentliche Aufgabenstellung dieser Arbeit ist es, die elektrische Festigkeit von verschiedenen Isoliergasen im homogenen Feld bei unterschiedlichen Abständen d und Drücken p zu bestimmen. Ein homogenes Feld das Reihen-Messungen bei unterschiedlichen Schlagweiten in Druckgefäßen ermöglicht, ist technisch schwer bereitzustellen. Hingegen schwach inhomogene bzw. quasi-homogene Felder zu erzeugen, ist vergleichsweise leicht, z.B. mit einer Kugel-Kugel-Funkenstrecke und ausreichend großen Kugelradien. Hier war es notwendig die Durchschlagspannungen, die mit der quasi-homogenen Anordnung ermittelt worden sind, auf Gültigkeit und Anwendbarkeit auf homogene Feldverhältnisse zu überprüfen.

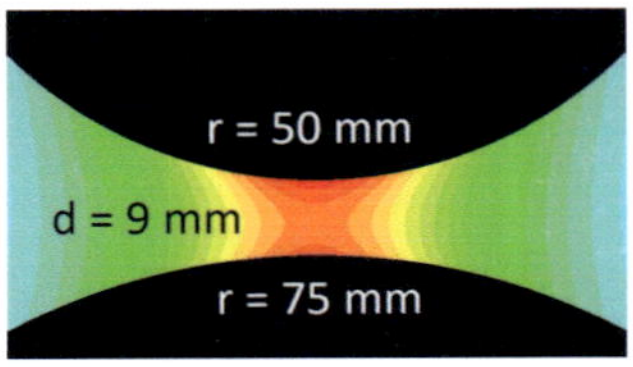

Abbildung 6.1: Quasi-homogene Anordnung

Dies kann mit Hilfe der Zündbedingung, wie folgt beschrieben, geschehen. Denn die Zündbedingung als Ursache des Durchschlags ist allgemeingültig und unabhängig vom Gasdruck oder einer beliebig schwach inhomogenen Anordnung. Nur über die Zündbedingung ist ein Vergleich des Durchschlagverhaltens von unterschiedlichen Feldgeometrien theoretisch möglich. In diesem Fall ist die Zündbedingung aus der Zahl der erzeugten Ladungsträger sowohl im quasi-homogenen als auch im homogenen Feld numerisch berechnet worden. Die Menge der erzeugten Ladungsträger in der quasi-homogenen Anordnung (r_{K1} = 50 mm, r_{K2} = 75 mm, d = 9 mm, η_S = 92,7 %, siehe Abb. 6.1) unterscheidet sich nur geringfügig von der Menge der Ladungsträger, die in der homogenen Anordnung erzeugt wurde. Die Berechnung ist in Abb. 6.2 dargestellt. Die Berechnung der Ladungsträgermenge erfolgte mittels Integration von $\bar{\alpha}$ über die Feldstärke und entlang der Schlagweite d, siehe Gl. 3.12 und 3.25.

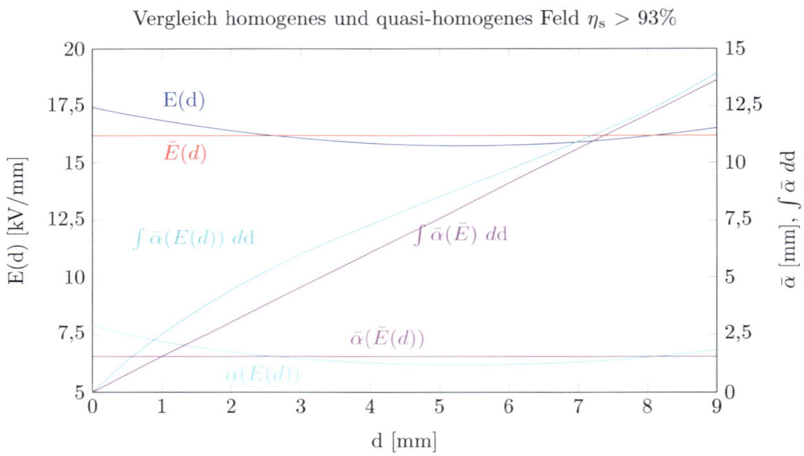

Abbildung 6.2: Numerische Lösung der Zündbedingung im homogenen Feld und im quasi-homogenen Feld, $r_{1,2}$ = [50, 75] mm, η_S = 92,7 %

Tabelle 6.1: Gegenüberstellung der gemessenen Durchschlagspannungen bei DC $U_{d_{M_{DC}}}$, $U_{d_{DIN}}$ nach VDE DIN [53] und berechnet nach PASCHEN für trockene Luft $U_{d_{Pa}}$, $A = 19000$/MPa mm, $B = 245$ kV/MPa mm

d mm	pd MPa mm	$U_{d_{M_{DC}}}$ kV	$U_{d_{Pa}}$ kV	$U_{d_{DIN}}$ kV	$u_{DC,DIN}$ %	$u_{Pa,DIN}$ %	k_{St}
9	0.9	28.3	28.42	28.9	-2.08	-1.66	7.3
18	1.8	51,7	53.5	53	-2.54	0.94	9
36	3.6	99	101.8	100.5	-1.49	1.29	11.8
54	5.4	146.2	148.5	146.7	-0.34	1.23	13.9
72	7.2	194.6	194.8	192.4	1.14	1.25	15.95
90	9	239	241.2	238.1	0.38	1.30	18.3

In Tabelle 6.1 ist sowohl die Durchschlagspannung $U_{dM_{DC}}$ der oben genannten Funkenstrecken-Anordnung, als auch der Durchschlagspannungen $U_{d_{DIN}}$ aus den Normtabellen ([53]) und der berechneten Durchschlagspannung $U_{d_{Pa}}$ nach PASCHEN dargestellt (Gl. 3.13). Bei kleineren Schlagweiten ist eine geringfügige kleinere berechnete Durchschlagspannung U_d im Vergleich zu den Durchschlagspannungen nach DIN-Norm zu erkennen, die jedoch niemals 3 % überschreitet. Die U_d-Werte nach PASCHEN stimmen in diesem Bereich noch sehr gut mit den DIN-Werten überein. Abb. 6.2 zeigt den elektrischen Feldstärkeverlauf $E(x)$, den Ionisationskoeffizienten $\bar{\alpha}$ und das Integral $\int \bar{\alpha} dx$ über dem Feldstärkeverlauf, d.h. die Ladungsträgergenerationszahl k für den quasi-homogenen und für den homogenen (durchschnittlichen) Feldverlauf. Die Durchschlagspannung ist bei p = 0,4 MPa und d = 9 mm gemessen (U_{Mess} = 98,97 kV). Diese Berechnung der generierten Ladungsträger ist für unterschiedliche Gasdrücke p = 0,2. . . 1,0 MPa durchgeführt worden und die Ergebnisse sind in Tabelle 6.2 aufgelistet. Es zeigt sich, dass vergleichbare Ionisationszahlen (Elektronen) $k_S = \int \bar{\alpha} dx$ aus dem homogenen und quasi-homogenen Feld vorliegen. Daraus wird deutlich, dass die Durchschlagspannung sich im quasi-homogenen Feld praktisch nicht vom homogenen Feld unterscheiden kann. Der Einfluss des Streamers ist hier vorerst vernachlässigt. Der Streamer überhöht das Feld ab einem Wert von $k_s > 13{,}6$ so stark, so dass für größere k_s Werte rechnerisch kein Ergebnis ermittelt werden kann (numerischer Überlauf, siehe Abb. 3.10). Die beiden Tabellen 6.1 und 6.2 stellen die oben genannten Durchschlagspannungen und berechneten Parameter für unterschiedliche Drücke bei einer konstanten Schlagweite von $d = 9$ mm ($\eta_S = 93\%$) dar.

Es ist auffällig, dass der Ionisationsbeiwert k_{St} nicht konstant ist und mit steigendem pd-Wert steigt, siehe Tabelle 6.1. Die Erklärung hierfür liefert RAETHER. Der Streamer, der sich in Richtung von Kathode zur Anode bewegt, generiert bei höheren Drücken mehr Ladungsträger als bei niederem Druck aufgrund des Eigenfeldes. Die Ladungsträgerkonzentration im Streamerkopf ist bei höherem Druck (kleinere mittlere freie Weglänge λ_{me}) höher und erzeugt dadurch mehr Ladungsträger gegenüber niedrigem Druck. Bei höherer Schlagweite werden aufgrund der Wegstrecke ebenfalls mehr Ladungsträger generiert. Eine Separation bzw. Abhängigkeit von k_{St} zwischen Druck und Schlagweite konnte nicht eindeutig berechnet werden. Jedoch besagt auch TOWNSEND, dass k_G bei höherem Druck bzw. höhere Schlagweite k_S steigt, denn die Rückwirkung des Elektrodenmaterial nimmt ab. Da $\gamma \sim 1/k$, [53, S. 169]. Diese Abhängigkeit von k_{St} wurde auch bei der Herleitung der initialen Feldstärke rechnerisch nachgewiesen, siehe Kap. 3.5.4.

Tabelle 6.2: Gegenüberstellung der Ionisationszahl k_{FS} einer quasi-homogenen und k_h einer homogenen Anordnung $r_{1,2} = [50, 75]$ mm bei unterschiedlichem Druck und Durchschlagspannung aber bei konstanter Schlagweite $d = 9$ mm ($\eta_S \approx 93\%$), $A = 19000$/MPa mm, $B = 245$ kV/MPa mm

p MPa	pd MPa mm	$U_{d_{M_{DC}}}$ kV	k_{FS}	k_h	$\Delta U = f(k_{FS}, k_{hc})$ V
0,2	1,8	51,7	6,9	6,8	+130
0,4	3,6	99,0	9,5	9,2	-50
0,6	5,4	146,2	12,4	12,1	+60
0,8	7,2	194,6	16,2	15,8	+30
1,0	9,0	239,0	17,9	17,4	+860

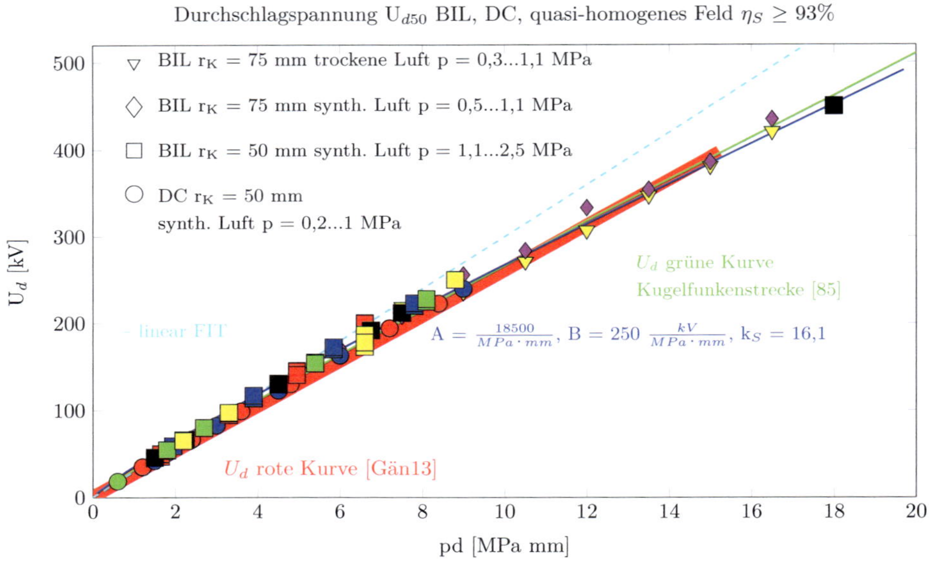

Abbildung 6.3: Durchschlagspannung von synthetischer und trockener Luft im quasi-homogenen Feld, $d = 1 \ldots 9$ mm, $p = 0{,}1 \ldots 2{,}5$ MPa, $r_{k_{1,2}} = [50, 75]$ mm

Abb. 6.3 zeigt die Durchschlagspannungen U$_{d50}$ von synthetischer Luft bei Gleich- und Blitzstoßspannung (DC, BIL). Aus den Messungen konnten die Paschen- Parameter A und B rekursiv ermittelt (für DC und BIL, siehe Abb. 6.3) und Paschen-Kurven (rechter Ast, kein Vakuum) dargestellt werden. Da dieses Kapitel als Überblick und Einführung der Messergebnisse dient, sind hier auch Durchschlagspannungen bei Blitzstoß und Gleichspannung dargestellt. Diese Darstellung wurde gewählt, da höhere Spannungspegel im Labor nur mit dem Blitzstoßgenerator erzeugt werden konnten. Eine Bestätigung der Theorie nach Paschen in einem weiten Druckbereich und bei quasi homogenen Feldern konnte so implizit nachgewiesen werden. Später wird eine Differenzierung der Messergebnisse auch nach den verschiedenen Spannungsformen vorgenommen, siehe Kap. 6.1.3. Wie zuvor gezeigt, unterscheidet sich die generierte Ladungsträgermenge des quasi-homogenen Feldes nur geringfügig von der im homogenen Feld. Im folgender Abbildung 6.3 ist die Durchschlagspannung in Luft bei verschiedenen Spannungsformen (BIL und DC) bei unterschiedlichen Gasdrücken von 0,3. . . 2,5 MPa dargestellt. Die Schlagweite variierte von d = 1. . . 9 mm. Der Ausnutzungsfaktor nach Schwaiger war größer als $\eta_S \geq 93\%$. Es wird deutlich, dass die Durchschlagspannung von Luft eine Funktion $U_d = f\,(pd)$ ist. Es kann die These aufgestellt werden, dass die Durchschlagspannung im quasi-homogenen Feld bei einem Ausnutzungsfaktor $\eta_s \geq 93\%$ mit der Durchschlagspannung im homogenen Feld vergleichbar ist und das Paschen-Gesetz für Kugel-Kugel-Funkenstrecken zur Berechnung der Durchschlagspannung genutzt werden kann. Nach Tabelle 6.3 kann ebenfalls gesehen werden, dass sich vergleichbare Durchschlagspannungen bei gleichem Schlagweite-Druck-Produkten ($p \cdot d$ = const.), jedoch unterschiedlich in Druck und Schlagweite, einstellen. Beide pd-Produkte sind hier farblich gekennzeichnet.

In Tabelle 6.3 sind die Messergebnisse aus Abb. 6.3 dargestellt und mit der Paschen-Kurve und den angegebenen Paschen-Parameter in Relation gesetzt. Bei den meisten Messpunkten liegt die

Abweichung noch im 3 %-Band. Bei Gleichspannung und kleinen Schlagweiten liegen größere Unsicherheiten vor. Da die Abstandseinstellung bei sehr kleinen Schlagweite eine absolut höhere Unsicherheit hat. Weiter muss betrachtet werden, dass bei kleinen Schlagweiten das Elektrodenmaterial eine größere Rückwirkung auf sekundäre Ladungsträger hat, [53, S. 168], [5, S. 105].

Tabelle 6.3: Durchschlagspannung U_{d50} von synthetischer und trockener Luft bei Gleich- und Blitzstoßspannung, $d = 1 \ldots 9$ mm, p = 0,1…2,5 MPa, $r_{k_{1,2}}$ = [50, 75] mm

pd	U_d [kV]	U_{Pas} [kV]	ΔU [%]	pd	U_d [kV]	U_{Pas} [kV]	ΔU [%]	pd	U_d [kV]	U_{Pas} [kV]	ΔU [%]
	BIL trockene Luft				**BIL synth. Luft**				**DC synth. Luft**		
	Aluminium				VA Stahl				VA Stahl		
	d = 15 mm				**p = 1,3 MPa**				**d = 1,5 mm**		
7,5	218,9	208,2	5,1	1,95	59,0	63,6	-7,3	1,5	42,0	48,3	-13,1
9	236,0	244,8	-3,6	3,9	114,0	116,7	-2,3	3	82,6	88,4	-6,6
10,5	275,0	280,9	-2,1	5,85	170,0	167,0	1,8	4,5	122,9	126,4	-2,8
12	310,0	316,5	-2,1	7,8	220,0	215,6	2,1	6	162,9	163,2	-0,2
13,5	346,9	351,7	-1,4					9	239,6	234,1	2,4
15	380,8	386,6	-1,5		**p = 1,5 MPa**						
16,5	420,5	421,1	-0,1	1,5	45,5	50,7	-10,2		**d = 3 mm**		
				2,25	66,0	72,1	-8,4	0,6	18,6	22,0	-15,3
				4,5	129,5	132,4	-2,2	1,2	34,8	39,8	-12,7
	BIL synth. Luft			6,75	192,0	189,6	1,3	1,8	51,2	56,6	-9,6
	Aluminium			7,5	212,0	208,2	1,8	2,4	71,0	72,7	-2,4
	d = 15 mm			18	450,0	455,3	-1,2				
4,5	130,3	132,4	-1,6						**d = 6 mm**		
6	171,1	170,8	0,2		**p = 1,8 MPa**			1,2	35,3	39,8	-11,3
7,5	208,5	208,2	0,2	1,8	53,9	59,4	-9,2	2,4	66,7	72,7	-8,3
9	252,0	244,8	2,9	2,7	80,0	84,5	-5,4	3,6	99,2	103,8	-4,4
10,5	283,7	280,9	1,0	5,4	154,0	155,6	-1,0	4,8	130,4	133,9	-2,6
12	325,0	316,5	2,7	8,1	225,0	222,9	0,9	7,2	194,5	191,9	1,4
13,5	354,2	351,7	0,7					8,4	223,0	220,1	1,3
15	385,9	386,6	-0,2		**p = 2,2 MPa**						
16,5	434,9	421,1	3,3	2,2	69,0	70,7	-2,4				
				3,3	98,0	100,8	-2,8				
				6,6	181,0	185,8	-2,6				
				8,8	245,0	240,0	2,1				
					p = 2,5 MPa						
				18	450,0	455,3	-1,2				

6.1.2 Durchschlagmessungen bei Gleichspannung

Die im Folgendem dargestellten Messergebnisse der Durchschlagspannung sind mit dem Prüfgefäß PG26 im quasi-homogenen Feld bei Gleichspannung (Greinacher-Kaskade Kap. 5.5) aufgenommen. Die Durchschlagmessung erfolgte bei positiver Polarität, ein Polaritätsunterschied ist aufgrund des quasi-homogenen Feldes $\eta_S \geq 93$ % (r_{K1} = 50 mm, r_{K2} = 75 mm), bei den Schlagweiten $d \leq$ 9 mm und der technisch rauen Oberfläche (R_{max} = 1‥5 μm) nicht messbar. Es sind zur Kontrolle ebenso Messreihen mit negativer Gleichspannung durchgeführt worden, diese sind hier nicht weiter angeführt. Zur Ermittlung der Durchschlagspannung ist der Spannungssteigerungsversuch genutzt worden. Auffällig bei den Durchschlagsversuchen war die sehr geringe Streuung der

Durchschlagspannungsverteilung, meist war es nur an der kleinsten Nachkommastelle zu erkennen, woraus eine Unsicherheit von ±556V folgt.

6.1.2.1 Durchschlagspannung U_{d50} von verschiedenen Gasen

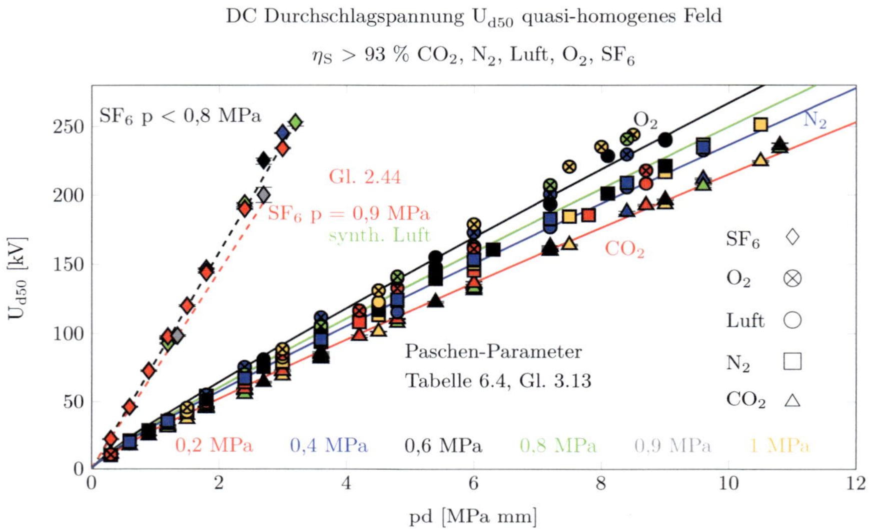

Abbildung 6.4: Durchschlagspannung U_{d50} von CO_2, N_2, Luft, O_2 und SF_6 bei $d = 1 \ldots 9$ mm und $p = 0{,}1 \ldots 1{,}0$ MPa und $r_K = [50, 75]$ mm

Abb. 6.4 zeigt die in dieser Arbeit gemessenen Durchschlagspannung U_{d50} von verschiedenen Isoliergasen und SF_6 im quasi-homogenen Feld. Für CO_2, N_2, Luft und O_2 war es möglich Paschen-Parameter und Paschen-Kurven aus den Messergebnissen zu ermitteln (siehe Tabelle 6.4). Für SF_6 war das nicht möglich, deshalb sind Regressionskurven (gestrichelt) zweiter Ordnung hinzugefügt. Ab einem Druck $p > 0{,}8$ MPa weicht die Durchschlagspannungszunahme von SF_6 von einer linearen Festigkeitszunahme ab und wird schwächer. Bei größeren Schlagweiten verschiebt sich dieses nichtlineare Verhalten hin zu niedrigeren Drücken. D.h. bei sehr kleinen Schlagweiten und glatter Oberfläche ($R_{max} \approx 1$ μm) kann auch bei SF_6 mit einem nahezu linearen Anstieg der elektrischen Festigkeit in Abhängigkeit des Drucks gerechnet werden. Dies erklärt sich daraus, dass bei kleinen Schlagweite bzw. kleinen SF_6 Volumina die Anlagerung von Elektronen wirksamer in Relation zu größeren Schlagweiten ist, (siehe Elektronenablösung 3.7.1). Bei größeren Schlagweiten steigt der Einfluss der Elektronenablösung bei hohem Druck und Schlagweiten.

In folgender Tabelle 6.4 sind die Paschen-Parameter für CO_2, N_2, Luft und O_2 angegeben. Darüber hinaus ist zu diesen Parametern ein Vertrauensintervall für den jeweiligen Paschen-Parameter A bzw. B genannt, welches sich aus der 3 %igen Messunsicherheit der Durchschlagspannung ergibt. Aus dem Quotienten von B und A lässt sich die Ionisationsspannung der einzelnen Gase nach ROSSNER (siehe [39]) berechnen, Gl. 2.30. Des Weiteren kann der effektive Wirkungsquerschnitt a_s bzw. der Molekülradius r_m aus dem Paschen-Parameter A berechnet werden, siehe Tabelle 6.4. Die Unsicherheiten für ΔB und ΔA ergeben sich hauptsächlich aus der messtechnischen Unsicherheit bei der Spannungsmessung, siehe Kapitel 4.4.

Tabelle 6.4: Rekursiv ermittelte Paschen-Parameter aus den Durchschlagsmessungen, $T = 293\ K$, $E/p = 24 \ldots 30\ \frac{\mathrm{kV}}{\mathrm{MPa \cdot mm}}$

Parameter	Einheit	CO_2	N_2	Luft	O_2
$k_{St} = 13{,}6 \ldots 18{,}4$					
A	$\frac{1}{\mathrm{MPa \cdot mm}}$	15000	14000	18500	21000
Δ A		± 500	± 500	± 700	± 1000
B	$\frac{\mathrm{kV}}{\mathrm{MPa \cdot mm}}$	190	210	240	247
Δ B		± 6	± 7	± 7	± 8
$B/A \approx U_I$	V	13,1	15	12,95	11,9
$r_M = \sqrt{\frac{A \cdot k_B \cdot T}{\pi}}$	10^{-12} m	136…141	131…137	151…157	160…170
$a_s = A \cdot k_B \cdot T$	10^{-20} m^2	5,86…6,27	5,46…5,87	7,2…7,77	8…8,9

Bei den in dieser Arbeit ermittelten Paschen-Parametern der unterschiedlichen Gase ergeben sich sehr gute Übereinstimmungen mit den physikalischen Grundgrößen wie Ionisierungsenergie und Stoßquerschnitt bzw. Molekülradius, siehe [59]. Bei den gängigen Literaturangaben ([32], [53, S. 166] können die gegebenen Paschen Parameter nicht auf die oben genannten Elementargrößen in Tabelle 6.4 repräsentativ umgerechnet werden.

6.1.2.2 Durchbruchfeldstärke E_{d50} bei verschiedenen Gasen

Die elektrische Festigkeit bzw. Durchbruchfeldstärke E_d ist aus den Messungen der Durchschlagspannung, siehe Kap. 6.1.2.1, abgleitet und in Abb. 6.5 dargestellt. In Abb. 6.5 ist die Durchschlagsfeldstärke E_d von CO_2, N_2, O_2, synthetischer Luft und SF_6 in Abhängigkeit des Drucks dargestellt. Bei SF_6 ist auffällig, dass die elektrische Festigkeit ab einem Druck größer $p > 0{,}7$ MPa nicht mehr linear mit dem Druck zunimmt. Die anderen Gase zeigen jedoch ein nahezu lineares ansteigendes Verhalten.

Aus diesen Messungen und Darstellungen kann noch nicht die Ursache für das nicht lineare Verhalten von SF_6 erklärt werden.
Nach FOWLER und NORDHEIM tritt eine Feldemission, die einen schwächenden Einfluss auf die elektrische Festigkeit ausübt, erst bei höherer Feldstärke auf, siehe Kap. 2.2.1, [17]. Es lässt sich hier vermuten, dass eine weitere Einflussgröße für das nichtlineare Verhalten verantwortlich sein muss, siehe Kap. 3.7.1. Aus diesen Ergebnissen lassen sich folgende Thesen aufstellen. Die Grenzfeldstärke $E/p_0(SF_6)$ von SF_6 ist bezüglich des Druckes und auch der Schlagweite bei hohem Druck nicht konstant. Aus der starken Abnahme der differentiellen Spannungsfestigkeit bei hohen Drücken folgt für SF_6, dass eine technische Anwendung oberhalb von $p > 0{,}8$ MPa nicht sinnvoll ist. Das ist in Abb. 6.5 ersichtlich. Um eine allgemeingültige Aussage über das Isolationsverhalten bei hohen Feldstärken zu bekommen, sind Durchschlagmessungen bis $p = 2{,}6$ MPa durchgeführt worden, siehe Kap. 6.1.3.

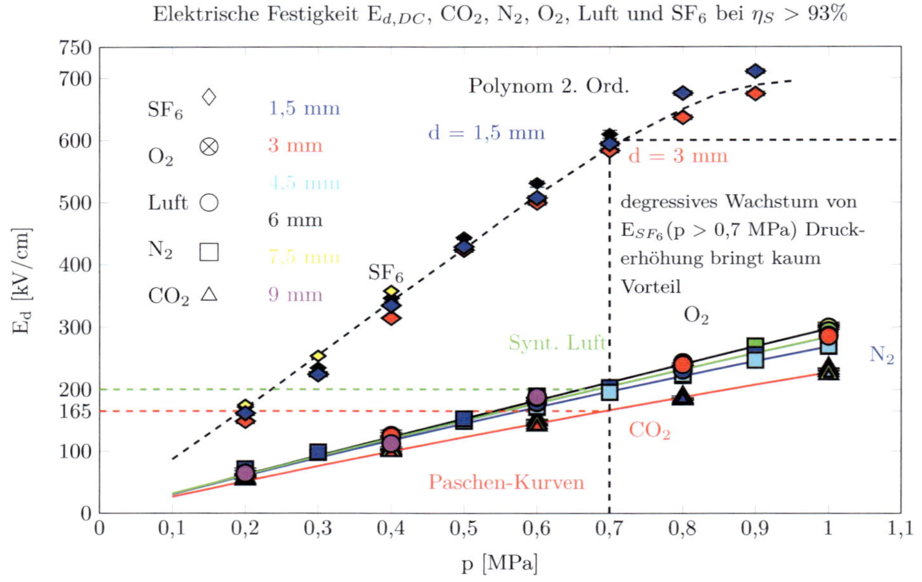

Abbildung 6.5: Elektrische Festigkeit E_{d50}(p), CO_2, N_2, Luft, O_2 und SF_6 bei $d = 1 \ldots 9$ mm und $p = 0{,}1 \ldots 1$ MPa mit $r_K = [50,\ 75]$ mm

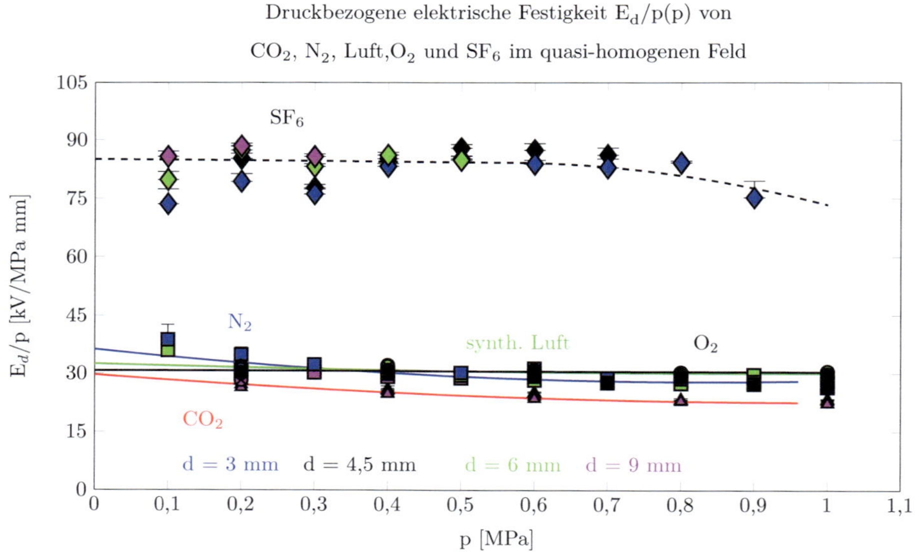

Abbildung 6.6: Druckbezogene elektrische Festigkeit E_d/p(p) in Abhängigkeit des Drucks von CO_2, N_2, Luft, O_2 und SF_6 $r_K = [50,\ 75]$ mm, $d = 1 \ldots 9$ mm, $p = 0{,}1 \ldots 1$ MPa

Abb. 6.6 zeigt die auf den Druck bezogene Durchschlagsfeldstärke E_d/p von CO_2, N_2, Luft, O_2 und SF_6 in Abhängigkeit des Drucks. Bis zu einem Druck von $p = 1$ MPa (10 bar) ist ein nahezu lineares Verhalten bei den alternativen Gasen erkennbar. Bei SF_6 und einem Druck $p > 0{,}8$ MPa ist das lineare Verhalten nicht weiter gegeben. Die Ergebnisse mit Gleichspannungsbelastung zeigen bei dem relativ geringen Isolierdruck p $\leq$ 1 MPa und kleinen Schlagweiten $d \leq 15$ mm und einer technisch guten Oberflächenrauheit von $R_{max} \approx 5$ μm keine größeren Abweichungen vom Paschen-Gesetz. Dies gilt selbstverständlich nicht, wie auch hier erkennbar, für SF_6 (gestrichelte Linie) aufgrund der hohen Elektronenaffinität. Durchschlagsmessungen die einen großen pd-Bereich umfassen (größere Schlagweiten und höherer Druck), verschiedene Rauheiten, inhomogene Felder und Vorentladestrommessung werden in den folgenden Kapiteln noch vorgestellt. D.h. die bereits gezeigten Messwerte zeigen nahezu das idealisierte Isolationsverhalten der Gase nach den **Paschen-Annahmen**, die im betrachteten pd-Bereich gelten. SF_6 ist hiervon jedoch explizit auszuschließen. Wie in den Diagrammen 6.4 bzw. 6.6 dargestellt sind für die durchgezogenen Graphen für Luft, N_2, CO_2 und O_2 Paschen-Kurven. Für SF_6 sind die gestrichelten Graphen Polynome 2. Ordnung, vergl. Gl. 2.44, zu beachten. Das bestätigt die Gültigkeit des Paschen-Gesetzes für Luft, N_2, CO_2 und O_2 und die nicht-Gültigkeit für SF_6. Das wird auch in Abb. 6.6 und Abb. 6.7 deutlich. Bei Luft verläuft die druckbezogene elektrische Festigkeit E/p nahezu linear und nähert sich asymptotisch der Grenzfeldstärke E/p_0 an. Bei SF_6 hingegen ist bei großen Drücken eine Degression zu sehen.

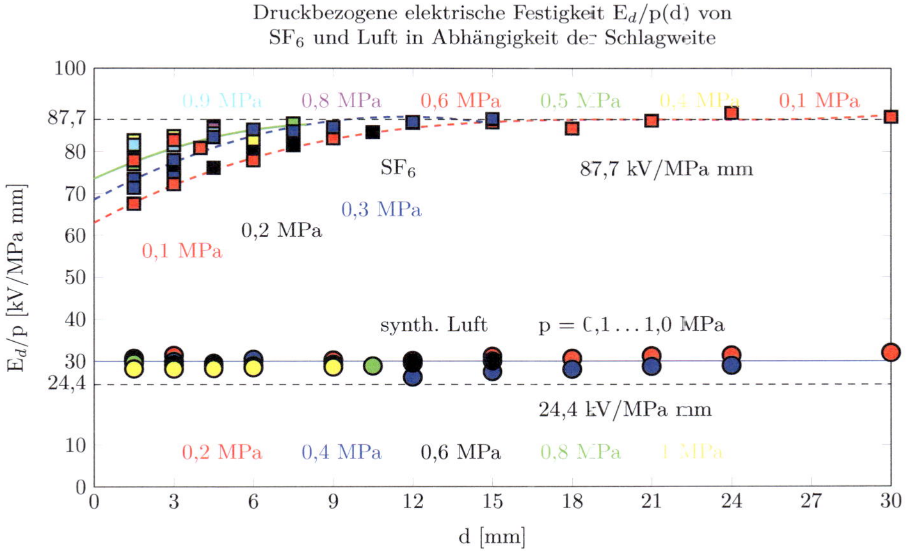

Abbildung 6.7: Druckbezogene elektrische Festigkeit $E_d/p(d)$ von Luft und SF_6 bei p = 0,1... 1,0 MPa und r_K = [50, 75] mm

6.1.2.3 DC Durchschlagspannung U_{d50} C_3F_7CN-CO_2-Gemisch

Abbildung 6.8: C_3F_7CN-Molekül

In diesem Abschnitt werden die Messergebnisse der neuartigen Isoliergasgemische aus C_3F_7CN und CO_2 bei Gleichspannung dargestellt. Für die Messungen ist das PG26 und die gleiche Kugel-Kugel-Konfiguration wie zuvor verwendet worden ($r_{1,2}$ = [50, 75] mm, quasi-homogenes Feld). Lediglich ist der Urzustand der Oberfläche durch Polieren und Reinigen (Ethanol) für jede Messreihe neu hergestellt. Das Mischungsverhältnis ist mit Hilfe des Partialdrucks und durch Nachwiegen der Gaskartusche (C_3F_7CN) eingestellt. Das Gas C_3F_7CN ist per Definition kein ideales Gas im Sinne der Thermodynamik, es gibt Abweichungen zwischen dem Molaren- und Volumenmischungsverhältnis in Abhängigkeit der Temperatur, deshalb muss der Partialdruck aus den Tabellenwerten nach den Herstellerangaben berücksichtigt werden. Aufgrund des geringen Dampfdruckes wurde das C_3F_7CN unter Vakuum ins Prüfgefäß gefüllt und danach mit den Füllgas (CO_2 oder N_2) aufgefüllt. Das Mischungsverhältnis innerhalb einer Messreihe ist konstant, da die Messreihe stets bei hohem Druck z.B. p = 1,0 MPa startet. Der nächste Druck wurde durch Reduzierung, mittels Umfüllens in ein Reservoir, eingestellt. Erst bei Vakuum wurde das nächste Mischungsverhältnis eingestellt und dazu die benötigte Menge an C_3F_7CN in das Prüfgefäß eingefüllt und danach mit dem Füllgas (CO_2 oder N_2) aufgefüllt. Es wurde angenommen, dass während des Messvorgangs eine homogene Gemisch-Konzentration im Prüfgefäß vorlag. Ein Messgerät, um die C_3F_7CN-Konzentration zu messen, war zum Zeitpunkt der Messungen nicht verfügbar. Aus den Erfahrungen der SF_6-Gemische kann bestätigt werden, dass das Verfahren des Partialdrucks sehr zuverlässige Konzentrationseinstellungen erlaubt.

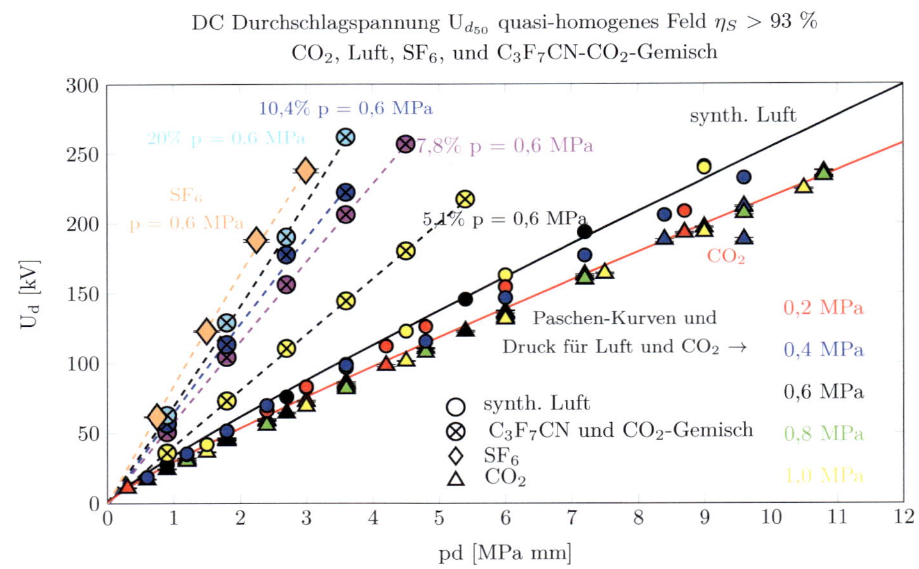

Abbildung 6.9: DC U_{d50} von CO_2, SF_6 und C_3F_7CN-CO_2-Gemisch r_K = [50, 75] mm, d = 1 ... 9 mm, p = 0,1 ... 1 MPa, Konzentration = [5,1; 7,8; 10; 20] %

Abb. 6.9 zeigt die DC Durchschlagspannung U_{d50} von reinem SF_6, CO_2, C_3F_7CN-CO_2-Gemisch und synthetischer Luft in Abhängigkeit von *pd* und bei unterschiedlichen C_3F_7CN-Konzentrationen. Bei konstantem Druck und konstanter Konzentration ist ein lineares Verhalten des C_3F_7CN-CO_2-Gemisches erkennbar. Jedoch isoliert SF_6 besser als das C_3F_7CN-CO_2-Gemisch. Bei gleichem Tieftemperaturverhalten (Taupunkt τ_p = -30°C) muss SF_6 mit dem 7,8 %igen C_3F_7CN-Gemisch verglichen werden.

6.1.2.4 DC Durchschlagsfeldstärke E_{d50} C_3F_7CN-CO_2-Gemisch

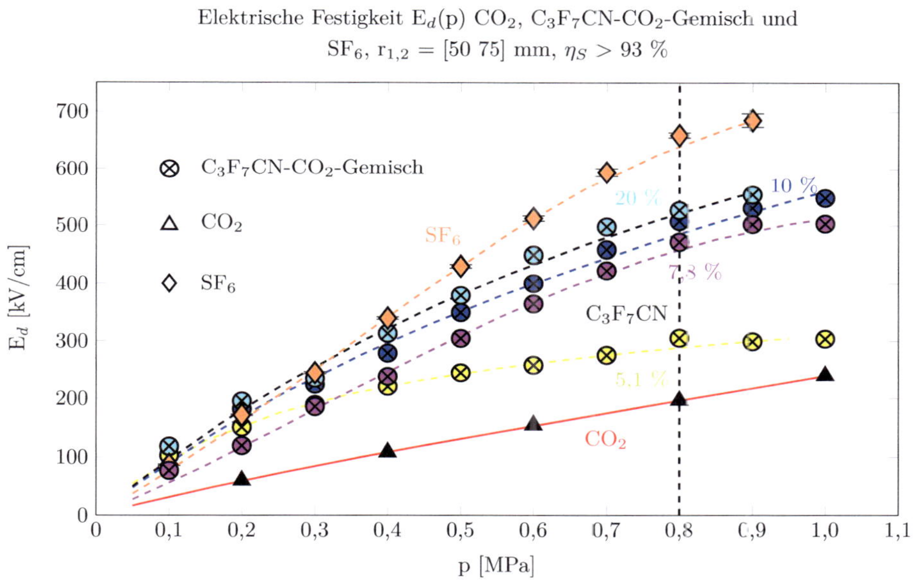

Abbildung 6.10: Elektrische Festigkeit E_{d50} von CO_2, SF_6 und C_3F_7CN-CO_2-Gemisch [5,1; 7,8; 10; 20] %, d = 1...9 mm, p = 0,1...1 MPa

Abb. 6.10 zeigt die Durchschlagsfeldstärke E_d(p) in Abhängigkeit des Drucks *p*. Es zeigt sich, dass das C_3F_7CN und CO_2-Gemisch eine höhere Isolierfähigkeit als reines CO_2, aber auch ein nichtlineares Verhalten der Durchschlagsfestigkeit bezüglich des Druckes aufweist. Ein höherer Druck als p > 0,8 MPa steigert nur geringfügig die elektrische Festigkeit des Gemisches. Dieses „unter-lineare“ (degressive) Verhalten zeigte sich auch bei SF_6. Nach den Durchschlagsergebnissen kann abgelesen werden, dass die Elektronenanlagerung bei SF_6 stabiler als beim C_3F_7CN-Molekül ist. Die Erklärung kann im kugelförmigen Aufbau des SF_6-Moleküls gefunden werden. Ein angelagertes Elektron wird demnach von den umgebenen F-Atomen besser geschützt. Bei C_3F_7CN hingegen kann eine erhöhte quantitative Elektronenanlagerung angesetzt werden, da mehr F-Atome im Molekül vorhanden sind. Jedoch ist es aufgrund des länglichen Molekülaufbaus denkbar, dass die angelagerten Elektronen leichter durch Stöße 1. Ordnung abgelöst werden können. Eine verifizierende Messung auf Molekülebene war nicht Ziel dieser Arbeit und konnte nicht gemessen werden.
Reines CO_2 zeigt dagegen ein lineares Verhalten wie Luft und auch Stickstoff (Paschen-Kurven).

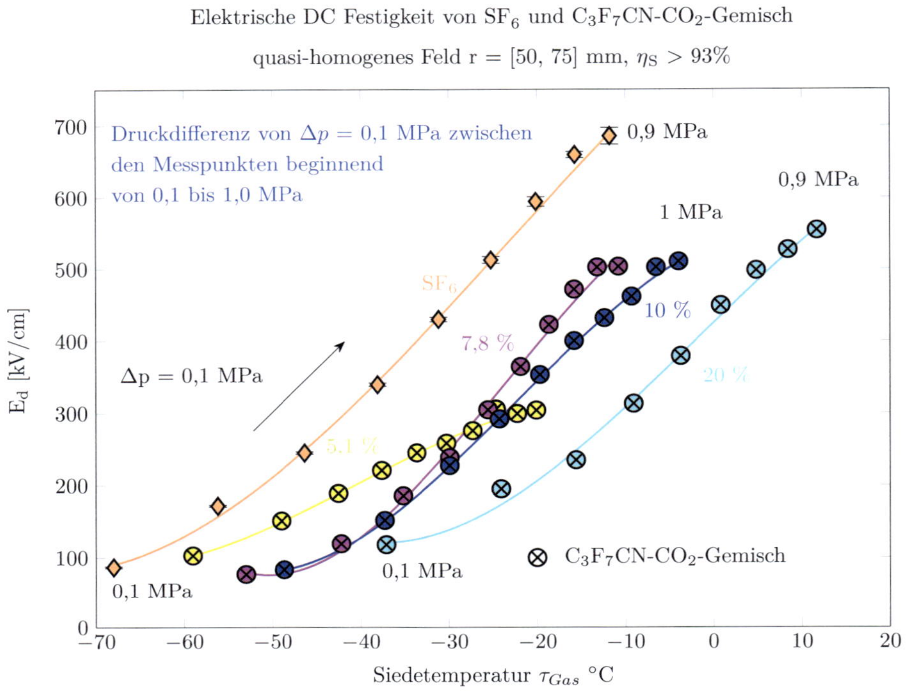

Abbildung 6.11: Elektrische Festigkeit $E_d(\tau_{Gas}, k_N)$ SF_6 und C_3F_7CN-CO_2-Gemisch [5,1; 7,8; 10; 20] %, d = 1...9 mm, p = 0,1...1 MPa

Abb. 6.11 zeigt die elektrische Festigkeit $E_d(\vartheta,\, k_N)$ von SF_6 und dem C_3F_7CN-CO_2-Gemisch in Abhängigkeit der Taupunkttemperatur und verschiedener Konzentration. Innerhalb einer Kennlinie besteht eine Druckdifferenz von Δp = 0,1 MPa zwischen den benachbarten Messpunkten. Anhand der Messergebnisse liegt das Optimum der elektrischen Festigkeit des C_3F_7CN-CO_2-Gemisches bei -30 °C bei einem Druck zwischen p = 0,4...0,6 MPa und einer Konzentration von k_N = 5...8 %. D.h. für Tieftemperaturanwendungen ist dieses neuartige Isoliergasgemisch aus Sicht der elektrischen Festigkeit dem SF_6 unterlegen. Bei +20 °C ist C_3F_7CN eine SF_6-Alternative.

Wie Abb. 6.12 zeigt, steigert sich die elektrische Festigkeit bei Konzentrationen oberhalb von 20 % C_3F_7CN nur noch geringfügig. Die hohe elektrische Festigkeit der fluorierten Gase (SF_6, C_3F_7CN) wird durch die Elektronenanlagerung erreicht. Jedoch wie im Kap. 2.4 und 3.7.1 gezeigt, ist die Anlagerung kein linearer oder konstanter Faktor. Bei hohen Feldstärken steigt die Wahrscheinlichkeit, dass sich Elektronen ablösen und bei hohem Druck steigt die Anzahl möglicher Elektronenquellen (höhere Teilchenanzahl). D.h. diese zwei komplementären Prozesse sind dafür verantwortlich, dass sich die elektrische Festigkeit des C_3F_7CN-Moleküls bei hohem Druck und Feldstärke einem asymptotischen Grenzwert nähert und dieser nicht weiter gesteigert werden kann. Dieses Sättigungsverhalten konnte auch bei SF_6 beobachtet werden.

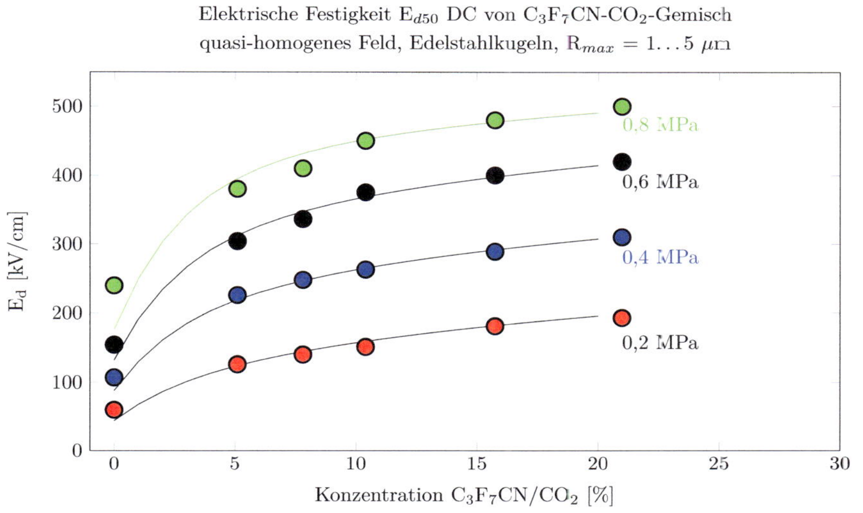

Abbildung 6.12: Elektrische Festigkeit $E_d(C,\, p)$ von C_3F_7CN-CO_2-Gemisch bei verschiedenen Konzentrationen [5,1; 7,8; 10; 20] %, $d = 1 \ldots 9$ mm, $p = 0{,}2 \ldots 0{,}8$ MPa

$$\begin{aligned} E_d(C{,}p) &= p \cdot \left[\frac{E}{p}_{0_{CO_2}}(p) + \Delta E_{\eta_{An}} \cdot \left(1 - e^{-\frac{C}{a_{\eta_{An}}}}\right)\right] \\ &\quad + p \cdot \left[\Delta E_{a_s} \cdot \left(1 - e^{-\frac{C}{a_{a_s}}}\right)\right] \end{aligned} \tag{6.1}$$

Mit Gleichung 6.1 ist die Möglichkeit gegeben die Durchschlagsfeldstärke bzw. die Durchschlagspannungen bei C_3F_7CN-Gemischen zu berechnen. Die Gleichung begründet sich auf der Annahme der elektrischen Festigkeit von Elektronenanlagerung und Wirkungsquerschnitt im Verhältnis der Konzentration C. In Kap. 6.2.2.4 wird die Zusammensetzung und Herleitung dieser Gleichung näher erläutert. Die Parameter der empirisch bestimmten Koeffizienten sind in Tabelle 6.5 dargestellt. Beide exponentiellen Koeffizienten a_{a_s} (Stoßquerschnitt) und $a_{\eta_{An}}$ (Anlagerungsquerschnitt) wurden als konstant angenommen und in der Parameterstudie stellten diese sich als nahezu konstant heraus. Eine Abhängigkeit in Abhängigkeit zur Feldstärke ist denkbar, konnte hier mit den verfügbaren Mitteln der Durchschlagspannungsmessung nicht nachgewiesen werden.

Tabelle 6.5: Empirisch ermittelte Parameter zur Berechnung der elektrischen Festigkeit von C_3F_7CN-CO_2-Gemisch

p MPa	$\frac{E}{p}_0(CO_2)$ $\frac{\text{kV}}{\text{MPa mm}}$	$\Delta E_{\eta_{An}}$ $\frac{\text{kV}}{\text{MPa mm}}$	$a_{\eta_{An}}$	ΔE_{a_s} $\frac{\text{kV}}{\text{MPa mm}}$	a_{a_s}
0,2	22	80	0,22	28	0,028
0,4	22	45	0,22	28	0,028
0,6	22	32	0,22	28	0,028
0,8	22	19	0,22	28	0,028

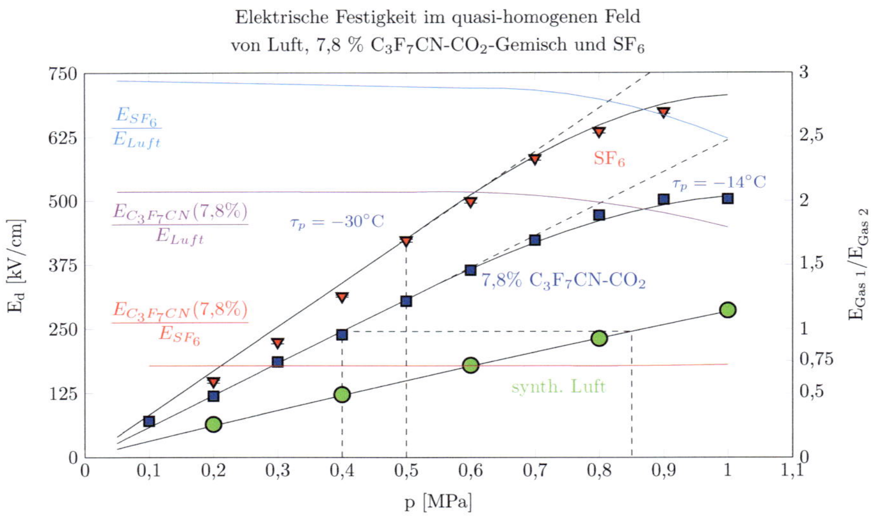

Abbildung 6.13: Vergleich der Gase 7,8 % C_3F_7CN-CO_2-Gemisches, SF_6 und synth. Luft untereinander (vergleichbare Siedecharakteristik)

In Abb. 6.13 ist die elektrische Festigkeit von Luft, SF_6 und dem 7,8 %igen C_3F_7CN-CO_2-Gemisch gegenübergestellt. Das 7,8 %ige C_3F_7CN-Gemisch hat eine vergleichbare Siedetemperatur wie SF_6 bei $p = 0{,}5$ MPa, siehe Abb. A.5. Aufgrund dieser Siedetemperatur und der technischen Anwendung für -30 °C sind diese Kennlinien-Paarungen hier gegenübergestellt. Zum Vergleich ist hier auch noch synthetische Luft hinzugefügt. Es kann gesehen werden, dass im noch linearen Bereich bei einem Druck von p < 0,5 MPa SF_6 etwa dreifach besser als Luft isoliert und dass das 7,8 %ige C_3F_7CN-CO_2-Gemisch etwa doppelt so gut wie Luft isoliert. Bei p = 0,5 MPa liegt die Siedetemperatur bei -30 °C. Oberhalb von $p > 0{,}6$ MPa ist bei SF_6 und dem C_3F_7CN-CO_2-Gemisch der nichtlineare Bereich angebrochen. Die Siedetemperatur verschiebt sich zu wärmeren Temperaturen ($p = 1{,}0$ MPa, ϑ_p = -14 °C) und das Verhältnis des Isoliervermögens von Luft verbessert sich. D.h. für Tieftemperaturanwendungen (Europa, $\vartheta \approx$ -35 °C) kann mit diesem Gasgemisch nur noch ein Druck von $p \approx 0{,}4$ MPa eingestellt werden. Eine äquivalente Festigkeit besitzt Luft in dieser Anordnung bei etwa $p = 0{,}9$ MPa. Ein wesentlich höherer Isolierdruck und höhere Festigkeit kann bei Luft eingestellt werden, da der Tripelpunkt (Siedepunkt) von Luft sehr tief ist. Der höhere Druck stellt Anforderungen an die mechanische Festigkeit des Druckbehälters. Anhand dieser Messwerte scheint es, dass eine umweltfreundlichen Gasisolation mit Luft, insbesondere bei hohen Anforderungen an Tieftemperaturanforderung, möglich ist.

6.1.3 Messergebnis bei Blitzstoßspannung

In diesem Abschnitt sind die Messergebnisse aus dem quasi-homogenen Feld bei Blitzstoßspannung bis zu einem Druck von p = 2,6 MPa mit Luft und p = 2,0 MPa mit SF_6 (maximaler Dampfdruck bei 20 °C) dargestellt. Für die Messungen wurden die Prüfgefäße PG11, PG26 und die Kombination aus PG11 und PG26 (U = 750 kV, $p = 2{,}6$ MPa, d = 0,5... 12 mm) verwendet.
Eine generelle Fragestellung der elektrischen Festigkeit von Gasen ist hier der Gültigkeitsbereich des

Paschen-Gesetzes. Bei hohem Druck können hohe Feldstärken beherrscht werden. Bei hohen Feldstärken treten Einflüsse auf, die ein lineares Anwachsen der Festigkeit vermindern (Feldemission, Kap. 2.2.1). Bei den Durchschlagmessungen mit Luft konnte das Paschen-Gesetz bis p = 0,1...2,6 MPa und U_d = 750 kV angewendet werden (PG11+PG26). Höhere Spannungen konnten, aufgrund der äußeren Isolationsfähigkeit, nicht auf die Prüfgefäßkombination PG11+PG26 beaufschlagt werden. Der maximale untersuchbare Druck war 2,6 MPa.

6.1.3.1 Durchschlagspannung BIL U_{d50} von SF_6 und Luft im quasi-homogenen Feld

Abb. 6.14 zeigt die 50 %ige-BIL-Durchschlagspannung U_{d50} von SF_6 und synthetischer Luft mit Edelstahl Elektroden und einer maximalen Oberflächenrauheit von $R_{max} = 1 \ldots 5\ \mu m$. Wie bereits bei den Messungen bei Gleichspannung ist zu den Messergebnissen von Luft eine Pasche-Kurve hinzugefügt. Eine Abweichung der Messergebnisse von der ermittelten Paschen-Kurve über den weiten pd-Bereich ist nicht sichtbar. Ebenso durch die starke Variation der Schlagweite d = 0,5...27 mm und des Druckes von 0,5...2,6 MPa kann geschlussfolgert werden, dass die Durchschlagspannung im quasi-homogenen Feld für Luft und elektrisch neutrale Gase bis hin zu großen pd-Produkte ($pd \approx 30$ MPa mm) nach dem Paschen-Gesetz berechenbar ist. Größere pd-Produkte konnten aufgrund der maximalen Spannung von 750 kV nicht untersucht werden. Bei SF_6 war es nicht möglich Paschen-Parameter zu ermitteln und deshalb sind zu den Messreihen FIT-Polynome zweiter Ordnung hinzugefügt, Gl. 6.5 oder Gl. 6.6. Anhand der Kurven wird wieder deutlich, dass die Durchschlagspannung von Luft eine Funktion aus dem Produkt $U_d = f\,(p \cdot d)$ ist, was bei SF_6 nicht der Fall ist. Ein Vertauschen von p und d bei gleichem pd-Produkt führt hier bei SF_6 zu anderen Durchschlagspannungen $p_1 \cdot d_1 = p_2 \cdot d_2$ ($U_1 \neq U_2$).

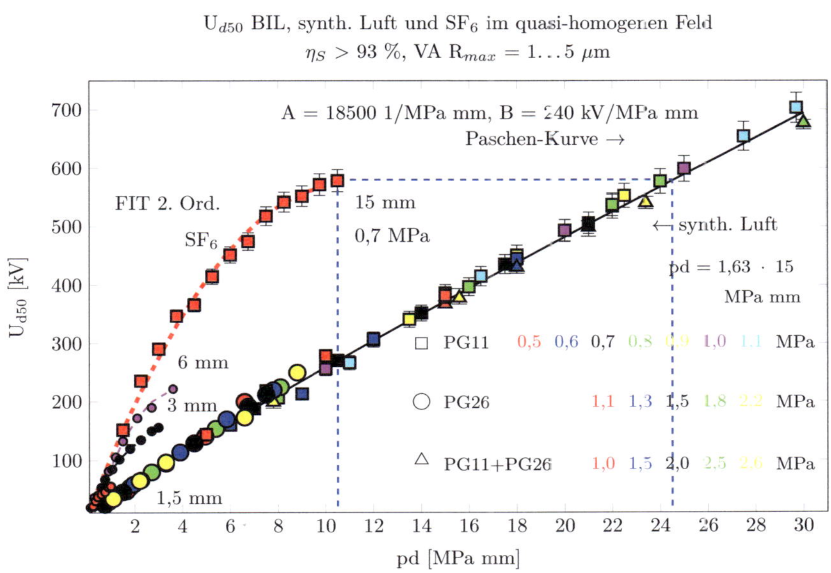

Abbildung 6.14: BIL Durchschlagspannung U_{d50} von Luft und SF_6 im quasi-homogenen elektrischen Feld, VA $R_{max} = 1 \ldots 5\ \mu m$

Zur weiteren Darstellung und Verifikation, ob das Paschen-Gesetz zur Berechnung der Durchschlagspannung bei Luft geeignet ist, ist in Abb. 6.15 die Durchschlagspannung über einen weiten pd-Bereich in Abhängigkeit des Drucks bei unterschiedlichen Schlagweiten dargestellt. Durch die Separation von Druck und Schlagweite ergibt sich eine Kurvenschar. Hier konnten ebenfalls Paschen-Kurven zu den Messpunkten hinzugefügt werden. Für reines SF_6 und für das 50 %ige-SF_6-N_2-Gemisch war es nicht möglich solche Paschen-Kennlinien darzustellen, nur Polynome 2. Ordnung, siehe Abb. 6.16.

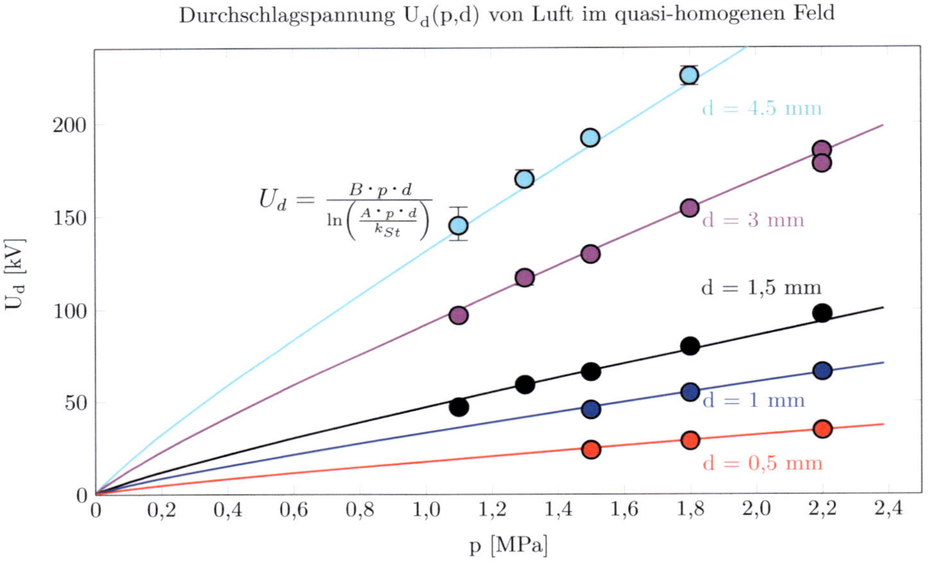

Abbildung 6.15: BIL Durchschlagspannung U_{d50} von Luft in Abhängigkeit des Drucks bei unterschiedlichen Schlagweiten, VA $R_{max} = 1 \ldots 5$ μm

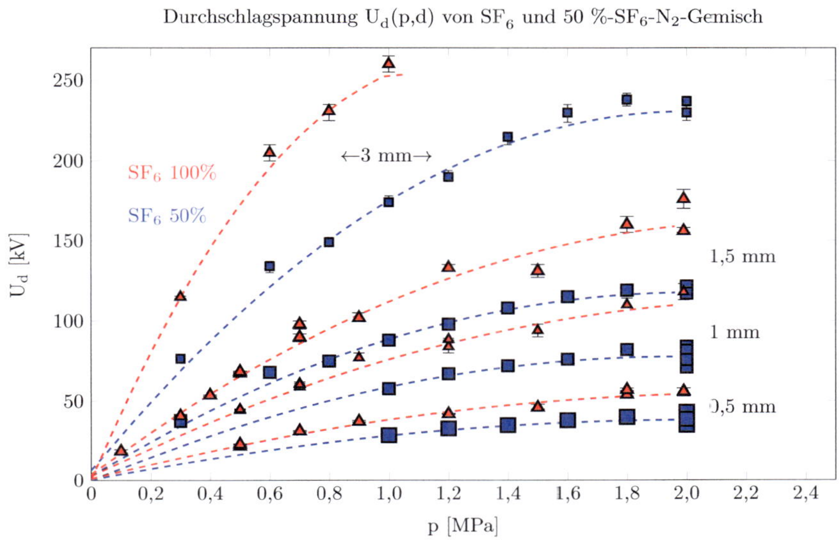

Abbildung 6.16: BIL Durchschlagspannung U_{d50} SF_6 und 50 %-SF_6-N_2-Gemisch in Abhängigkeit der Schlagweite bei unterschiedlichen Drücken, im quasi-homogenen Feld $r_{1,2}$ = [50 75] mm

6.1.3.2 Elektrische Festigkeit BIL E_{d50} von SF_6 und Luft im quasi-homogenen Feld

Wie in Kap. 6.1.2.2 gezeigt, wird im Folgenden die Durchbruchfeldstärke $E_d = U_d/d$ von SF_6 und Luft bei der 1,2/50 μs Blitzstoßspannung im quasi-homogenen Feld dargestellt. Die Messkurven sind bis p = 2,6 MPa und d = 12 mm aufgenommen. Eine getrennte Darstellung der Messergebnisse zwischen Gleich- und Blitzstoßspannung war aufgrund der Startelektronenproblematik notwendig. Abb. 6.17 stellt sowohl die elektrische Durchbruchfeldstärke E_{d50} als auch das Verhältnis der Durchbruchfeldstärke von SF_6 bezogen auf die Durchbruchsfeldstärke von Luft bei unterschiedlichen Schlagweiten in Abhängigkeit des Druckes dar. Zu den Messpunkten mit SF_6 sind Polynome zweiter Ordnung gefittet. Bei Luft konnte zu den Messpunkten auch Graphen hinzugefügt werden, welche mit den ermittelten Paschen-Parametern und der partiellen Ableitung des Paschen-Gesetzes um die Schlagweite (siehe Tabelle 5.1) ermittelt wurden. Mit der partiellen Ableitung Kap. 5.5.3 kann die elektrische Festigkeit von elektrisch neutralen Gasen in Abhängigkeit des Druckes und der Schlagweite berechnet werden. Es zeigt sich, dass die Berechnung der Messpunkte eine gute Übereinstimmung liefert. Daraus wird deutlich, dass für spätere Anwendung- und Dimensionierungsfragen der Druck und auch die Schlagweite einer Anordnung berücksichtigt werden müssen. Diese pd-Berücksichtigung, liegt auch dem vorgestellten Berechnungsprogramm dank der Integration über der Feldstärke entlang der Schlagweite in Abhängigkeit des Druckes vor, siehe Kap. 3.5.4.

Auf der sekundären Ordinaten-Achse ist das Verhältnis der elektrischen Festigkeit von SF_6 gegenüber Luft dargestellt. Es wird deutlich, dass bei SF_6 nichtlineare Abhängigkeiten der elektrischen Festigkeit zur Schlagweite als auch zum Druck bestehen. Für einen Druck $p < 0{,}5$ MPa besitzt SF_6 etwa eine dreifach höhere Durchschlagsfeldstärke als Luft. Bei höheren Drücken wie z.B. $p > 1{,}2$ MPa besitzt SF_6 nur noch die doppelte Festigkeit im Vergleich zu Luft. Sowohl bei Gleich- als auch bei

Blitzstoßspannungen kann ab einem Druck $p > 0{,}8$ MPa nur ein degressives Wachstum der elektrischen Festigkeit von SF_6 beobachtet werden.

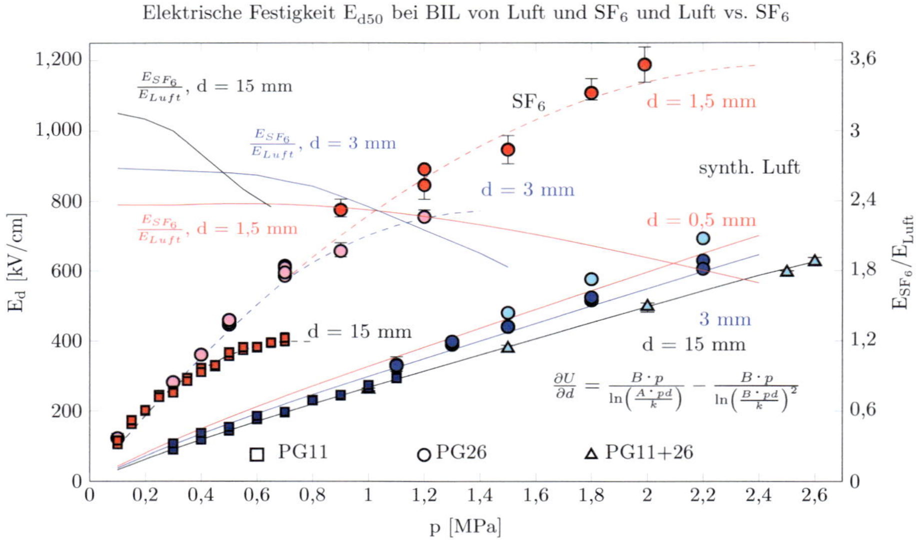

Abbildung 6.17: Festigkeit E_{d50}(BIL) von Luft, SF_6 im quasi-homogenen Feld

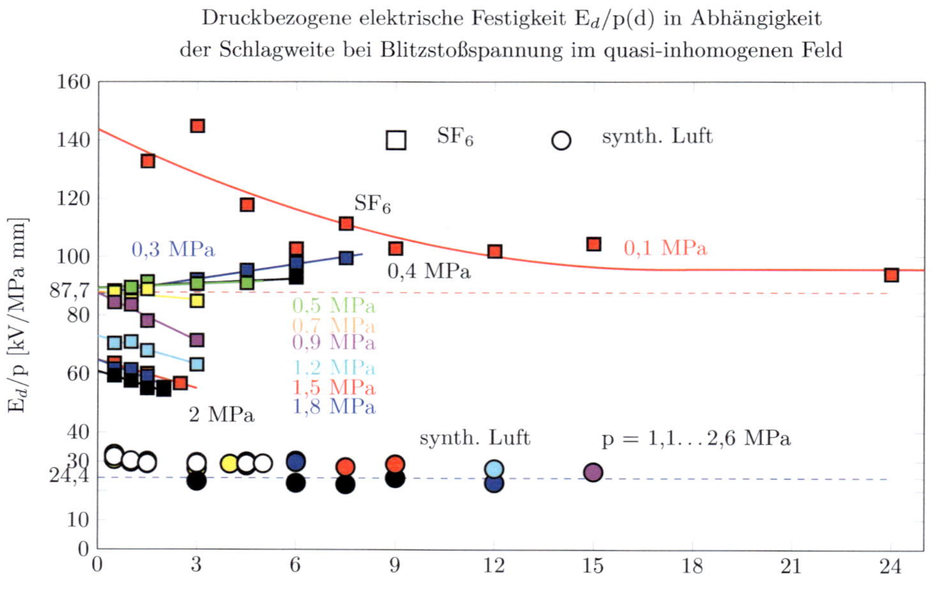

Abbildung 6.18: Druckbezogene elektrische Festigkeit E_d/p(d) bei Blitzstoßspannung von Luft und SF_6 r_K = [50, 75] mm, p = 1. . . 2,6 MPa

In Abb. 6.18 ist die druckbezogene elektrische Festigkeit E/p von Luft und SF_6 in Abhängigkeit der Schlagweite d dargestellt. Es ist zu sehen, dass sich E/p von Luft asymptotisch an die Grenzfeldstärke von $E/p_0 = 24{,}4$ kV/MPa mm annähert [5, S. 100], [53, S. 167]. Bei E/p von SF_6 ist zu sehen, dass die Grenzfeldstärke $E/p_0 = 87{,}7$ kV/MPa mm für Gasdrücke $p > 0{,}5$ MPa unterschritten wird (grüne Kennlinie, [5, S. 100], [53, S. 167]). Für größere Drücke nimmt E/p von SF_6 weiter ab. Alle Graphen der druckbezogenen elektrischen Festigkeit von SF_6 oberhalb von 0,5 MPa zeigen ein linear fallendes Verhalten mit der Schlagweite. Daraus lässt sich erkennen, dass eine Sättigung der Elektronenanlagerung oberhalb von 0,5 MPa einsetzt, siehe [12]. Die Steigerung der elektrischen Festigkeit wird dann auch mit größeren Gasvolumen (größere Schlagweite) geringer. Das ist ein Zeichen, dass eine Elektronenablösung von angelagerten SF_6-Ionen im Gasraum stattfindet. Für einen Druck größer 0,5 MPa kann hier die Grenze des linearen Bereichs der elektrischen SF_6-Festigkeit für einen pd-Wert größer als $pd > 10$ MPa · mm genannt werden. Dieser Weitdurchschlagseffekt konnte so auch bei den vergleichsweise kleinen Schlagweiten aber hohen Drücken gesehen werden.

Da das Paschen-Gesetz auf dem Weglängengesetz nach CLAUSISUS und auf α-Ionisation mit der Funktion $\alpha = f(E/p)$ (siehe Gl. 2.26 und 2.28) basiert und keine Anlagerung berücksichtigt, ist es nicht möglich es für SF_6 anzuwenden. Dazu muss die bezogene Grenzfeldstärke E/p_0 von SF_6 mit dem Druck konstant sein. In den Abb. 6.19 und 6.20 ist die bezogene Grenzfeldstärke E/p_0 für SF_6 (50 % und 100 %) und für synthetische Luft zum einen in Abhängigkeit des Druckes und zum anderen in Abhängigkeit der Feldstärke dargestellt. Des Weiteren sind die aus der Literatur bekannten Grenzfeldstärken für SF_6 und Luft (siehe [5, S. 108], [53, S. 175]) eingezeichnet.

Für SF_6 und dem 50 %igen SF_6-N_2-Gemisch ist in beiden Diagrammen (Abb. 6.19 und Abb. 6.20) zu sehen, dass die bezogene Grenzfeldstärke E/p sowohl mit dem Druck als auch mit der Feldstärke sinkt. Bei Luft hingegen nähern sich die Messpunkte dem Grenzwert nur an. Die Oberflächenqualität der Elektroden war in allen Fällen vergleichbar ($R_{max} \approx 1 \ldots 5$ μm). Für SF_6 lässt sich hieraus ableiten, dass bei hohem Druck eine erhöhte α-Ionisation einsetzt bzw. dass die Anlagerung von freien Elektronen η_{An} nicht als konstant angenommen werden kann. Denn wie bereits in Abb. 2.3 und Kap. 3.7.1 gezeigt, können nur langsame freie Elektronen angelagert werden. Die nahezu linear fallende Kurve der druckbezogenen elektrischen Festigkeit von SF_6 (Abb. 6.20) kann mit der Ablösung der angelagerten Elektronen dahingehend erklärt werden, dass auch die Elektronengeschwindigkeit im Gas direkt proportional zur Feldstärke ist. So werden bei höherer Feldstärke auch mehr angelagerte Elektronen abgelöst.
Das indirekt proportionale Absinken der bezogenen elektrischen Festigkeit von SF_6 in Abb. 6.19 zeugt ebenfalls davon, dass eine Sättigung der Elektronenanlagerung indirekt messbar ist. Feldemission aus der Kathode entfällt, diese ist abhängig von der Feldstärke, dann müsste die elektrische Festigkeit von Luft einen ähnlichen Kurvenverlauf zeigen. Deshalb kann dieses Verhalten von SF_6 nur über die Elektronenablösung angelagerter Elektronen erklärt werden, siehe 3.7.1. Dennoch isoliert SF_6 besser als Luft. Aus Sicht für Tieftemperatur-Anwendungen ist Luft, ein alternatives Isoliergas, sofern der höhere Druck ($p > 1{,}4$ MPa) technisch umgesetzt werden kann. Aus dieser Darstellung Abb. 6.19 konnte die Näherungsgleichung der elektrischen Festigkeit von SF_6 im quasi-homogenen Feld abgeleitet werden, siehe Gl. 6.5 und Gl. 6.6.

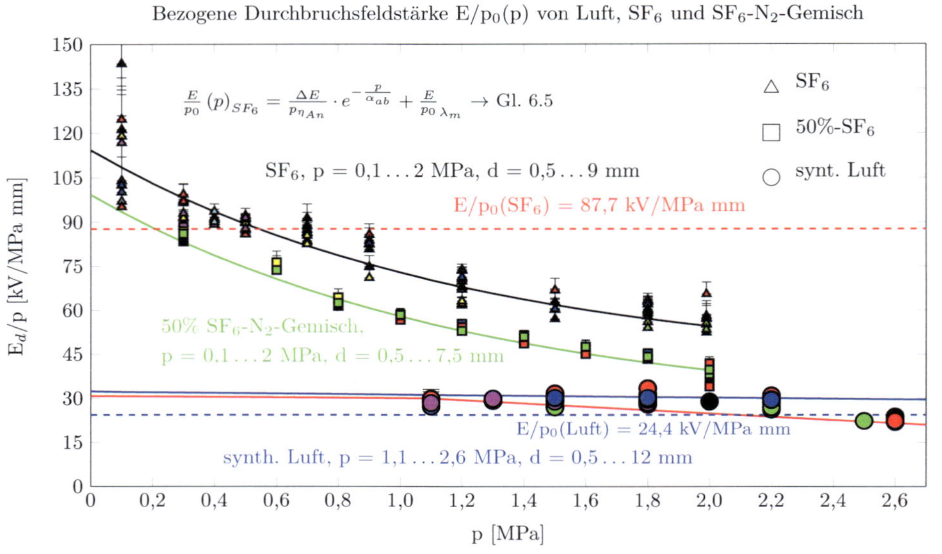

Abbildung 6.19: Bezogene elektrische Durchbruchsfeldstärke E/p(p) bei Blitzstoßspannung in Abhängigkeit des Druckes von SF_6, SF_6-N_2-Gemisch und Luft

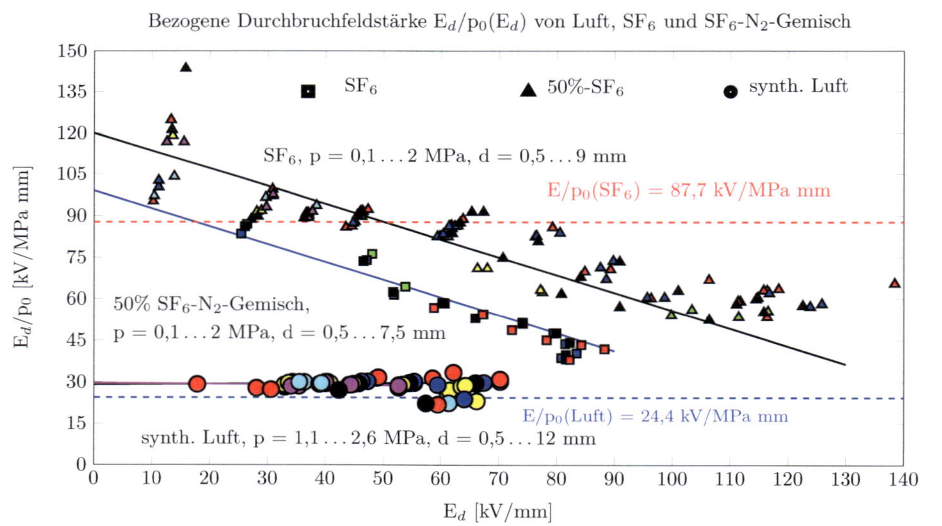

Abbildung 6.20: Bezogene elektrische Durchbruchsfeldstärke E/p(E) bei Blitzstoßspannung in Abhängigkeit der Feldstärke von SF_6, SF_6-N_2-Gemisch und Luft

6.2 Das schwach inhomogene Feld

Abbildung 6.21: Schwach inhomogene Anordnung PG 26

In diesem Kapitel sind die Durchschlagmessungen im schwach inhomogenen elektrischen Feld dargestellt. Laut Definition treten im schwach inhomogenen Feld keine Vor- bzw. Koronaentladungen auf. Bei einem Druck von p = 0,1 MPa liegt der Grenzhomogenitätsgrad bei $\eta_{S_G} \geq 0{,}2$ [53], [5]. Oberhalb des Grenzhomogenitätsgrad treten nach empirischen Messungen keine Vorentladungen auf. Mit der verwendeten Elektrodenanordnungen ($\eta_S > 0{,}3$) wurden Vorentladungen vermieden. Für die dargestellten Messungen befand sich die Elektrode mit dem kleineren Radius auf Erdpotential (siehe Abb. 6.21). In den folgenden Diagrammen ist immer die jeweilige Polarität angegeben und als Bezugspotential ($\varphi = 0$ V, Erde, GND) wurde die Elektrode mit größerem Radius definiert, damit eine einheitliche Notation, wie in der allgemeinen Literatur (Spitze-Platte-Anordnung), besteht. Abb. 6.21 zeigt Äquipotentiallinien der schwach inhomogenen Anordnung im Prüfgefäß PG26.

6.2.1 Durchschlagmessungen bei Gleichspannung

DC Durchschlagspannung $U_{d,neg}$ (pd) im schwach inhomogenen Feld von synth. Luft, r_k = [9,5(-) 50(GND)] mm, η_S = 30...90 %

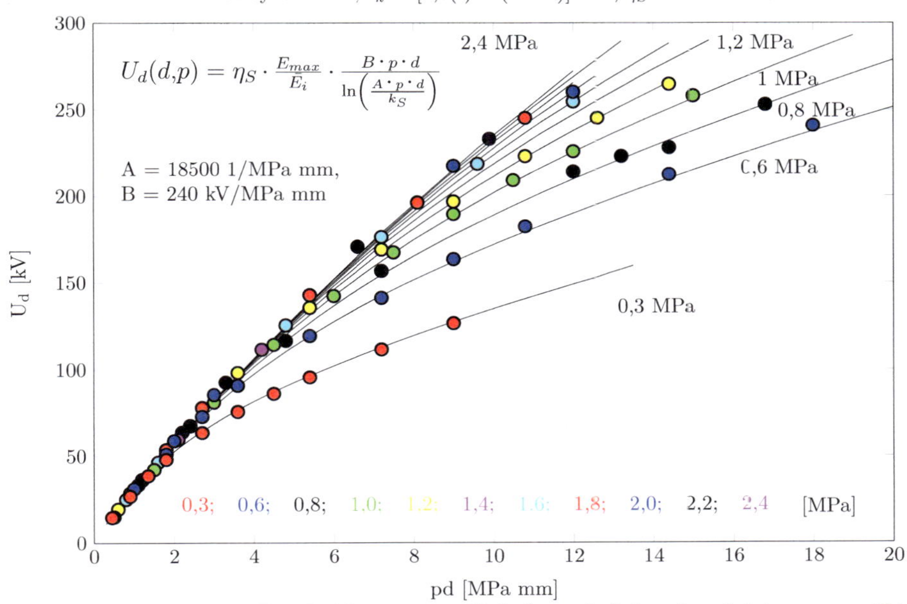

Abbildung 6.22: Negative Durchschlagspannung U_d(pd) von Luft im schwach inhomogenen Feld

Im Folgenden sind die Durchschlagergebnisse der schwach inhomogenen Anordnung bei Gleichspannung dargestellt ($r_{1,2}$ = [9,5 50] mm, $R_{max} < 5\ \mu$m, PG26). Mit der Konfiguration aus Gleichspannung und polierter Kugeloberfläche wird hier hauptsächlich der Gasraum als Einflussgröße auf den Durchschlag betrachtet. Durch die Verwendung einer asymmetrischen Kugel-Kugel-Anordnung konnte der Entstehungsort der Entladungslawine verändert werden (Kathoden-nah oder Gasraum). Denn bei positiver „Inhomogenität“ startet die Entladung hauptsächlich im Gasraum und bei negativer Polarität an der Kathode, wobei dann die Oberflächenrauheit beeinflussend wirkt, siehe [5, S. 115]. Abb. 6.22 zeigt die Durchschlagspannung U_{d50} in Abhängigkeit des Produkts aus pd in einer Kurvenschar bei unterschiedlichen konstanten Drücken $p = [0{,}3 \;\; 0{,}6 \;\; 0{,}8 \ldots 2{,}4]$ MPa in Abhängigkeit der Schlagweite. Zu den Messpunkten sind Kennlinien nach Gl. 3.33 hinzugefügt. Die sehr gute Übereinstimmung von Messwerten und der berechneten Durchschlagspannungen zeigt die Erweiterbarkeit des modifizierten Ansatzes aus Paschen-Gesetz und Initialer Feldstärke auf schwach inhomogene Anordnungen für Ausnutzungsfaktoren größer $\eta_S > 20$ % in einem weiten pd-Bereich.

Hinweis: Im schwach inhomogenen Feld kann die Schlagweite d nicht mit dem Druck p, wie im quasi-homogenen Feld, vertauscht werden.

6.2.1.1 DC Durchschlagspannung U_{d50} von Luft im schwach inhomogenen Feld

In den Abbildungen 6.23 und 6.24 sind die Durchschlagspannungen des schwach inhomogenen Feldes als Kurvenschar in Abhängigkeit der Schlagweite bei unterschiedlichen Drücken bei jeweils positiver und negativer Polarität dargestellt. Zu den Messpunkten sind berechnete Kennlinien nach Gl. 3.33 unter Berücksichtigung der Initialen Feldstärke E_i und zusätzlich ist die Näherung nach SCHWAIGER Gl. 3.17 exemplarisch hinzugefügt (blau gestrichelt). Für kleine Drücke bis p < 0,3 MPa stimmt die Näherung nach SCHWAIGER gut mit den Messergebnissen überein. Strenggenommen gilt die Näherungsgleichung nach SCHWAIGER Gl. 3.17 nur bei $p = p_0 \pm 10$ % (wie auch in Kap. 3.5.4 gezeigt). Die blaue Kennlinie in Abb. 6.23 und 6.24 stellt bereits eine Erweiterung dar. Eine lineare Korrektur der Durchschlagspannung um den Parameter Druck wurde nach Gl. 3.17 vorgenommen. Da der Ausnutzungsfaktor η_S sehr stark von der Schlagweite d abhängt, ist in den Diagrammen (6.23 und 6.24) oft eine Hilfslinie eingezeichnet, die für jeden Abstand ein Ablesen des dazugehörigen Inhomogenitätsfaktors η_S ermöglicht, z.B. $d = 15$ mm, $\eta_S \approx 50\%$. Für höhere Drücke weicht dieser lineare Ansatz von SCHWAIGER von den Messpunkten ab, da die elektrische Festigkeit nicht exakt linear mit dem Druck ansteigt. Bei 0,3 MPa beträgt die prozentuale Abweichung zwischen Anfangsfeldstärke E_a und Initialer Feldstärke E_i bzw. Messwerte +10%. Bei einem Druck von 0,6 MPa steigt diese prozentuale Abweichung der Anfangsfeldstärke zur Initialen Feldstärke auf +16 %. Hierbei wird die Notwendigkeit der Initialen Feldstärke E_i erneut deutlich. Anhand der Messergebnisse kann gezeigt werden, dass der vorgestellte neue Ansatz der relativen Initialen Feldstärke $E_{i,rel}$ in Verbindung mit dem Paschen-Gesetz eine gute Übereinstimmung der Messpunkte mit den gefitteten Graphen zeigt, siehe Kapitel 3.5.2 und 3.5.3. Anhand dieser Diagramme kann empirisch nachgewiesen werden, dass die theoretischen Überlegungen mit praktischen Messergebnissen dieser Arbeit konsistent sind.

DC Durchschlagspannung $U_{d,\ pos.}$ im schwach inhomogenen Feld,

synth. Luft, r_k = [9,5(+) 50(GND)] mm, η_S = 30 . . . 90%

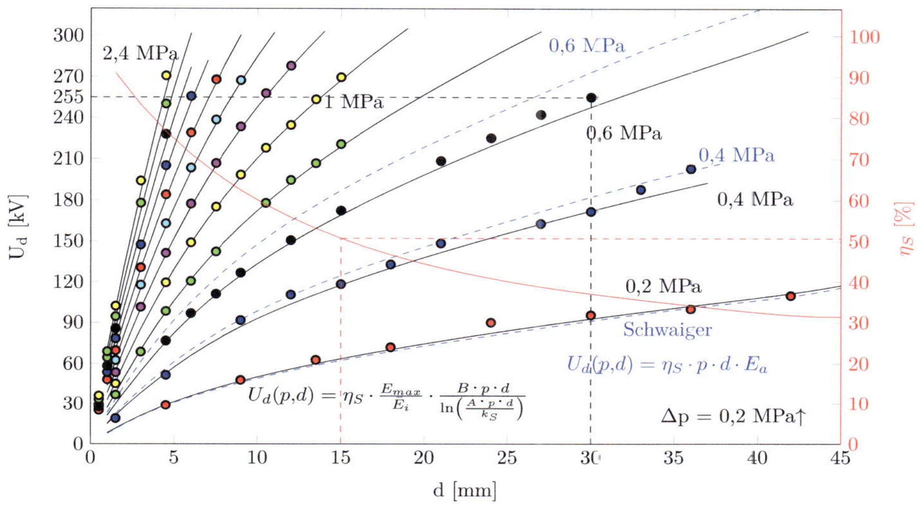

Abbildung 6.23: Positive Durchschlagspannung U_d(d,p) von Luft im schwach inhomogenen Feld

DC Durchschlagspannung $U_{d,\ neg.}$ im schwach inhomogenen Feld,

synth. Luft, r_k = [9,5(-) 50(GND)] mm, η_S = 30 . . . 90%

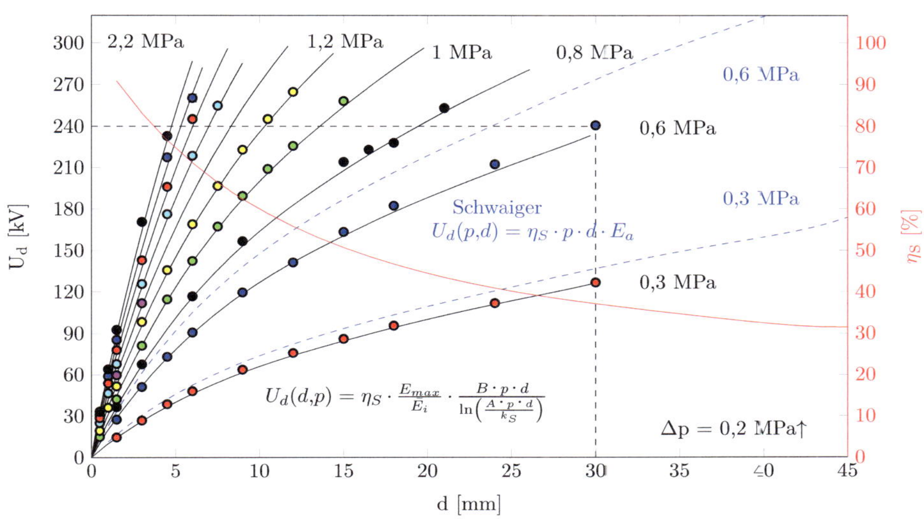

Abbildung 6.24: Negative DC Durchschlagspannung U_d(d,p) von Luft im schwach inhomogenen Feld

Bei den verwendeten Stahlelektroden und Rauheiten ($R_{max} \leq 5$ μm) ist die negative Durchschlagspannung $U_{d,neg}$ im Mittel um 3 % geringer als die positive. Dies lässt sich anhand der Initialen Feldstärke E_i berücksichtigen. Der Polaritätseffekt lässt sich mit dem Streamer (siehe Kap. 3.3) erklären. Wird der Streamer bei der Berechnung der Ladungsträgergeneration $\int_0^d \alpha dx$ im schwach inhomogenen Feld nicht berücksichtigt, dann wäre die Durchschlagspannung im schwach inhomogenen Feld für beide Polaritäten rechnerisch identisch. Durch die Berücksichtigung eines Streamers (an der Kathode startend) nach Gl. (3.7) und (3.10) ist so die polaritätsabhängige Durchschlagspannungen rechnerisch ermittelbar. Dieses Ergebnis ist durch Messungen verifizierten worden, vergl. Kap. 3.3 und Kap. 3.5.4.

In Abb. 6.25 können die berechneten Graphen der positiven (rot) und der negativen (blau) Durchschlagspannung der oben genannten Anordnung entnommen werden. Es wird sichtbar, dass die positive Polarität der stärker gekrümmten Elektrode eine höhere Durchschlagspannung als die negative Polarität zeigt. **Merksatz**: Im schwach inhomogenen Feld ist die positive Durchschlagspannung (Polarität an der Inhomogenität) höher als die negative Durchschlagspannung.

Der Streamer wird durch das Eigenfeld der Elektronen im Streamerkopf und der nahezu ortsfesten positiven Ionen im Streamerschwanz verursacht. Die Feldstärke vor dem Kopf ist vom Kopfradius abhängig. Nach gewisser Zeit diffundieren die Streamer-Kopf-Elektronen auseinander und die Streamer-Feldstärke sinkt, sofern er den Durchschlag nicht einleitet. Der Streamer verarmt im feld-schwachen Raum, siehe Kap. 3.3. Anhand dieser Vorstellung ist klar, dass sich aufgrund dieser Natur ein Polaritätseffekt ergibt. Die Ergebnisse der numerischen Berechnung für eine Kugel-Kugel-Anordnung (r_k = [9,5 50] mm) bei positiver und negativer Polarität der kleineren Kugel sind im Folgenden dargestellt. In Abb. 6.26 ist zum normalen Feldverlauf eine Streamer-Feld-Überlagerung dargestellt (rote Kennlinie), bei dieser Konfiguration benötigt der Streamer die gesamte Schlagweite, um 1 Mio. (k_S = 13,6) Ladungsträger zu genieren. Eine geringfügig höhere Spannung ($\approx$ 1 kV) führt zum Durchschlag dieser Anordnung. Bei 239 kV ist die Zündbedingung nach 2,5 mm erfüllt ($p = 0{,}6$ MPa, $d = 30$ mm, $r_k = [9{,}5(-)\ 50]$ mm).
In Abb. 6.27 „umgekehrte Bewegungsrichtung“ startet der Streamer im Gasraum und bewegt sich in Richtung Kathode und erreicht erst unmittelbar vor der Inhomogenität die kritische Ladungsträgermenge $\Delta d \approx 1$ mm. In diesem Diagramm ist ein höher aufgelöster Ausschnitt (25. . . 30 mm) der Gesamtschlagweite dargestellt. Bei dieser Polarität konnte bei synth. Luft eine Durchschlagspannung von 255 kV gemessen und 250 kV berechnet werden. Die Berechnung setzt anfangs eine raumladungsfreie Feldverteilung voraus. Mit Hilfe dieses Modells konnte ein 3 %iger Durchschlagspannungsunterschied zwischen positiver und negativer Polarität nachgerechnet werden, siehe Abb. 6.25 und Abb. 6.26. Denn bei negativer Polarität liegt die Durchschlagspannung bei 238,5 kV siehe Abb. 6.27.

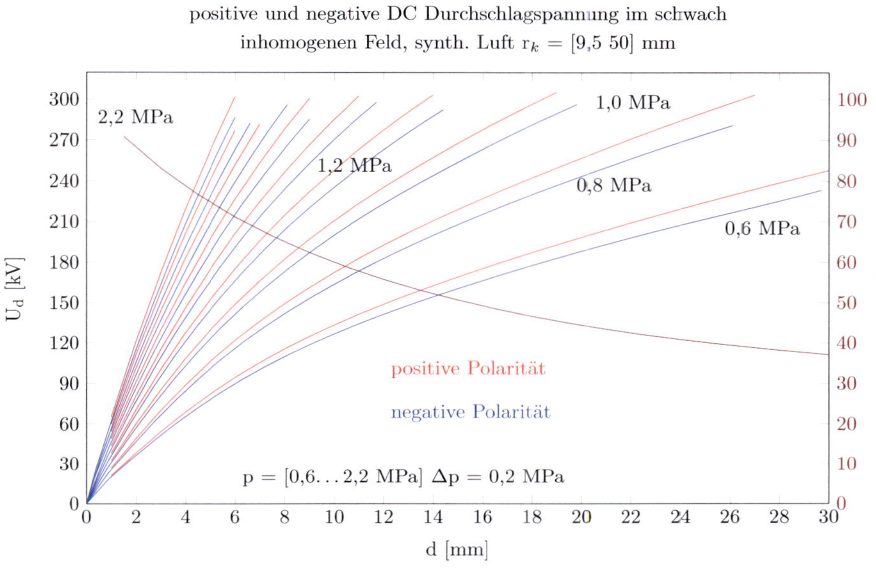

Abbildung 6.25: Gegenüberstellung der negativen und positiven DC Durchschlagspannung $U_d(d,p)$ von Luft im schwach inhomogenen Feld

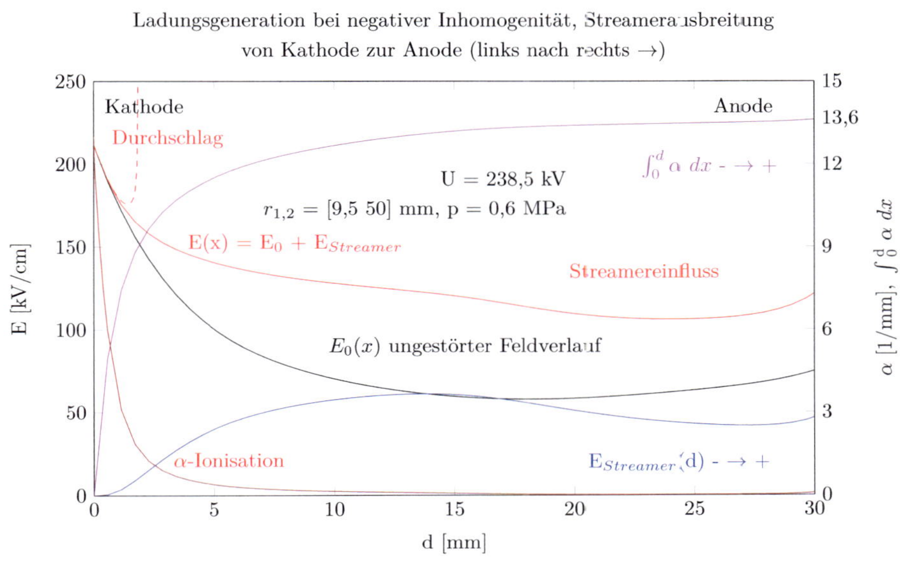

Abbildung 6.26: Ladungsträgergeneration bei negativer Inhomogenität mit Streamer-Ausbreitung von Kathode zur Anode

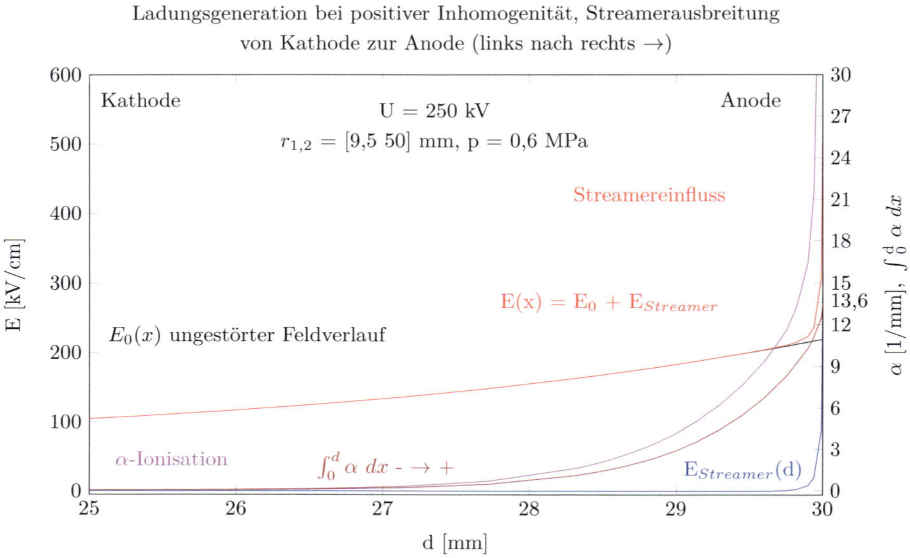

Abbildung 6.27: Ladungsträgergeneration bei positiver Inhomogenität mit Streamer-Ausbreitung von Kathode zur Anode

Anhand dieser Berechnung und dieser Messung war nachweisbar, dass im betrachteten pd-Bereich im schwach inhomogenen Feld und einer Oberflächenrauheit von $R_{max} \leq 5\ \mu m$ noch keine signifikante Feldemission einsetzt, die die elektrische Festigkeit mindert. Die Messergebnisse decken sich mit Simulation von ideal glatten Oberflächen. Rauheitseinflüsse, wie in Kap. 6.2.2.1 dargestellt, vermindern die Durchschlagspannung aufgrund einsetzender Feldemission. Dieser Einfluss der Feldemission kann mit einer FEM-Simulation (siehe Kap. 3.5.3 und 6.2.1.5) berücksichtigt werden. Für Rauheiten kleiner $R_{max} < 5\mu m$ ist der Einfluss auf die Durchschlagspannung nahezu vernachlässigbar.

6.2.1.2 Initiale Feldstärke von Luft im schwach inhomogenen Feld bei DC

Die von SCHWAIGER definierte und hier druck-modifizierte Anfangsfeldstärke E_a, wie in Kap. 3.5.2 gezeigt, beschreibt die Feldstärke an der stärkeren Inhomogenität, die zum Durchschlag führt. Diese ist nur für Drücke kleiner $p < 0{,}3$ MPa anwendbar. In dieser Arbeit wurde die Abhängigkeit der elektrischen Festigkeit von verschiedenen Gasen mit einer Variation aus Schlagweite, Geometriefaktor und Druck untersucht, siehe Abb. 3.8 und Abb. A.4. Diese Parameter führen zwangsläufig zu Fehlern bei der Anfangsfeldstärke E_a nach SCHWAIGER bei höheren Drücken. Im Folgenden ist deshalb die Initiale Feldstärke E_i der schwach inhomogenen Anordnung in Abhängigkeit von Druck, Schlagweite und Geometriefaktor dargestellt. Aus den Messpunkten der Durchschlagspannung bei unterschiedlichen Drücken ist die berechnete Initiale Feldstärke E_i nach Gl. 6.2 ermittelt.

$$E_i = \frac{U_{d,inh.}}{\eta_S \cdot d} \tag{6.2}$$

$$E_i = E_{i,rel} \cdot \frac{U_{d;Paschen}}{d} = E_{i,rel} \cdot \frac{B \cdot p}{\ln\left(\frac{A \cdot pd}{k_S}\right)} \tag{6.3}$$

Die folgende Abb. 6.28 zeigt die aus den Durchschlagspannungsmesspunkten ermittelte Initiale Feldstärke E_i nach Gl. 6.2 und die berechnete Initiale Feldstärke E_i nach Gl. 6.3 als Kennlinien in Abhängigkeit des Drucks bei unterschiedlichen Schlagweiten. Die zur Berechnung genutzten Paschen-Parameter stammen aus den Durchschlagmessungen des homogenen Feldes (siehe Tabelle 6.4). Es zeigt sich, dass die Messwerte und die berechneten Kennlinien gut übereinstimmen. Eine geringe Minderung der Initialen Feldstärke in Abhängigkeit der Schlagweite und eine Abhängigkeit zum Druck ist zu erkennen. D.h. die Initiale Feldstärke steigt leicht degressiv mit dem Druck. Des Weiteren ist hier der 3 %ig geringere Unterschied zwischen positiver und negativer Polarität (unterschiedliche Streamer-Ausbreitung) mit der zweiten gestrichelten Kennlinie sichtbar. Ebenso kann entnommen werden, dass die Näherung nach SCHWAIGER bei größeren Drücken eine stärkere Abweichung zeigt.

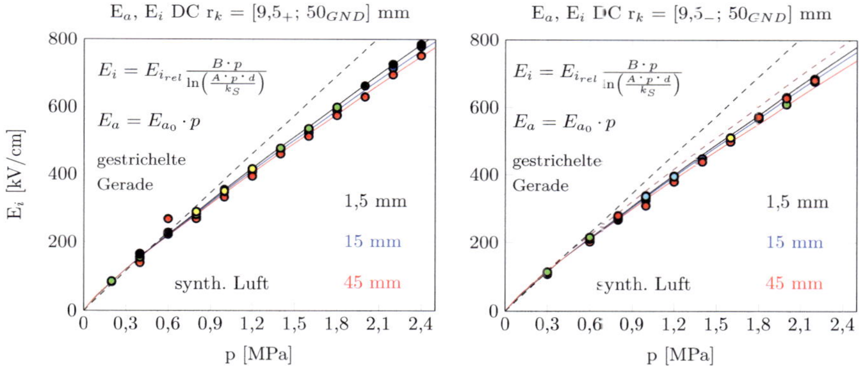

Abbildung 6.28: Positive und Negative DC Anfangsfeldstärke E_a und Initiale Feldstärke E_i von Luft der schwach inhomogenen Anordnung

Abb. 6.29 zeigt die berechnete maximale Feldstärke E_{max} der Elektrodenanordnung als Kurvenschar der schwach inhomogenen Anordnung in Abhängigkeit der Schlagweite bei unterschiedlichen Drücken. Der Ausnutzungsfaktor η_s ist an der sekundären Ordinatenachse dargestellt. Die maximale Feldstärke zeigt ein geringes Absinken, aber dennoch ein nahezu lineares Verhalten in Abhängigkeit der Schlagweite bis zu einem Ausnutzungsfaktor von $\eta_S > 30$ %. Zu den ermittelten Messpunkten sind berechnete Kennlinien der Initialen Feldstärke E_i nach Gl. 6.3 hinzugefügt.

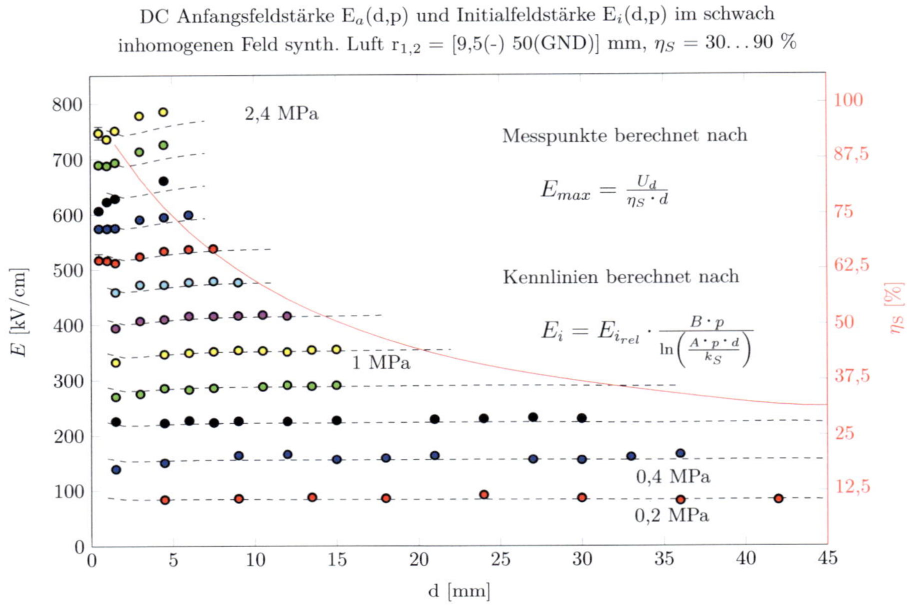

Abbildung 6.29: Negative DC Anfangsfeldstärke E_a(d) und Initialfeldstärke E_i(d) von Luft im schwach inhomogenen Feld

Mit der Initialen Feldstärke E_i konnte so eine Größe zur Berechnung der Durchschlagspannungen in schwach inhomogenen Feldern eingeführt werden, die im Gegensatz zur Anfangsfeldstärke E_a nach SCHWAIGER Einflüsse des Drucks, Schlagweite und Polarität berücksichtigt. Mit den umfangreichen Messungen konnte eine Übereinstimmung des Modells mit den Messwerten im betrachteten Druckbereich für Kugelgeometrien nachgewiesen werden, siehe Kap. 3.5.3 und 3.5.4.

6.2.1.3 50%ige DC-Durchschlagspannung U_{d50} von SF_6 im schwach inhomogenen Feld

Im Folgenden sind die Durchschlagmessungen bei Gleichspannung, mit der bisherigen Elektrodenkonfiguration (r_k = [9,5; 50] mm) zur Beurteilung der elektrischen Festigkeit von SF_6 und Luft im schwach inhomogenen elektrischen Feld vergleichend dargestellt. Die Formulierung der Initialen Feldstärke ist für starke Elektronenanlagerung (Elektronenaffinität) nicht gültig. Deshalb konnten keine Kurven nach Gl. 3.33 (Initiale Feldstärke) zu den SF_6-Messpunkten hinzugefügt werden. Der lineare Ansatz der Grenzfeldstärke E/p_0 = 87,7 kV/MPa mm für SF_6 nach Gl. 3.14 ist nach den Messpunkten nur bedingt durchführbar, da der Grenzwert E/p_0 für höhere Gasdrücke sinkt, vergl. Abb. 6.19. Dieses degressive Wachstum der elektrischen Festigkeit von SF_6 kann nach Gl. 6.5 berücksichtigt und berechnet werden. Die degressive Druck-Abhängigkeit der Grenzfeldstärke $E/p_0(p)_{SF_6}$ ist empirisch im homogenen Feld bestimmt worden (Gl. 6.5 und Gl. 6.6) und diese Messergebnisse konnten auch auf das Durchschlagsverhalten im inhomogenen Feld so angewendet werden, siehe Abb. 6.19, Kap. 6.1.3.2.

$$U_{d,SF_6}(p,d) = \eta_s \cdot d \cdot p \cdot \frac{E}{p}(p)_{SF_6} \tag{6.4}$$

$$\frac{E}{p_0}(p)_{SF_6} = \frac{12\ kV}{MPa^3 mm}\ (p - 4{,}4 \cdot MPa) \cdot p + \left(\frac{E}{p}\right)_0 \tag{6.5}$$

$$\frac{E}{p_0}(p)_{SF_6} = \frac{\Delta E}{p_{\eta_{An}}} \cdot e^{-\frac{p}{\alpha_{ab}}} + \frac{E}{p_{0\,\alpha}} = \frac{74{,}3\ kV}{MPa\ mm} \cdot e^{-\frac{p}{1{,}225 MPa}} + \frac{15{,}6\ kV}{MPa\ mm} \tag{6.6}$$

Gl. 6.6 setzt sich aus der Grundfestigkeit der Ionisierungsenergie von SF_6 $\left(\frac{E}{p_{0\,\alpha}}\right)$ und der Festigkeit durch Anlagerung $\left(\frac{\Delta E}{p_{\eta_{An}}}\right)$ zusammen. In Abhängigkeit des Druckes wird die Elektronenablösung mit dem Abkling-Koeffizienten $\left(e^{-\frac{p}{\alpha_{ab}}}\right)$ in Analogie zu Clausischen Weg-Gesetz Gl. (2.26) beschrieben. Diese Gleichung zeigt sehr gute Übereinstimmung mit den Messpunkten Abb. 6.19.

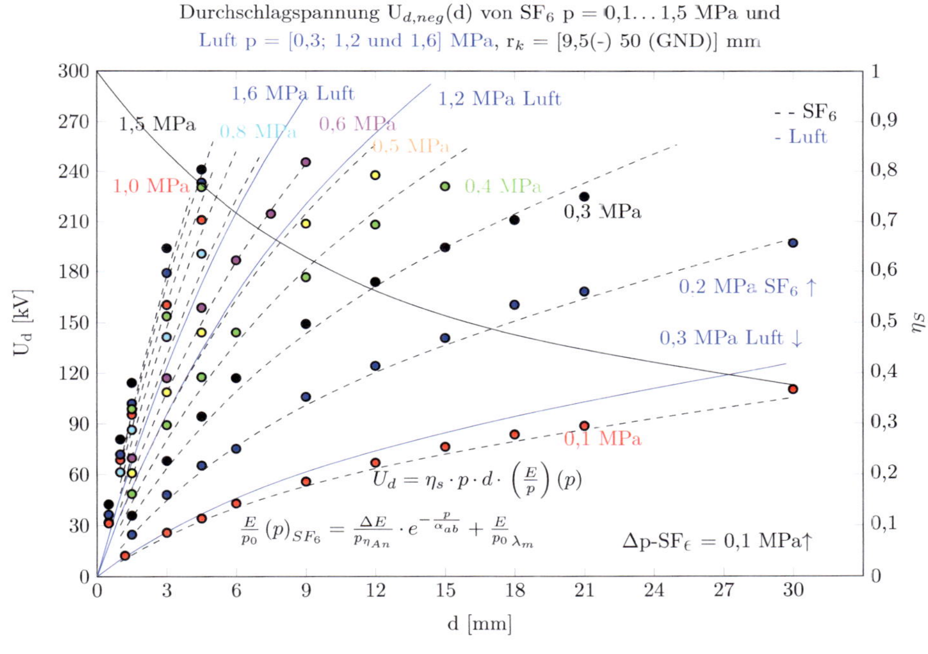

Abbildung 6.30: DC Durchschlagspannung U_d von SF_6 im schwach inhomogenen Feld

Die Abb. 6.30 zeigt die DC Durchschlagspannung $U_{d_{DC}}$ von SF_6 im schwach inhomogenen Feld als Kurvenschar zwischen p = 0,1...1,5 MPa bei einem Schlagweitenbereich von $d = 0{,}5 \ldots 30$ mm. Zu den Messpunkten sind Regressionsgeraden schwarz-gestrichelt angegeben. Die Berechnung der Kennlinien der Durchschlagspannung erfolgte, wie oben genannt, nach Gl. 6.4 mit der empirischen Näherung von $E/p_0(p)_{SF_6}$ nach Gl. 6.6. Diese Formel berücksichtigt, das degressive Verhalten von SF_6 in Abhängigkeit des Druckes. In Analogie zum Clausis'schen Weglängengesetz Gl. 2.26 wurde hier ein Ausdruck formuliert, der die Elektronen-Anlagerungsfähigkeit bzw. Elektronenablösung $(\Delta E/p_{An})$

mit dem Druck exponentiell fallend bis zum Grenzwert der SF_6 - Ionisierungsarbeit nach der α-Stoßionisation $E/p_0(\lambda_m)$ berücksichtigt.

Weiterhin sind repräsentativ zwei Durchschlagspannungskennlinien von synthetischer Luft bei einem Druck von $p = [0{,}3;\ 1{,}2;\ 1{,}6]$ MPa hinzugefügt (durchgezogen blau). Hier wird deutlich, dass bei einem SF_6-Gasdruck von $p_{SF_6} = 0{,}1$ MPa etwa 0,3 MPa Luft-Druck benötigt wird, um vergleichbare Durchschlagspannungen zu erreichen. Bei SF_6 und einem Druck von $p_{SF_6} = 0{,}5$ MPa hingegen reicht ein äquivalenter Isolationsdruck mit Luft von $p = 1{,}2$ MPa aus. Um die äquivalente Durchschlagspannungen bei 1,6 MPa Luft zu erreichen, wird nur 0,8 MPa SF_6 benötigt. Anhand dieser Gegenüberstellung kann abgeleitet werden, dass für die Luftisolation ein Druck von mindestens 1,4 MPa erforderlich ist, um den gängigen industriellen SF_6-Dimensionierungsdruck von 0,6 MPa abzulösen (gleichbleibende Elektrodenkonfiguration und Schlagweiten), d.h. etwa 2,3-facher SF_6-Druck für Luft-isolierte Anwendungen.

6.2.1.4 Initiale Feldstärke von SF_6 bei Gleichspannung im schwach inhomogenen Feld

In Abb. 6.31 ist sowohl die Initiale Feldstärke E_i, als auch die druck-bezogene Feldstärke E/p dieser schwach inhomogenen Anordnung in Abhängigkeit der Schlagweite bei unterschiedlichen Drücken dargestellt (berechnet aus der Durchschlagspannung). Unterhalb einer Feldstärke von 300 kV/cm ist ein lineares Verhalten in Abhängigkeit der Initialen Feldstärke mit der Schlagweite und Druck erkennbar. Erst bei Drücken $p > 0{,}5$ MPa ist eine Minderung der elektrischen Festigkeit mit der **Schlagweite** sichtbar. Erst bei hohen elektrischen Feldstärken kann eine Minderung der elektrischen Festigkeit von SF_6 auch in Abhängigkeit der Schlagweite beobachtet werden. Deshalb müssen die Labor-Messergebnisse stets auf Plausibilität geprüft werden, damit das richtige Dimensionierungskriterium auch für praktische Anwendungen genutzt wird. Die Ursache hierfür ist wieder in der Ablösung von bereits angelagerten Elektronen zu finden, siehe Kap. 3.7.1. Trotzdem ist SF_6 für die Gasisolation bevorteilt, denn kleine Spalten, Schichtanordnungen und Tripelpunkte werden von SF_6 gegenüber Luft besser elektrisch isoliert. Ein Indiz für eine Ablösung von angelagerten Elektronen im Gasraum ist der Vergleich zu den Durchschlagsmessungen mit Luft bei gleicher Spannungsbelastung und Elektrodenanordnung, siehe Abb. 6.29. Denn bei Luft ist hauptsächlich nur ein lineares Verhalten sichtbar.

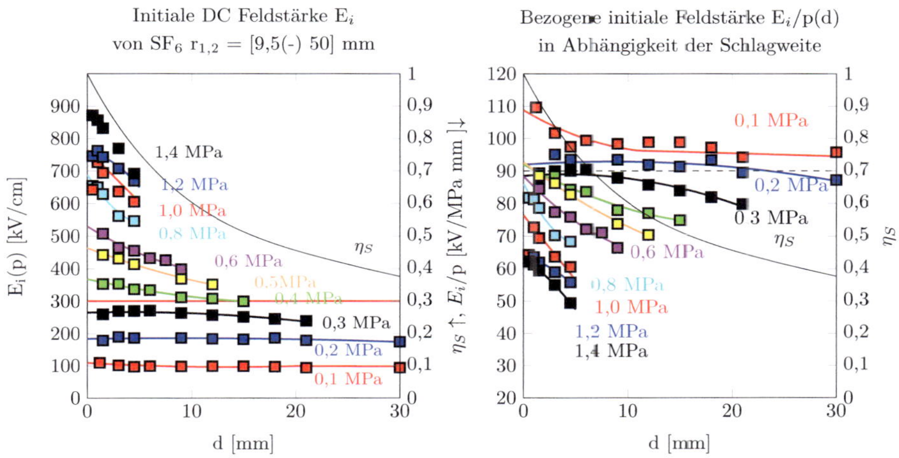

Abbildung 6.31: Elektrische DC Festigkeit E/p(d) von SF$_6$ r_K = [9,5(−); 75] mm, $p = 1 \dots 1{,}4$ MPa

Im „linearem" Bereich der elektrischen Festigkeit von SF$_6$, bei einem geringem Druck $p <$ 0,5 MPa und Feldstärken kleiner 300 kV/cm, kann die Durchschlagspannung einer schwach inhomogenen Anordnung näherungsweise mit der Grenzfeldstärke von $E/p_0(SF_6)$ über die maximale Feldstärke berechnet werden. Erst bei höheren Drücken und Feldstärken vermindert sich die Grenzfeldstärke $E/p_0(\mathrm{SF}_6)$. Näherungsweise kann hierfür weiter mit den empirisch ermittelten Grenzfeldstärke nach Gl. 6.4 und 6.6 bzw. 6.5 gerechnet werden.

6.2.1.5 Durchschlagspannung bei Gleichspannung von Luft und SF$_6$ bei unterschiedlichen Rauheiten

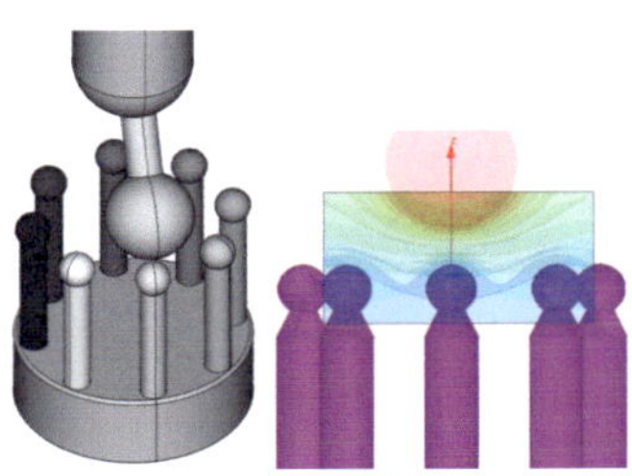

Abbildung 6.32: Elektroden-Revolver

Die zuvor gezeigten Durchschlagmessungen sind mit einer maximalen Oberflächenrauheit von R$_{max}$ = 1 . . . 5 μm gemessen. Die Untersuchung und Beurteilung des Oberflächenrauheitseinfluss auf die elektrische Festigkeit von Gasen ist ein Thema dieser Arbeit. Nach Theorie kann der Einfluss der Oberflächenrauheit als lokale Feldüberhöhung angesehen werden, [5, S. 111]. Deshalb ist es möglich, diese Feldstärkeüberhöhung in die Berechnung der Zündbedingung einfließen zu lassen, so dass die Durchschlagspannung berechnet werden kann. Besitzt man Kenntnis über die Randbedingungen (Druck, Schlagweite, Oberflächenrauheit) und ist ein Messwert der Durchschlagspannung verfügbar, so kann mit Hilfe des Berechnungsalgorithmus (siehe Kap. 3.9) der Einfluss der Oberflächenrauheit auf die elektrische Festigkeit von Gasen ausgewertet werden. Aus diesen Gründen ist hierfür eine Versuchsanordnung verwendet worden, die eine Untersuchung der elektrischen Festigkeit in Abhängigkeit von Gas, Druck und Oberflächenrauheit bei Gleichspannung ermöglicht.

Mit der folgenden Elektrodenanordnung (Kugel-Magazin, siehe Abb. 6.32 und A.3) konnten mehrere Oberflächenrauheiten sequentiell gemessen werden. Der mit Hochspannungspotential beaufschlagte Wahlschalter konnte über den jeweiligen Prüfling positioniert werden. Dieser Wahlschalter ermöglichte die Untersuchung des Einflusses von verschiedenen Oberflächenrauheiten auf die Durchschlagspannung bei Luft und SF_6 in Abhängigkeit des Drucks. So war eine sequentielle Untersuchung mit unterschiedlich präparierten Kugelelektroden schnell möglich. Um die Ergebnisse reproduzierbar und den Einfluss der Oberflächenrauheit zu bewerten ist der Feldstärkeverlauf mit einer 3D-FEM-Simulation zwischen den beiden Kugelelektroden simuliert ($r_{1,2}$ = [9,5; 25] mm), siehe Abb. 6.32 und 6.33. Der Feldverlauf des kritischen Pfades kann in Abb. 6.36 entnommen werden. Die Simulation ergab einen Ausnutzungsfaktor $\eta_S = 69$ % bei einer Schlagweite von $d = 7{,}23$ mm. Mit dieser Anordnung ist es möglich den Oberflächeneffekt mit Hilfe unterschiedlicher Drücke und Rauheiten und Kugeln zu untersuchen. Die aufgerauten Kugelelektroden sind in Abhängigkeit der Rauheiten so angeordnet, so dass die höchste Oberflächenrauheit nicht direkt neben der polierten Kugel platziert wurde, um Nachbarschaftseinflüsse zu vermeiden. Die Abb. 6.34 zeigt die elektrische Festigkeit von SF_6 und Luft bei unterschiedlichen **maximalen** Oberflächenrauheiten $R_{max} = [1, 10, 50, 100, 1000]$ μm und das Verhältnis der elektrischen Festigkeit von SF_6 gegenüber Luft bei gleicher Oberflächenrauheit, siehe Anhang A.3.

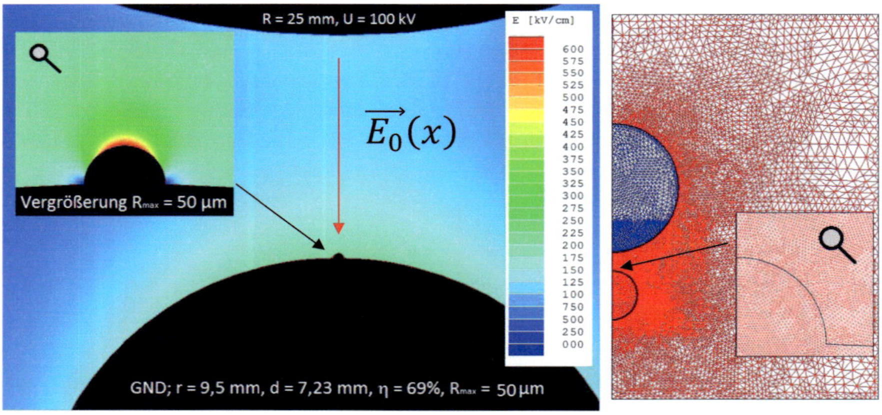

Abbildung 6.33: FEM-Simulation und FEM-Mesh der simulierten Oberflächenrauheit mit Hilfe einer 50 μm Halbkugel

Das FEM-Simulation-Modell der Oberflächenrauheit ist in Abb. 6.33 zu sehen. In diesem Beispiel ist eine 50 μm Halbsphäre auf einer 9,5 mm Kugelelektrode moduliert. Kleinere Halbkugeln, kleiner als 50 μm, konnten nicht mit dem verwendeten FEM-Simulationsprogramm simuliert werden, aufgrund der kleinsten Auflösung von 25 μm pro Rasterpunkt. Kleinere Oberflächenrauheiten z.B. 1...30 μm sind mit der noch kleinstmöglichen Simulationsauflösung gegenüber eine konzentrierten Punktladung korreliert worden. Die Abweichung innerhalb dieser Korrelation war geringer 3 %, so dass kleinere Oberflächenrauheiten mit Hilfe einer Punktladung angenähert worden sind. Rauheiten größer als 50 μm konnten demnach simuliert werden. Die Parameter finden sich in Tabelle 6.6. Nach den Messergebnissen sind Rauheiten $R_{max} < 10$ μm fast vernachlässigbar. Dieses Simulationsmodell mit $R_{max} = 50 \ldots 1000$ μm der Halbsphäre eignet sich aus Gründen des Konvergenzkriteriums einer FEM-Simulation sehr gut. Im Allgemeinen besteht die Oberflächenrauheit aus einer Vielzahl undefinierter mikroskopische Spitzen und Furchen. Eine Simulation und Modellierung einer solchen realen Oberflächenrauheit ist schwer möglich, Programm-Absturz durch Divergenzkriterium. Dieses Modell der Halbsphäre bildet die Wirklichkeit hinreichend ab und kann leicht rotationssymmetrisch simuliert werden. In der Literatur finden sich Ellipsoide zur Nachbildung von Oberflächenrauheit. Diese Untersuchung beschränkte sich auf die Simplifizierung von Anordnungen. Bei Ellipsoiden sind weitere Geometriefaktoren, wie Höhe, Krümmung und Steigung relevant. Das Halbsphären-Modell ist einfach und vergleichbar. Mit der Überlagerung des äußeren schwach inhomogenen Feldes und der lokalen Oberflächenrauheit ergibt sich ein komplexer Feldverlauf, siehe 6.35. Die Anzahl der Vermaschungskonten ist in Abhängigkeit der Geometriekontur aufgelöst, so dass die Halbsphäre mit mehr als 50 000 Knoten vermascht wurde.

Zunächst werden die reinen Messergebnisse in den folgende Abbildung 6.34 gezeigt. Die Abb. 6.35 zeigt das Verhältnis bzw. den relativen Einfluss der Oberflächenrauheit auf die Durchschlagspannung von SF_6 und Luft. Aus diesen Abbildungen ist zu sehen, dass das Verhältnis der Durchschlagspannung von Luft zu SF_6 für kleine Drücke und geringer Oberflächenrauheit nahezu konstant ist (siehe Abb. 6.35). SF_6 besitzt gegenüber Luft auch bei extrem hohen Oberflächenrauheiten eine höhere elektrische Festigkeit, jedoch ist der Einfluss bzw. die Minderung der elektrischen Festigkeit bei SF_6 größer als bei Luft. Dieser Effekt ist hauptsächlich dem Streamer und der höheren Ionisierungsrate bei SF_6 geschuldet. Das hat zur Folge, dass bei einem Druck $p > 0{,}3$ MPa die elektrische Festigkeit von SF_6 gegenüber Luft sinkt. Des Weiteren hat SF_6 bei geringer Oberflächenrauheit eine dreifach höhere elektrische Festigkeit, bei hoher Rauheit jedoch nur noch die doppelte Festigkeit im Vergleich zu Luft. Oberhalb von 0,8 MPa schneiden sich die Kennlinien sowohl bei glatter als auch bei rauer Oberfläche. Eine Druckerhöhung bei SF_6 hat bei diesen Feldstärken und Drücken kaum noch einen Vorteil. Denn hier ist der Zuwachs der Festigkeit mit dem Druck von SF_6 nahezu ausgeschöpft.

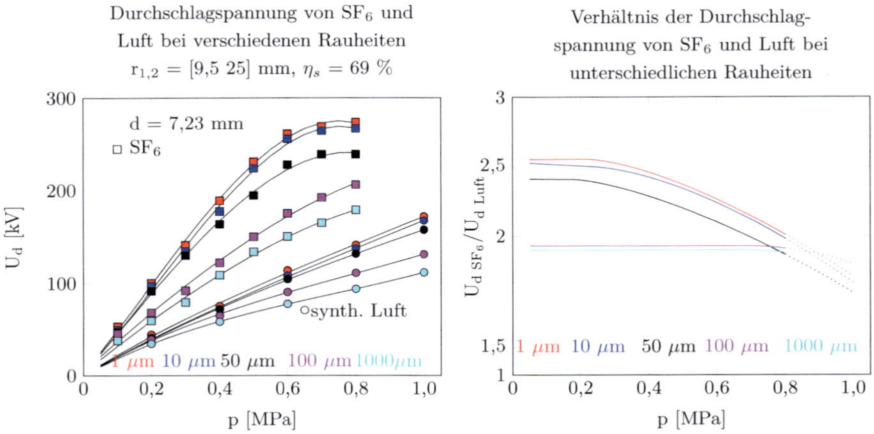

Abbildung 6.34: Durchschlagspannung bei SF_6 und Luft bei verschiedenen Rauheiten

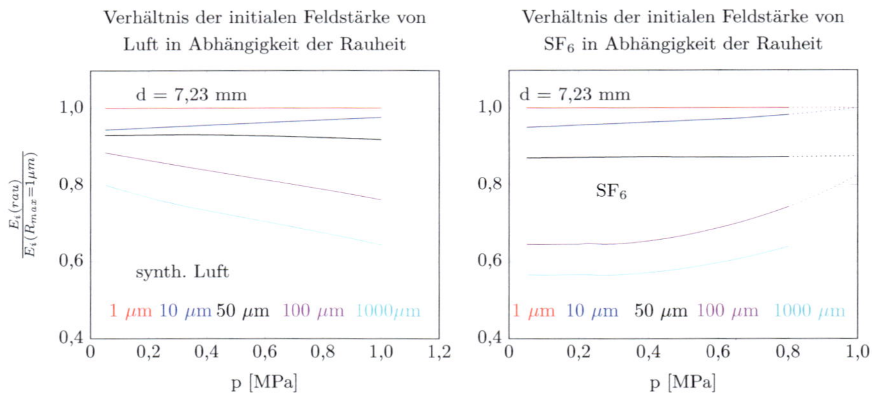

Abbildung 6.35: Einfluss der Oberflächenrauheit auf die Festigkeit von Luft und SF_6

In Abb. 6.35 wird das Verhältnis der elektrischen Festigkeit von Luft und SF_6 im Relation von glatter Oberfläche zu rauer Oberfläche gegenübergestellt. Es ist erkennbar, dass kleine Oberflächenrauheiten nur geringfügig die elektrische Festigkeit mindern. Bei Luft nimmt die elektrische Festigkeit bei hoher Rauheit nahezu linear mit dem Druck ab. Bei SF_6 ist die Festigkeitsminderung bei mittleren Oberflächenrauheiten wesentlich größer als bei Luft. Es ist zu sehen, dass die elektrische Festigkeit von SF_6 im Vergleich zu Luft eine höhere Minderung durch Oberflächerauheiten erfährt. Trotzdem ist die absolute elektrische Festigkeit von SF_6 größer als diese bei Luft.

Die Feldsimulation der Oberflächenrauheit des Halbsphären-Modells ergab, je nach Rauheit, unterschiedliche hohe und breite lokale Feldstärkeüberhöhungen. In folgender Abb. 6.36 ist der simulierte und berechnete Feldstärkeverlauf und der Einfluss der Feldüberhöhung und der Einfluss des Streamers dargestellt, Gl. 6.8. Eine solche Simulation der Oberflächenrauheit ist aufwendig und wahrscheinlich nicht für alle Anwendungen praktikabel. Aus diesem Grund ist der lokale Feldstärkeverlauf der Oberflächenrauheit nach Gl. 6.8 mit dem Feldüberhöhungsfaktor ϱ_E nach Gl. 6.7 nachempfunden und mit den Beiwerten in Abhängigkeit von Gas, Druck und Oberflächenrauheit zusammengefasst, siehe Tabelle 6.6. Alle Durchschlagspannungsmesswerte sind nach dem Rechenalgorithmus Kap. 3.9 nachgerechnet worden. So dass für die vorliegende Geometrie die Parameter im Genauigkeitsband von kleiner 3% liegen. Bei praktischen Anwendungen, wie z.B. GIS, kann der Einfluss der Oberflächenrauheit bei höheren Spannungen, Feldstärken und Schlagweite einen größeren mindernden Einfluss auf die elektrische Festigkeit nehmen.

Je nach Oberflächenrauheit lag der vom Gas nahezu unabhängige Feldüberhöhungsfaktor zwischen 10...80% höher als die maximal auftretende Feldstärke der ideal glatten Elektrodengeometrie. Jedoch ist die Auswirkung auf die elektrische Festigkeit an die Ladungsträgergeneration $\bar{\alpha}$ gebunden. Die Oberflächenrauheit mindert die elektrische Festigkeit von SF_6 gegenüber Luft stärker, da α(E) bei SF_6 einen signifikant höheren Anstieg gegenüber Luft besitzt, siehe Kapitel 2.5 [53]. Wie aus Abb. 6.36 zu sehen ist, tritt an der Stelle der Oberflächenrauheit eine sehr hohe Feldstärke und α-Ionisationsrate auf. Bei SF_6 kann die Zündbedingung deshalb bereits bei geringen Rauheiten bzw. Feldüberhöhungsfaktoren erfüllt sein. Das ist schon der Fall bei einer geringen Überschreitung der Grenzfeldstärke E/p_0. Der Feldüberhöhungsfaktor definiert sich nach Gl. 6.7 und in Tabelle 6.6 ist dieser für SF_6 und Luft für unterschiedliche Drücke und Rauheiten (R_{max}) angegeben.

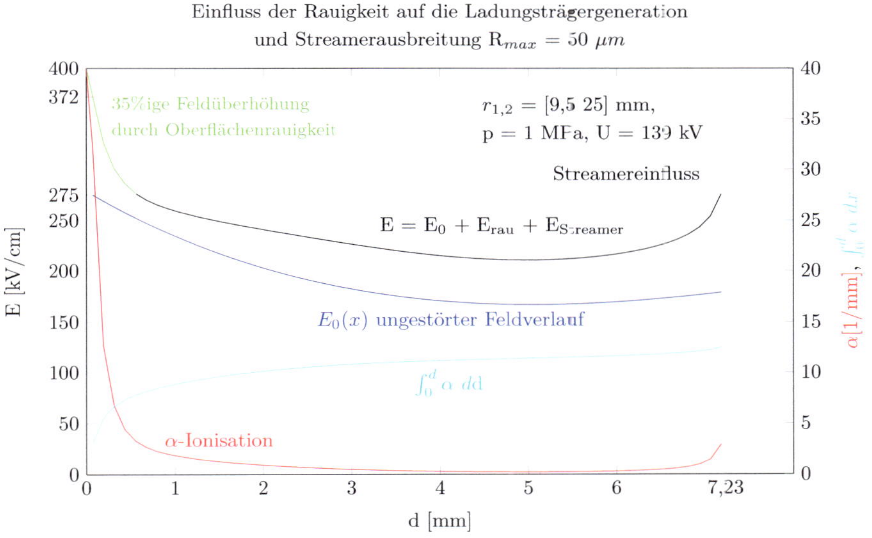

Abbildung 6.36: Einfluss der Oberflächenrauheit auf den Feldverlauf und zusätzliche Streamerausbreitung mit Berücksichtigung des Streamereinflusses

Gleichung 6.7 definiert den Feldüberhöhungsfaktor durch Oberflächenrauheit bezogen auf die maximale auftretende elektrische Feldstärke der oben genannten Elektrodengeometrie. Die Initiale Feldstärke kann für dieses Modell auch angewendet werden, hierzu muss lediglich die Initiale Feldstärke in Kombination mit der erhöhten Oberflächenrauheit berücksichtigt werden, siehe Kap. 3.5.4.

$$\varrho_E = \frac{E_{max_{rau}} - E_{max}}{E_{max}} \tag{6.7}$$

Der Gesamt-Feldverlauf Gl. 6.8 ergibt sich aus dem Grundfeld E_0, dem lokal begrenzten elektrischen Feld der Oberflächenrauheit E_{rau} und dem Streamer-Eigenfeld E_{St}. Das Streamer-Eigenfeld wird hier iterativ nach Gl. 6.10 in endlich kleiner Schrittweite Δd entlang des Feldverlaufs berechnet und wieder dem Grundfeld E_0 addiert. Der exponentielle Ansatz nach Gl. 6.9 ist aufgrund der Parametrierung in der Feldüberhöhung und Feldeindringtiefe gewählt worden, für die Berücksichtigung willkürlicher Formen der Oberflächenrauheit.

$$E_d(d) = E_0 + E_{rau}(d) + E_{St} = E_d(d) \cdot \left(1 + \varrho_E \cdot e^{-\frac{d}{R_{max}}}\right) + E_{St} \tag{6.8}$$

$$E_{rau}(d) = E_d(d) \cdot \left(1 + \varrho_E \cdot e^{-\frac{d}{R_{max}}}\right) + E_{St} \tag{6.9}$$

Für die Modellbildung und der Berechnung der Ladungsträgergeneration bei SF_6 müssen die folgenden Gleichungen 6.10 für die Berechnung des Streamers, Gl. 6.11 zur Berechnung der bezogenen elektrischen Festigkeit für SF_6 und Gl. 6.12 zur Ladungsträgergenerationszahl $k_S(SF_6)$ genutzt werden.

$$E_{St,SF_6} = \frac{q_e \cdot N}{4\pi\varepsilon_0 \cdot r_S^2} = \frac{q_e^2 \cdot e^{\alpha \cdot x}}{16\ \pi\ \varepsilon_0\ k_B\ T\ x} \cdot E_G \tag{6.10}$$

$$\frac{E}{p_0}(p)_{SF_6} = \frac{74{,}3\ kV}{MPa\ mm} \cdot e^{-\frac{p}{1{,}225 MPa}} + \frac{15{,}6\ kV}{MPa\ mm} \tag{6.11}$$

$$k_S(SF_6) = \int_0^d \bar{\alpha} dx \approx \frac{28}{kV} \cdot \left[\frac{E_0}{p_{n_0}} + \sum_{n=1}^{n=d \cdot \Delta d} \frac{E_0}{p_n} + \frac{E_{St,SF_6}}{p_{n-1}} + \frac{E_{rau}}{p_n} - \frac{E}{p_0}(p)_{SF_6}\right] \tag{6.12}$$

Für **Luft** wird der Ansatz der Ladungsträgergeneration mit Hilfe der Paschen-Parameter realisiert, siehe Gl. 6.13 und Gl. 6.14. In Tabelle 6.6 und in Tab. 6.4 können die jeweiligen Paschen-Parameter entnommen werden (Luft, CO_2, N_2 und O_2). Der Überhöhungsfaktor in Kombination mit Gl. 6.14 ist rekursiv aus den Durchschlagsmessungen und der Rechenalgoritmus der Initialen Feldstärke Kap. 3.5.4 ermittelt worden. Diese empirische Berechnung ist ebenfalls ein Nachweis für die Theorie zur Initialen Feldstärke.

$$E_{St,Luft} = \frac{3 \cdot q_e \cdot e^{\int_0^x \alpha \cdot dx}}{16\ \pi\ \varepsilon_0 \cdot x} \cdot A \cdot p \tag{6.13}$$

$$k_S(Luft) = \int_0^d \bar{\alpha} dx \approx A \cdot p \left[e^{\left(-\frac{B \cdot p}{E_{0,n=0}}\right)} + \sum_{n=\Delta d}^{n=d} e^{\left(-\frac{B \cdot p}{E_{0_n} + E_{n,rau} + E_S(E_{n-1})}\right)} \cdot \Delta d\right] \tag{6.14}$$

Tabelle 6.6: Lokaler Feldüberhöhungsfaktor ϱ_E bei unterschiedlichen Oberflächenrauheiten

Gas	Luft	SF_6	Luft	SF_6	Luft	SF_6	Luft	SF_6	Luft	SF_6
R_{max} [μm]	1	1	10	10	50	50	100	100	1000	1000
Druck p [MPa]	lokaler Überhöhungsfaktor ϱ_E[%]									
0,2	0	0	3	2	5	5	26	50	55	72
0,4	0	0	3	3	8	7	32	53	59	75
0,6	0	0	5	4	10	9	45	55	72	78
0,8	0	0	6	6	15	11	53	57	84	85
1,0	0	0	8	8	20	17	57	59	87	90

6.2.2 Durchschlagmessung bei Blitzstoßspannung

In den vorangegangenen Abschnitten ist die elektrische Festigkeit von Gasen bei Gleichspannung durch Messung der Durchschlagspannung untersucht worden. Bei Gleichspannung ist der statistische Zündverzug vernachlässigbar, da aufgrund der natürlichen Generationsrate und durch natürliche Strahlung ein Startelektron mit hoher Wahrscheinlichkeit auftritt. Das Startelektron ist essentiell für den Durchschlag (siehe Kap. 2.3.3). Bei inhomogenen Feldern und Blitzstoßspannungen wirkt sich die Abwesenheit von Startelektronen und somit der Zündverzug deutlich stärker als im homogenen Feld aus, da sich im schwach inhomogenen Feld das Startelektron in der unmittelbaren Nähe des feldstarken Bereichs befinden muss. Im homogenen Feld dagegen kann die Entladung von jedem Punkt aus starten. Bei SF_6 verstärkt sich der Zündverzug nochmals aufgrund der Elektronenanlagerung. Es war eine höhere U_{d50} Durchschlagspannung beim Blitzstoß gegenüber Gleichspannung messbar (vergl. Abb. 6.18 ff. und 6.6 ff.). Diese Arbeit orientiert sich an praktischen Anwendungen. In der Hochspannungstechnik muss ein Betriebsmittel nach Norm eine Hochspannungsprüfung absolvieren. Bei SF_6 isolierten Hochspannungsbetriebsmittel (GIS) ist die Blitzstoßspannungsprüfung (BIL) die größte dielektrische Belastung aufgrund des hohen Spannungspegels. Die sehr kleine Funkenaufbauzeit bei Gasen führt selbst bei der schnellen 1,2/50 Blitzstoßspannung zum Durchschlag.

6.2.2.1 Ansprechverhalten einer Kugelfunkenstrecke bei unterschiedlichen Rauheiten

Zunächst soll das Ansprechverhalten einer **unbestrahlten** Funkenstrecke gezeigt werden. Die Generationsrate von Startelektronen ist hier nur von der natürlichen Generationsrate durch Hintergrundstrahlung gegeben. Der Raum, in dem die maximale Feldstärke auftritt, ist etwa 1,5 cm^3 ($r_{1,2}$ = [9,550] mm, d = 0,9 mm) groß und ein Startelektron muss in einem Zeitfenster von etwa 1 μs bereitstehen. Die massiven Stahl-Kugelelektroden und die dicke Kesselwandung haben eine schirmende Wirkung auf die Hintergrundstrahlung. Eine Separation der Durchschlagspannung unter den Einfluss der Oberflächenrauheit kann mit der Wahl unterschiedlicher Polaritäten gewählt werden. Bei positiver Polarität (kleinere Kugelelektrode als Anode) startet die Entladung im Gasraum. Mit größerer Schlagweite vergrößert sich das Volumen und somit auch die Auftrittswahrscheinlichkeit von Startelektronen zwischen Kathode und Anode. Bei negativer Polarität beeinflusst die Oberflächenrauheit die α-Ionisationsrate, die lokale Feldemission durch Feldüberhöhung und die Tunnelwahrscheinlichkeit steigt. Das führt dazu, dass Startelektronen wahrscheinlicher emittiert werden. Dieser Effekt ist von der elektrischen Feldstärke abhängig. In den Abbildungen 6.37 und 6.38 ist die Durchschlagspannung U_{d50} als Kurvenschar in Abhängigkeit der Schlagweite bei verschiedenen Drücken p = 0,3 . . . 2,3 MPa und für eine maximale Oberflächenrauheit von R_{max} = [5, 50] μm

dargestellt. Zu den Messpunkten sind berechnete Kennlinien nach Gl. 3.33 und den bereits aus den DC Durchschlagsmessungen ermittelten Paschen-Parametern dargestellt.

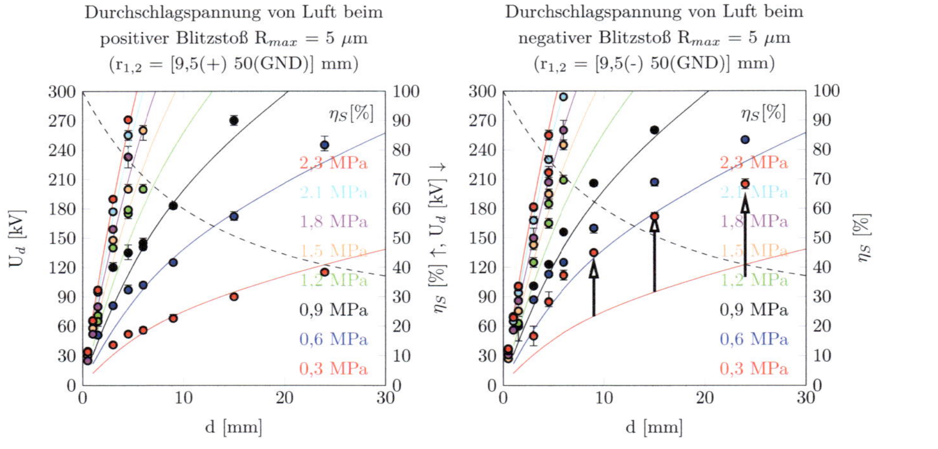

Abbildung 6.37: Durchschlagspannung von Luft der schwach inhomogenen Anordnung bei positiver und negativer Blitzstoßspannung mit $r_{1,2}$ = [9,5(±) 50(GND)] mm und $R_{max} < 5$ μm bis 2,3 MPa

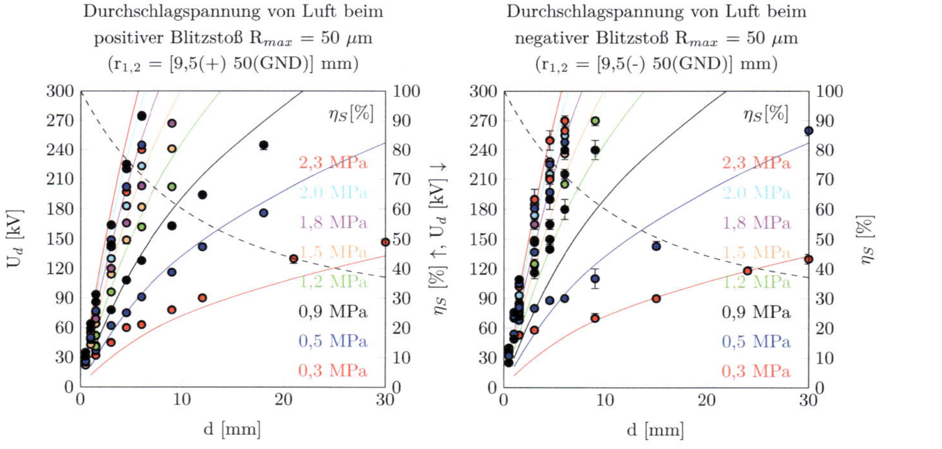

Abbildung 6.38: Durchschlagspannung von Luft der schwach inhomogenen Anordnung bei positiver und negativer Blitzstoßspannung mit $r_{1,2}$ = [9,5(±) 50(GND)] mm und $R_{max} < 50$ μm bis 2,3 MPa

In den Abbildungen 6.37 und 6.38 ist zu sehen, dass bei kleinen Drücken $p < 0{,}8$ MPa, bei negativer Polarität und polierter Oberfläche eine scheinbar höhere Durchschlagspannung durch den statistischen Zündverzug messbar ist. Daraus wird deutlich, dass der Einfluss der Oberfläche durch diese Anordnung mit unterschiedlicher Polarität separiert werden kann. Bei positiver Polarität startet der Streamer im Gas und bei negativer unmittelbar an der Elektrodenoberfläche. Bei positiver Polarität ist die Durchschlagspannung nahezu mit der DC Durchschlagspannung vergleichbar. Sofern eine große Stichprobe von Blitzstoßimpulse auf die Funkenstrecke angegeben wird. Das wird deutlich, da die Messpunkte auf den berechneten Durchschlagsspannung-Kennlinien liegen. Daraus ist bestätigt, dass der Einfluss der Oberflächenrauheit stark lokal begrenzt ist und nicht weit in den Gasraum hinein reicht, siehe Kap. 6.2.1.5. Des Weiteren muss berücksichtigt werden, dass das angewendete Berechnungsverfahren (Kap. 3.9) nur mit einer zeitunveränderlichen Feldstärke rechnet. Es wurde angenommen, dass die Lawinenlaufzeit bzw. Funkenaufbauzeit um etwa Faktor 30…100 kleiner als die anstehende Blitzstoßspannung ist, sofern ein Startelektron im kritischen Volumen in der kritischen Zeit des Spannungsanstiegs und der Zeit des Spannungsscheitels von etwa 1…2 μs zur Verfügung steht.

Die positive Durchschlagspannung (Entladungsaufbau im Gasraum) ist nahezu unabhängig von der Oberflächenrauheit der kleineren Kugel, was sich in Abb. 6.38 anhand der Messpunkte und den Kennlinien zeigt. Bei negativer Polarität und einer Rauheit von R_{max} = 50 μm reduziert sich der Mangel von Startelektronen durch eine gewisse Feldemission aus der Kathode. Der Zündverzug verringert sich. Bei sehr hoher Gasdichte (Gasdruck p > 1,0 MPa) steigt die Ansprechzeit geringfügig wieder an. Nach allgemeiner Literatur ([53, S. 191], [5]) werden UV-Quanten des Streamerkopfes bereits nach kurzem Weg von Gasteilchen absorbiert und der Streamer dadurch behindert. In Abb. 6.38 wurde eine höhere Durchschlagspannung $U_{d,BIL}$, gegenüber idealen Bedingungen (DC, R_{max} = 5μ m) bei p > 1,2 MPa, gemessen. Ein ähnliches Verhalten kann im stark inhomogenen auch beobachtet werden, siehe Kap. 3.5.5.

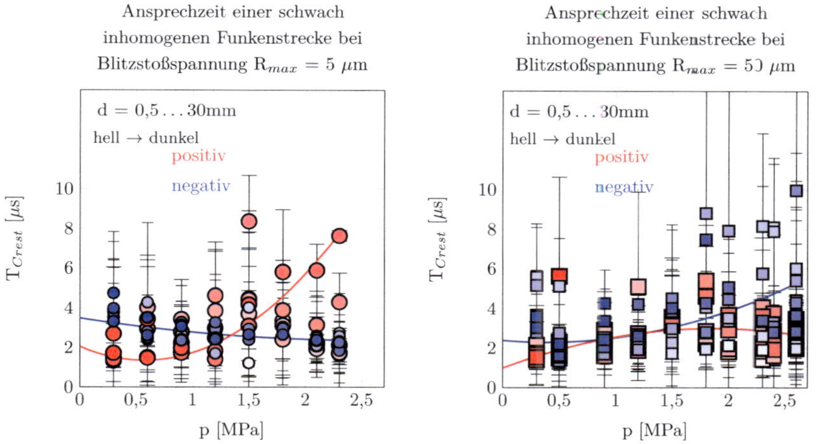

Abbildung 6.39: Ansprechverhalten und Zündzeitpunkt einer schwach inhomogenen Anordnung $r_{1,2}$ = [9,5 50] mm, bei Luft und positiver und negativer Blitzstoßspannung d = [0,5…30] mm, R_{max} = 5…50 μm

Die Ansprechzeit T_{Crest} (Abb. 3.12), die Zeit zwischen Scheitelspannung und Durchschlag, ist in Abb. 6.39 in Abhängigkeit des Drucks dargestellt. Hierbei gibt der Messpunkt den Mittelwert der Ansprechzeit und die Streubalken den kleinsten und größten Extremwert wieder. Bei den Messungen konnten vereinzelte Stirndurchschläge beobachtet werden, jedoch war der Großteil der Durchschläge im **Spannungsrücken** zu finden. In dieser Abb. 6.39 ist die Polarität der Durchschlagspannung von positiver und negativer mit rot und blau codiert, mit steigender Farbsättigung ist eine höhere Schlagweite definiert. Da die Durchschlagwerte einer statistischen Streuung unterliegen, ist diese farbliche Abstufung der Schlagweite hier in dieser Grafik als Tendenz ausreichend. Zur optischen Hilfe zeigen die Kennlinien den mittleren Erwartungswert der Ansprechzeit T_{Crest} an. Bei polierter Oberfläche kann beobachtet werden, dass die Ansprechzeit bei positiver Polarität mit dem Druck leicht ansteigt, wobei sie bei negativer Polarität sinkt. Der Einsatz der Entladungen aus dem Gasvolumen werden durch Startelektronenmangel verzögert, das kann am Ansteigen der roten Kennlinie beobachtet werden (positive Polarität). Im Gegensatz dazu erhöhen Feldemissionen die Anfangsladungsträgermenge (negative Polarität). Bei größeren Rauheiten hingegen ist eine etwa doppelt so hohe Streuung der Ansprechzeit messbar. Der Einfluss der Oberflächenrauheit ist nicht konstant, da sich die Oberflächenrauheit dynamisch mit der Anzahl der Durchschläge durch Funkenerosion ändert. So ändert sich auch das Ansprechverhalten. Daraus kann abgeleitet werden, dass der Durchschlag bei polierter Oberfläche besser vorhergesagt werden kann als bei rauer Oberfläche.

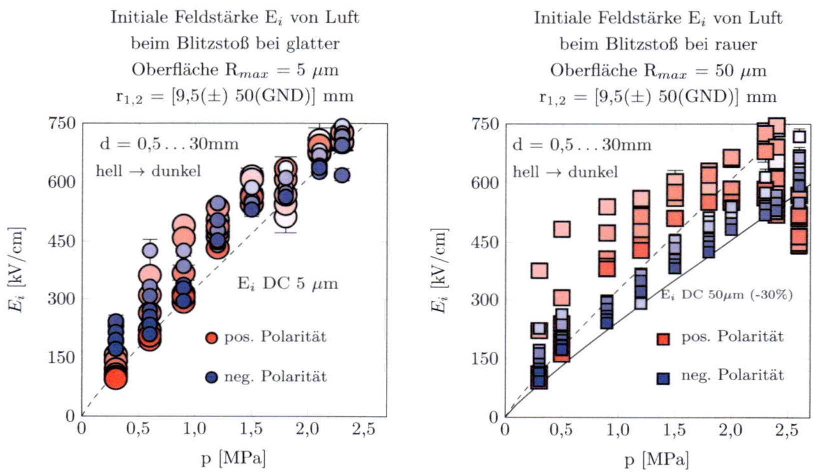

Abbildung 6.40: Initiale Feldstärke von Luft einer schwach inhomogenen Anordnung bei positiver und negativer 1,2/50 Blitzstoßspannung, $r_{1,2} = [9{,}5(\pm)\ 50(GND)]$ mm, $R_{max} < 50\ \mu m$ bis 2,4 MPa

Um den Einfluss der Oberflächenrauheit auf die elektrische Festigkeit auch bei Blitzstoßspannungen zu verdeutlichen zeigt Abb. 6.40 die Initiale Feldstärke (als Messpunkte) der schwach inhomogenen Anordnung in Abhängigkeit des Druckes. Zu den Messpunkten sind die vorberechneten Kennlinien der Initialen Feldstärke E_i dieser Anordnung als Graph hinzugefügt. Des Weiteren ist die Kennlinie für die raue Oberfläche mit dem Feldüberhöhungsfaktor von 30 % angefügt, aus den DC Messkurven, dem Diagramm hinzugefügt (schwarz durchgezogen), $R_{max} = 50\ \mu m$ vergl. Tabelle 6.6. So wird nochmals veranschaulicht, dass die Berücksichtigung der Oberflächenrauheit aus den DC Durchschlagsmessungen und das Berechnungsmodell Kap. 3.9 ebenso für den Blitzstoß anwendbar ist. Eine Berücksichtigung durch Startelektronenmangel kann rechnerisch nicht erfasst werden. Für technische Anwendungen würde eine Dimensionierung entsprechend der BIL-Messwerte zu geringen Isolationsdrücken führen, als tatsächlich erforderlich. Die Farbkodierungen der Messpunkte (rot: positiv, blau: negativ) und Farbsättigung (hell: kleine Schlagweite, dunkel: große Schlagweite) sind analog wie in Abb. 6.39. Bei polierter Oberfläche zeigt sich, dass die Initiale Feldstärke beim Blitzstoß oberhalb der von Gleichspannung liegt und sich diese mit steigender Schlagweite einander annähern. So ist der statistische Zündverzug hier nachweisbar. Hingegen ist bei rauer Oberfläche zu sehen, dass bei positiver Polarität (Entladung startet im Gasvolumen) für große Schlagweiten d > 15 mm vergleichbare Werte der vorberechneten Initialen Feldstärke mit den Messwerten grob

übereinstimmt.
Bei negativer Polarität und einer maximalen Rauheit von $R_{max} = 50\ \mu$m kann aus den Messergebnissen ein Feldüberhöhungsfaktor um 30 % ermittelt werden. Dieser ist vergleichbar mit den Messungen bei Gleichspannung und vergleichbarer Rauheit, (vergl. Kap. 6.2.1.5) (Schwächung der elektrischen Festigkeit). **Der Einfluss der Oberflächenrauheit ist unabhängig von der Spannungsform.** Ab Feldstärken größer 450 kV/cm ist sowohl bei positiver als auch bei negativer Polarität ein schwächender Einfluss auf die Initiale Feldstärke bei starker Rauheit zu sehen. Hier liegt im statistischen Mittel eine Ansprechzeit von 2...3 μs und eine Streuung von etwa 1,8 μs vor. Die Zusammenbruchzeit T_{90-10} wurde im Bereich von 15...25 ns gemessen.

6.2.2.2 Durchschlagspannung von Luft bei langen Rückenzeiten

Aus den vorangegangenen Messergebnissen ist ersichtlich, dass mehrere Einflussgrößen wie z.B. Oberflächen-, Volumen- und Zeiteffekt die Durchschlagspannung beeinflussen. Durch die Elektronenanlagerung bei SF_6 werden Startelektronen gebunden, welche die elektrische Festigkeit bei kurzzeitigen Spannungsimpulsen gegenüber der Gleichspannung steigern. Aus den Messungen wurde ebenfalls deutlich, dass sich neben den reinen Gaseigenschaften, die bei statistischen Vorgängen erfasst wurden, auch deren Auswirkung auf die Dynamik des Durchschlags betrachtet werden muss. Aufgrund der hohen Elektronenaffinität von SF_6, aber auch bei Luft im Hochdruckbereich bekommen statistische Effekte eine entscheidende Bedeutung. Um nun den Einfluss dieses Startelektronenmangels zu bewerten, sind im Folgenden Messungen mit einer Stoßspannungen mit längerer Rückenhalbwertszeit ($T_{r,SIL}$ = 2500 μs + 60 % = 4000 μs) dargestellt. Diese Spannungsart ist gewählt, da diese lange Rückenzeit bei der Normprüfung für Schaltanlagen, Wandler, Durchführungen und Trennern verwendet wird. Zur Referenz sind unter gleichen Bedingungen Durchschlagsmessungen mit einer 50 Hz Wechselspannung durchgeführt worden.

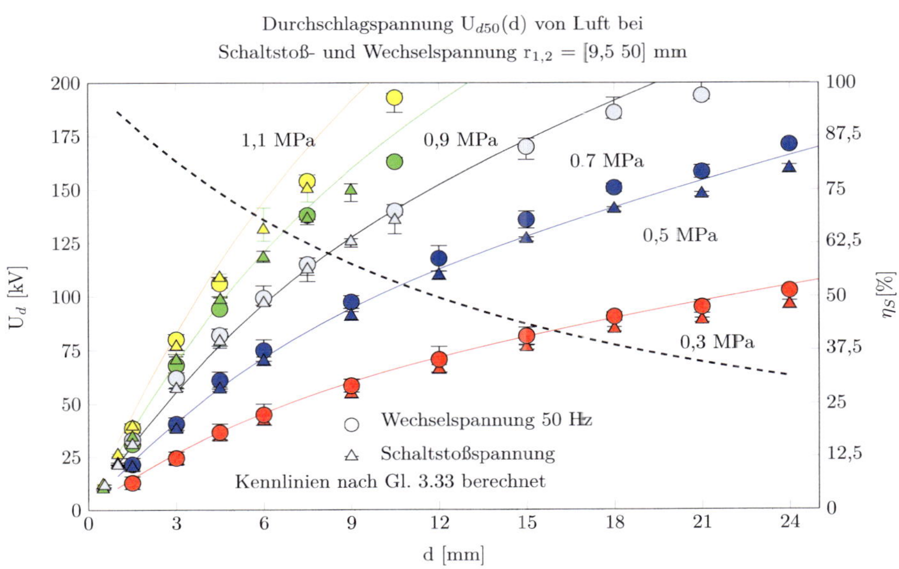

Abbildung 6.41: Durchschlagspannung U_{d50} bei Schaltstoß- und Wechselspannung

Abb. 6.41 zeigt die Durchschlagspannung U_{d50} (AC, SIL) als Kurvenschar in Abhängigkeit der Schlagweite bei unterschiedlichen Drücken. Zu den Messpunkten sind Kennlinien nach Gl. 3.33 und den ermittelten Paschen-Parametern angegeben. Die Durchschlagspannung bei langen Rückenzeiten und Wechselspannung ist vergleichbar mit der Durchschlagspannung bei Gleichspannung. Eine leichte Abweichung ab einem Druck von p = 1,1 MPa wurde gemessen, konnte aber auf eine erhöhte Oberflächenrauheit durch etwa R_{max} = 15 μm aufgrund von Funkenerosion zurückgeführt werden. Die Oberflächenrauheit wurde hierzu mit einem taktilen Oberflächenmessgerät nochmals nach den Messungen bestimmt und mit den Anfangswerten verglichen. Die vergleichsweise gute Übereinstimmung der Durchschlagspannung bei langen Rückenzeiten, Wechselspannung und Gleichspannung liegt an der Auftrittswahrscheinlichkeit der Startelektronen. In Abb. 6.42 ist die Ansprechzeit der Funkenstrecke bei langer Rückenzeit dargestellt, vergleiche [12]. In dieser Abbildung ist der Messpunkt als Erwartungswert definiert und die Streubalken grenzen jeweils die kleinste und die größte Ansprechzeit der Funkenstrecke ein. Es zeigt sich, dass die Ansprechzeit mit steigendem Druck sinkt. Zum einen steigt die Generationsrate durch die höhere Feldstärke und zum anderen steigt die Anzahl einer möglichen natürlichen Ionisation bei hoher Gasdichte (Teilchenzahl) durch Hintergrundstrahlung an.

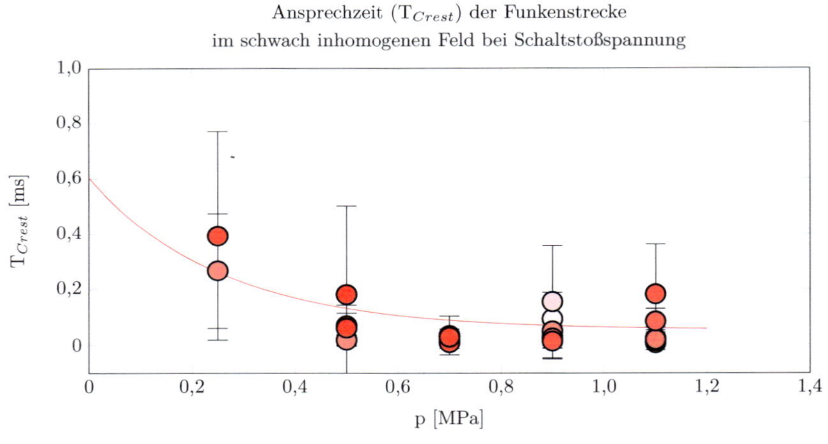

Abbildung 6.42: Ansprechzeit der schwach inhomogenen Funkenstrecke beim Schaltstoß bei R_{max} = 5 μm

6.2.2.3 Ansprechverhalten bestrahlter und unbestrahlter Kugelfunkenstrecke

In den vorherigen Darstellungen wurde gezeigt, wenn die Spannungs-Zeit-Fläche genügend groß ist (vergl. SIL mit AC oder DC), ist die Durchschlagspannung unabhängig von der Spannungsform. Ein Startelektron muss vorhanden sein. Im Folgenden sind die Messergebnisse mit bestrahlter Funkenstrecke dargestellt (Sr90 β-Strahler 1,8 MBq, 546 keV, $d_{Abstand}$ = 250 mm). Abb. 6.43 zeigt die Durchschlagspannung einer unbestrahlten Funkenstrecke bei Wechsel-, Gleichspannung und bei negativer Blitzstoßspannung bei jeweils bestrahlter und unbestrahlter Funkenstrecke. Aufgrund langer Rückenzeiten unterscheidet sich die Durchschlagspannung bei Gleich-, Wechsel und Schaltstoßspannung hier kaum voneinander (siehe Abb. 6.43). Die negative Blitzstoß-Durchschlagspannung einer unbestrahlten Funkenstrecke ist im Vergleich höher und nähert sich bei höheren Drücken $p > 1{,}0$ MPa und größeren Schlagweiten der Durchschlagspannung der Gleich- und Wechselspannung an. **Durch**

Bereitstellung von Startelektronen durch Bestrahlung der Funkenstrecke ist die Durchschlagspannung bei Blitzstoßspannung mit denen der Wechsel- und Gleichspannungen vergleichbar bis identisch. Unmittelbar nach Überschreiten der Durchschlagspannung tritt ein Durchschlag ein. In Abb. 6.44 ist anhand des Anstiegs der Durchschlagspannung in der Weibull-Verteilungsfunktion erkennbar, dass die mittlere Ansprechzeit ohne Bestrahlung ansteigt. In dieser Abbildung wirkt sich die Bestrahlung nicht so stark aus, da hier bewusst ein Messpunkt bei relativ großer Schlagweite und Druck dargestellt ist. Dieses Verhalten kann auch in Abb. 6.45 anhand der Darstellung der Zeitpunkte und Spannungshöhe des Durchschlags bei positiven und negativen Blitzstoß beobachtet werden. Ein Zündverzug bei ausreichender Bestrahlung ist praktisch nicht ermittelbar. Hieraus kann geschlossen werden, dass das vorgestellte Berechnungsprogramm (Kap. 3.5.3) für statische Durchschlagspannungen auch für den dynamischen Fall gültig ist, sofern im betrachteten Volumen-Zeit-Intervall anwendbar, ausreichend Startelektronen vorhanden sind. Der Sr90-Strahler hatte zum Zeitpunkt der Messungen noch eine Aktivität von 1,8 MBq.

Durchschlagspannung im schwach inhomogenen Feld U_{d50}(p,d)
bei unterschiedlichen Spannungsformen DC, AC, BIL(-, β-Bestrahlung)
d = [4,5; 9; 15] mm, $r_{1,2}$ = [9,5 50] mm, p = 0,1...2,4 MPa

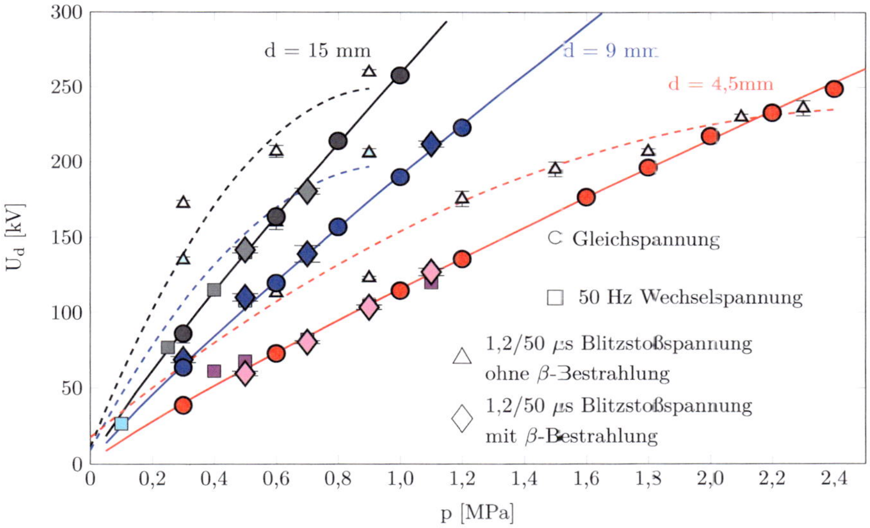

Abbildung 6.43: Durchschlagspannung im schwach inhomogenen Feld bei unterschiedlichen Spannungsformen in Abhängigkeit des Druckes

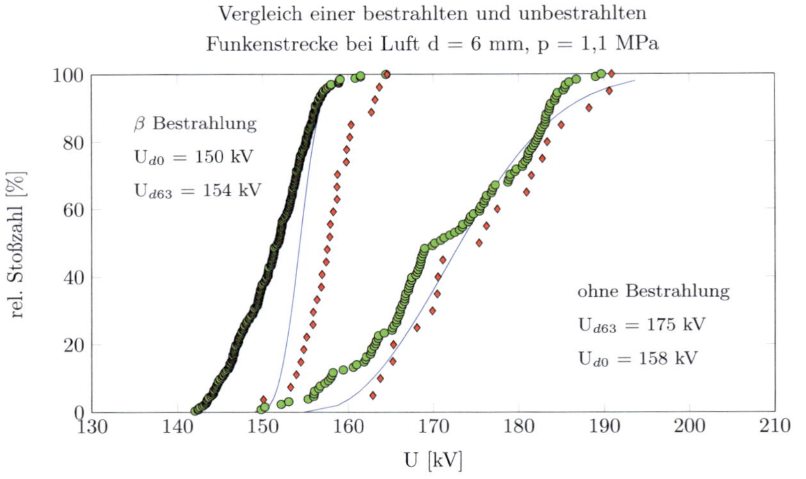

Abbildung 6.44: Einfluss auf die Durchschlagsspannung-Weibull-Verteilung bei bestrahlter und unbestrahlter Funkenstrecke $p = 1{,}1$ MPa, $d = 6$ mm, $r_{1,2} = [9{,}5\ 50]$ mm

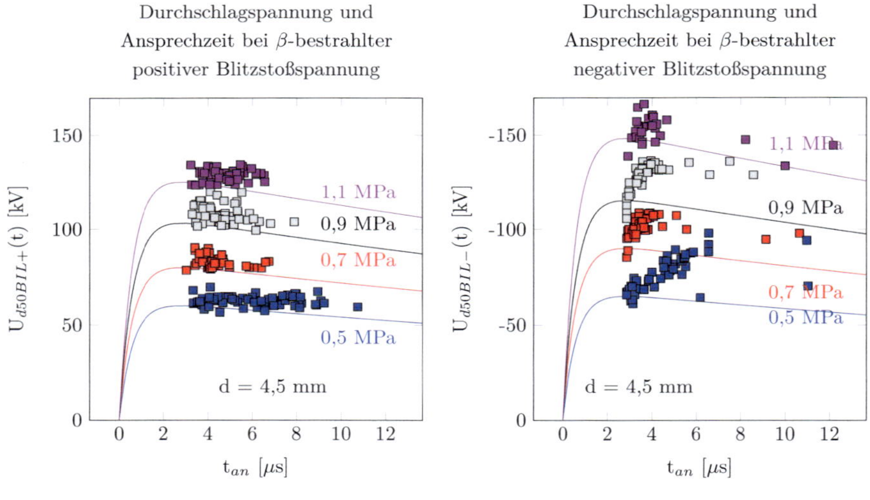

Abbildung 6.45: Zündzeitpunkt und Ansprechverhalten einer bestrahlten schwach inhomogenen Anordnung bei positiver und negativer Blitzstoßspannung bis 1,1 MPa, $\eta_S = 76$ %, $r_{1,2} = [9{,}5\ 50]$ mm

6.2.2.4 Elektrische Festigkeit in Abhängigkeit der SF_6 Konzentration

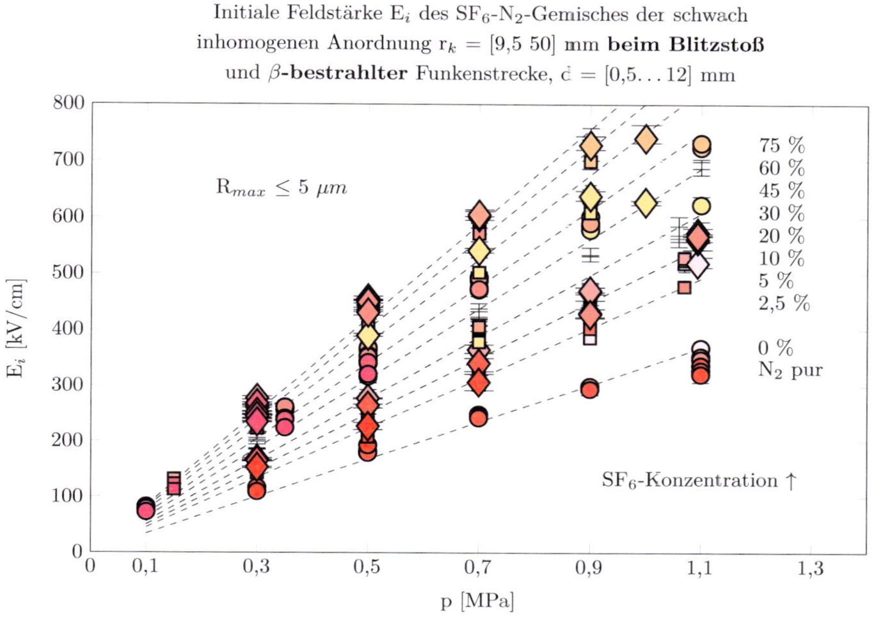

Abbildung 6.46: Initiale Feldstärke des SF_6-N_2-Gemisches in Abhängigkeit des Drucks bei unterschiedlichen Konzentrationen

Einen signifikanten steigernden Einfluss auf die elektrische Festigkeit nimmt die Elektronenanlagerung, diese wird auch als Elektronenaffinität von Molekülen bezeichnet [53]. Durch F-Gas-Gemische wie z.B. SF_6-N_2 oder C_3F_7CN-Gemische kann die elektrische Festigkeit in Abhängigkeit der F-Gas-Konzentration (Elektronenanlagerung) stark erhöht werden. Im Folgenden werden die Messergebnisse der elektrischen Festigkeit von verschiedenen SF_6-N_2-Gemischen dargestellt. Die Blitzstoßspannung und eine β-Bestrahlung der Funkenstrecke (um einen Entladeverzug zu vermeiden) wurde im Versuch verwendet. Das Mischungsverhältnis innerhalb einer Messreihe wurde zuvor über den Partialdruck eingestellt und die Konzentration wurde innerhalb der Messreihe konstant gehalten. Die Messreihe wurde bei hohem Druck begonnen und der nächst niedrigere Druck wurde durch Druckreduzierung durch Gas-Umfüllen eingestellt. Das Mischungsverhältnis ist mittels einem SF_6-Messgerät überprüft worden. Ebenso erfolgte eine Messung des Konzentrationsgradienten zwischen Prüfgefäß-Kopf und Boden, siehe Abb. 5.1. Es konnte keine Konzentrationsdifferenz zwischen oberen und unteren Messanschluss am Prüfgefäß PG11 festgestellt werden, deshalb kann ein homogenes Gasgemisch vorausgesetzt werden. Ebenfalls wurden bei den niederenergetischen Durchschlagmessungen keine größere Menge von SF_6-Zersetzungsprodukten festgestellt ($\ll$ 1 ppm SO_2, HF), lediglich nach etwa 10 000 Gasdurchschlägen war ein weiß-schimmernder Belag (SF_6-Zersetzungsprodukte) auf der Kugeloberfläche zu sehen.

Abb. 6.46 zeigt die Initiale Feldstärke E_i der schwach inhomogenen Anordnung als Kurvenschar mit verschiedenen SF_6-Konzentrationen in Abhängigkeit des Druckes. Nach der Theorie der Ladungsträgervermehrung (Kap. 2.3.3) bedingt die Zugabe von SF_6 eine Verringerung des effektiven Ionisationskoeffizienten $\bar{\alpha}$ des Gasgemisches, siehe Kap. 2.4. Anhand Abb. 6.46 lässt sich erkennen, dass die Initiale Feldstärke nahezu direkt linear zum Druck, aber nicht linear zum SF_6-Anteil ansteigt. Die elektrische Festigkeit des Gasgemisches ändert sich zum einen durch die Elektronenaffinität η_{An} bzw. des Anlagerungsquerschnittes $a_{\eta_{An}}$ und zum anderen durch den Wirkungsquerschnitt ΔE_{a_S} bei α Stößen der unterschiedlichen Gasteilchen.

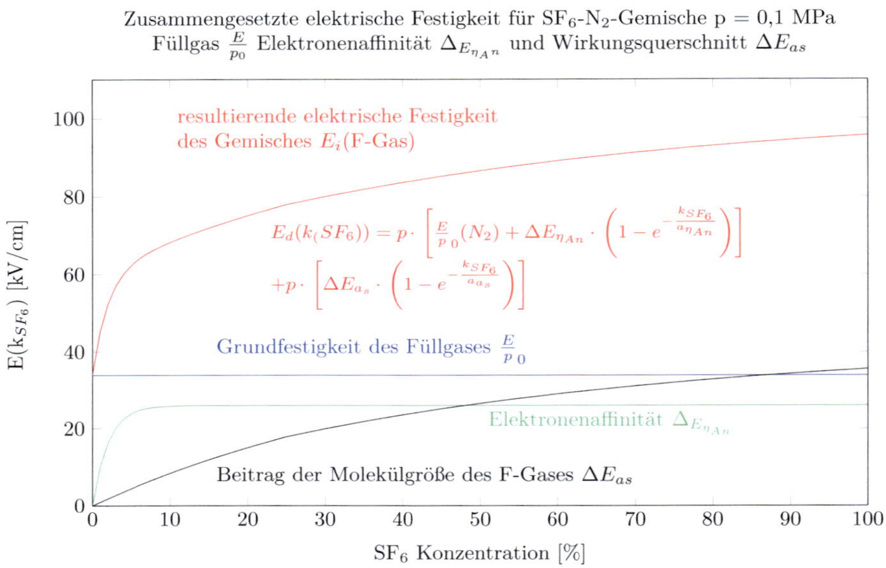

Abbildung 6.47: theoretische Annahme der elektrische Festigkeit von F-Gas-Gemischen in Abhängigkeit der SF_6-Konzentration

$$E_d(k_{SF_6}) = p \cdot \left[\frac{E}{p}_0(N_2) + \Delta E_{\eta_{An}} \cdot \left(1 - e^{-\frac{k_{SF_6}}{a_{\eta_{An}}}}\right) + \Delta E_{a_s} \cdot \left(1 - e^{-\frac{k_{SF_6}}{a_{a_s}}}\right)\right] \quad (6.15)$$

In Abb. 6.47 zeigt die elektrische Festigkeit von SF_6-N_2-Gemischen in Abhängigkeit der Konzentration der einzelnen Gase, deren Ionisierungsenergie und Anlagerungsquerschnitt der verwendeten schwach inhomogenen Anordnung r = [9,5 50] mm. Im Folgenden ist der Hintergrund dieser Darstellung anhand von Gl. 6.15 beschrieben. Es konnte ein Ausdruck abgeleitet werden, der die elektrische Festigkeit des SF_6-N_2-Gemisches in Abhängigkeit der Konzentration und des Druckes beschreibt. Diese Formel beinhaltet die Grundfestigkeit E/p_0 des Füllgases (N_2), den Beitrag zur zusätzlichen Festigkeit durch Elektronenanlagerung (Affinität $\Delta E_{\eta_{An}}$) und höhere elektrische Festigkeit durch das größere SF_6-Molekül (λ_m von SF_6). Die Parameter dieser Formel konnten den empirischen Ergebnissen gegenübergestellt werden und rekursiv durch Kurven-Fitting ermittelt werden, siehe Tabelle 6.7. Der exponentielle Ansatz ist dem Ionisationskoeffizienten α und dem Anlagerungskoeffizienten η_{An} angelehnt, siehe Kap. 2.3.3 und 2.4 und [5] und [53]. Die Modell-Vorstellung, dass ein elektronaffines Gas in ein elektrisch neutrales Gas gefüllt wird, hat zur Folge, dass sich die Grundfestigkeit des Füllgases aufgrund von Elektronenanlagerung und kleinere mittlerer Weglänge erhöht. Die mathematische Berücksichtigung folgte hierbei auch dem Weglängengesetz nach Clausius Gl. (2.26). Daraus folgte die Formulierung von Gl. 6.15. Diese zielt auf den praktischen Hintergrund für die

Verwendung von Füllgasen (Grundfestigkeit), F-Gasen (Elektronenaffinität) und unterschiedlichen Molekülgrößen (kleinere mittlere freie Weglänge). Dieser Ansatz zeigte bei SF_6-Gemischen und auch bei C_3F_7CN-Gemischen eine zuverlässige Anwendbarkeit. In Abbildung 6.47 ist exemplarisch für 0,1 MPa die elektrische Festigkeit mit Hilfe der Teilfestigkeiten durch Superposition (Anlagerung und Füllgas) von SF_6-N_2-Gemische in Abhängigkeit der Konzentration dargestellt. Es wird deutlich, dass der überlagerte Kurvenverlauf (rote Kennlinie) den Verlauf der Messergebnisse aus Abb. 6.48 widerspiegelt.

Diese daraus abgeleitete Näherungsgleichung Gl. 6.15 beinhaltet hier die elektrische Festigkeit von Stickstoff $\frac{E}{p}_0(N_2) = 33 \ldots 29$ kV/MPa mm und dem Zuwachs der elektrischen Festigkeit durch Anlagerung $\Delta E_{\eta_{An}} = 25 \ldots 21$ kV/MPa mm mit dem exponentiellen Koeffizienten des relativen Anlagerungsquerschnittes $a_{\eta_{An}}$. Dieser Anlagerungsquerschnitt beschreibt das Verhältnis aus dem Ionisierungsquerschnitt von N_2 und dem Anlagerungsquerschnitt von SF_6. Ein weiterer Term (ΔE_{a_s}) der zur Erhöhung der elektrischen Festigkeit beiträgt, beinhaltet den exponentiellen Koeffizienten a_{a_s} aus dem Verhältnis zwischen Wirkungsquerschnitt von N_2 und SF_6 ($\approx 1/2{,}2$). In Tabelle 6.7 sind alle Parameter in einen Druckbereich von p = 0,3...1,1 MPa dargestellt.

Tabelle 6.7: Empirisch ermittelte Parameter zur Bestimmung der elektrischen Festigkeit von SF_6-N_2-Gemisch, siehe Abb. 6.48

p MPa	$\frac{E}{p}_0(N_2)$ $\frac{\text{kV}}{\text{MPa mm}}$	$\Delta E_{\eta An}$ $\frac{\text{kV}}{\text{MPa mm}}$	$a_{\eta An}$	ΔE_{a_s} $\frac{\text{kV}}{\text{MPa mm}}$	a_{a_s}
0,3	33	25	0,02	41	0,45
0,5	32	24	0,02	40	0,45
0,7	31	23	0,02	39	0,45
0,9	30	22	0,02	38	0,45
1,1	29	21	0,02	37	0,45

In den beiden folgenden Abbildungen 6.48 und 6.49 ist die elektrische und die bezogene elektrische Festigkeit des SF_6-N_2-Gemisches in Abhängigkeit der SF_6 Konzentration bei unterschiedlichen Drücken $p =$ [0,3 0,5 0,7 0,9 1,1] MPa dargestellt. Nach diesen Messergebnissen zeigt sich, dass der größte Zuwachs der elektrischen Festigkeit bis etwa 20 % SF_6-Anteil erfolgt, siehe [33].

Abb. 6.48 zeigt die elektrische Festigkeit für SF_6-N_2-Gemische als Kurvenschar des Druckes in Abhängigkeit der SF_6-Gas-Konzentration. Zu den einzelnen Messpunkten sind Kennlinien nach Gl. 6.15 und Tabelle 6.7 dargestellt.

Anhand der beiden Darstellungen Abb. 6.48 und 6.49 und den ermittelten Parametern aus Tabelle 6.7 wird deutlich, dass die SF_6-Konzentration einen signifikanten Zuwachs auf die elektrische Festigkeit des Gasgemisches hat. Aus der Kombination der zwei exponentiellen Terme (siehe Gl. 6.15) kann abgeleitet werden, dass die Elektronenanlagerung einen großen Beitrag zur Festigkeit liefert und auch die SF_6-Molekülgröße seinen Beitrag zur hohen elektrischen Festigkeit liefert.
Trotzdem verringert sich bereits bei geringer Konzentration die Zunahme der elektrischen Festigkeit bei weiterer SF_6-Zugabe (Sättigungseffekt). Die Steigerung der Festigkeit ist bei SF_6-Konzentrationen > 50 % nahezu ausgeschöpft. Daraus wird deutlich, dass die hohe elektrische Festigkeit von SF_6 zum Großteil durch die Anlagerung von freien Elektronen basiert. Die weitere Steigerung der elektrischen Festigkeit wird durch die Molekülgröße hervorgerufen, die mittlere freie Weglänge λ_m nach Gl. 2.5 ist indirekt proportional zur Molekülgröße. Deshalb ist die elektrische Festigkeit des Gemisches bei höherem Druck höher als bei geringem Druck, bezogen auf die elektrische Festigkeit von reinem

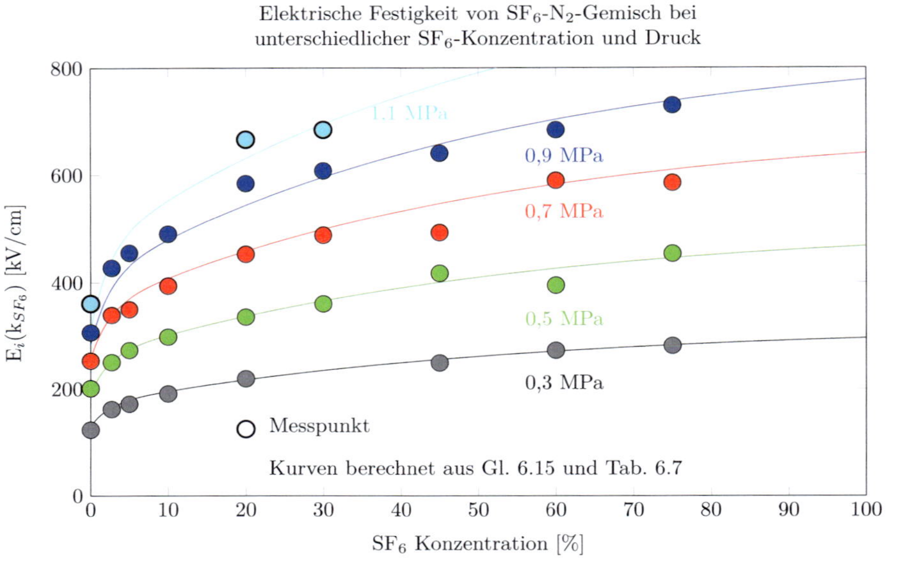

Abbildung 6.48: Elektrische Festigkeit SF_6-N_2-Gemisch in Abhängigkeit der SF_6 Konzentration

Stickstoff (siehe Abb. 6.50). Dieser Ansatz wurde auch für das C_3F_7CN-Molekül angewendet, siehe Kap. 6.1.2.4 und Tabelle 6.7. Als Faustformel besitzt SF_6 bei 20%-Anteil etwa 80 % der 100 % SF_6-Festigkeit [53], [5] und [33].

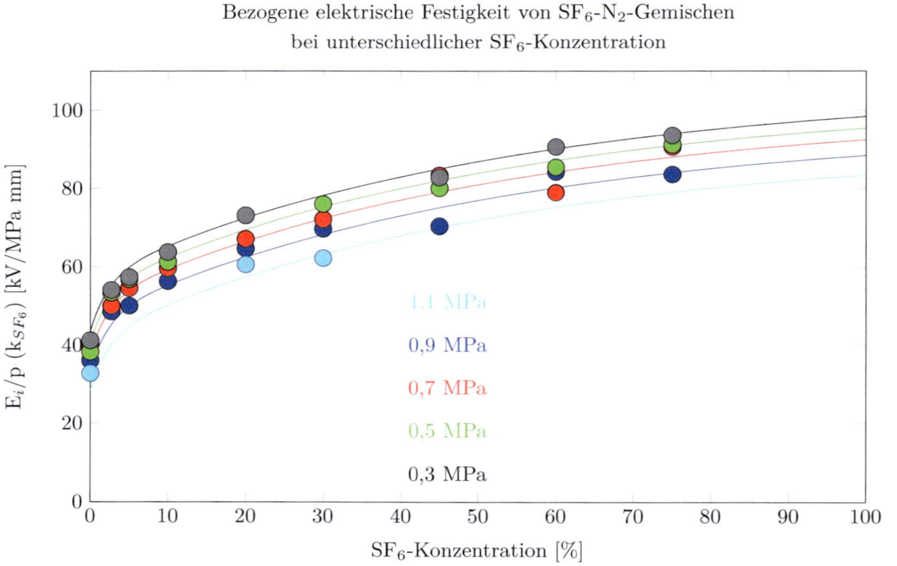

Abbildung 6.49: Bezogene elektrische Festigkeit E/p SF_6-N_2-Gemisch in Abhängigkeit der SF_6-Konzentration

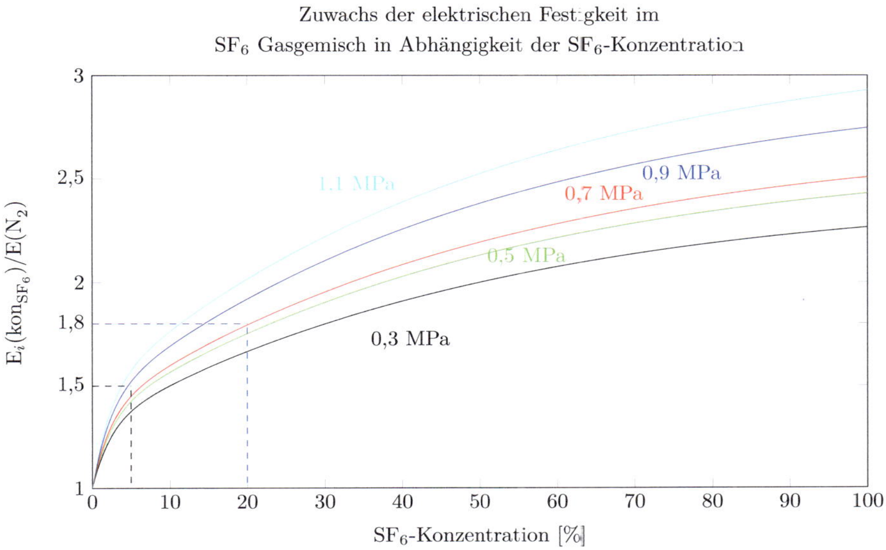

Abbildung 6.50: Zuwachs der elektrischen Festigkeit bei N_2 bei Zugabe von SF_6 für Drücke $p > 0{,}3$ MPa

6.2.2.5 Streamerdurchschlag im schwach inhomogenen Feld bei Luft und SF_6

Der Streamer-Mechanismus ist der dominierende Durchschlagsmechanismus vor allem bei schnellen Impulsspannungen und beim Durchschlag im Hochdruck. Der Generationsmechanismus nach TOWNSEND wurde nur bei kleinen Drücken p < 0,1 MPa und kleinen Schlagweite d < 10 mm beobachtet (siehe [53, S. 168], [5, S. 104] und [69]). In den hier betrachteten Durchschlagsversuchen mit Blitzstoßspannung kann der Durchschlag aufgrund der kurzen Spannungsbelastung nur durch den Streamer gezündet werden. Bei Gleich- und Wechselspannung erreicht die Entladungslawine im Hochdruck stets das Streamer-Kriterium $k_S > 13{,}6$. Im Folgendem wird gezeigt, dass sich der Streamerdurchschlag bei Luft gegenüber SF_6 unterschiedlich ausbreitet. Dies liegt maßgeblich an der hohen α-Ionisationsrate von SF_6, welche bei SF_6 wesentlich stärker mit der Feldstärke E/p ansteigt als bei Luft (siehe Abb. 2.2), das ist bereits aus der Literatur bekannt, (siehe [53, S. 166], [5, S. 94] und [69]). In dieser Arbeit wird jedoch erstmals die iterative Berechnung der Ladungsträgergeneration gezeigt und durch diese Vorgehensweise kann die Überlagerung des Streamereigenfeldes mit dem Grundfeld schrittweise durchgeführt werden. Der Berechnungsalgorithmus, siehe Flussdiagramm Abb. 3.9, zeigt so zwei unterschiedliche Streamerausbreitungen für Luft und SF_6. Mit dieser Methode können ebenfalls die Grundlagenbeobachtungen zum Streamer über einen anderen Weg bestätigt werden, siehe Abb. 6.54.

In Abb. 6.51 ist die Durchschlagspannung von Luft und SF_6 im schwach inhomogenen Feld bei der 1,2/50 Blitzstoßspannung dargestellt. Bei SF_6 ist, ähnlich wie im homogenen Feld, ab einem Druck von p > 0,6 MPa kein lineares, sondern ein degressives Wachstum der Durchschlagspannung messbar. Bei Luft hingegen ist die Durchschlagspannung nahezu linear abhängig mit dem Druck.

Durchschlagspannung im schwach inhomogenen Feld von Luft und SF_6 beim Blitzstoß,
$r_{1,2}$ = [9,5 50] mm, p = 0,1...2,4 MPa, d = [3,9] mm, η_S = [83,1 62,4], $R_{max} < 5\ \mu m$ %

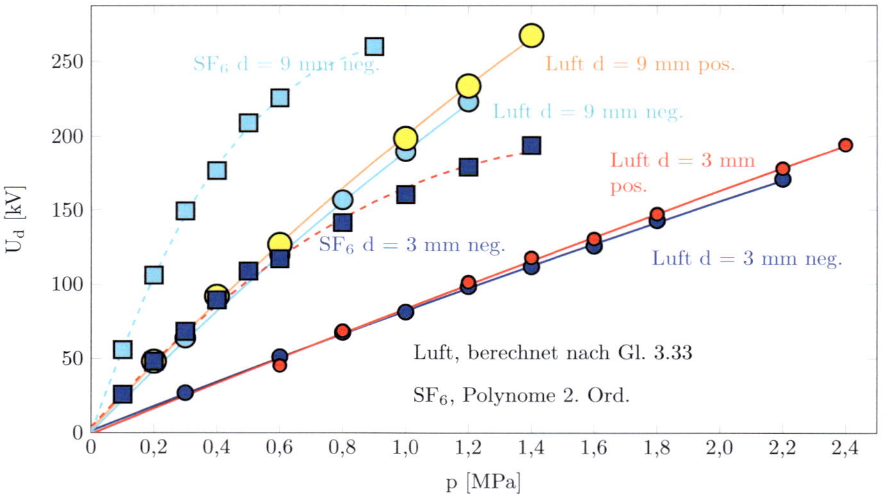

Abbildung 6.51: Durchschlagspannung der schwach inhomogenen Anordnung von Luft und SF_6 bei beim positiven und negativen Blitzstoß, d = [3, 9] mm, r_k = [9,5 50] mm

Abb. 6.52 zeigt die Initiale Feldstärke dieser Anordnung. Im Weitdurchschlagsbereich (hohe Schlagweite und Drücke) ist der Anstieg der elektrischen Festigkeit von SF_6 degressiv, Luft zeigt hier ein lineares Verhalten. Des Weiteren wird die Abhängigkeit Schlagweite auf die elektrische Festigkeit von SF_6 in Abb. 6.52 gegenüber Luft sehr deutlich. Die elektrische Festigkeit von SF_6 sinkt sehr stark im Hochdruck mit höherer Schlagweite. Bei Luft ist E_i/p nahezu konstant, das wird anhand der bezogenen Initiale Feldstärke E_i/p in Abb. 6.53 deutlich. Es muss berücksichtigt werden, dass die Initiale Feldstärke E_i/p aufgrund der Messung mit einer schwach inhomogenen Anordnung um etwa 1,3 höher gegenüber der Homogenfeld-Festigkeit liegt, siehe Kap. 3.5.4.

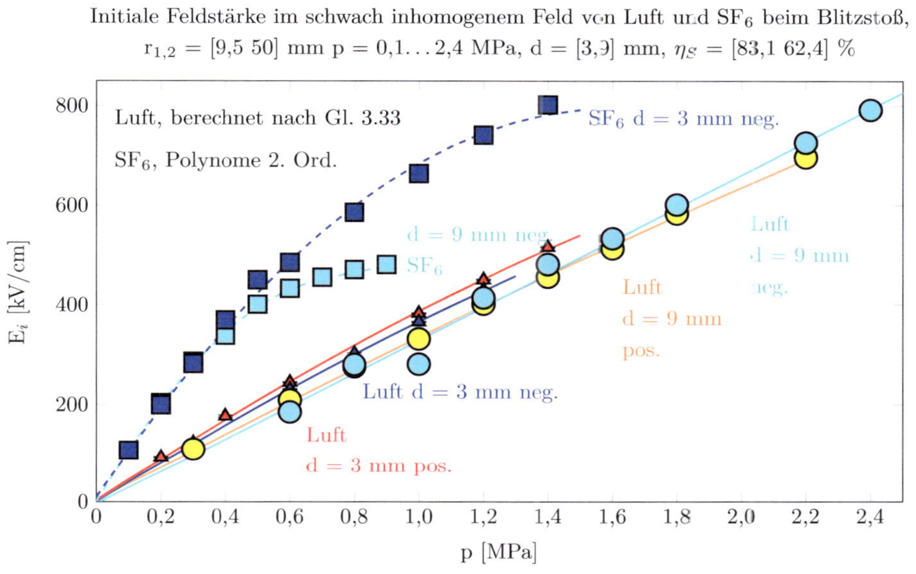

Abbildung 6.52: Initiale Feldstärke der schwach inhomogenen Anordnung von Luft und SF_6 beim positiven und negativen Blitzstoß bei $d = [3,\ 9]$ mm

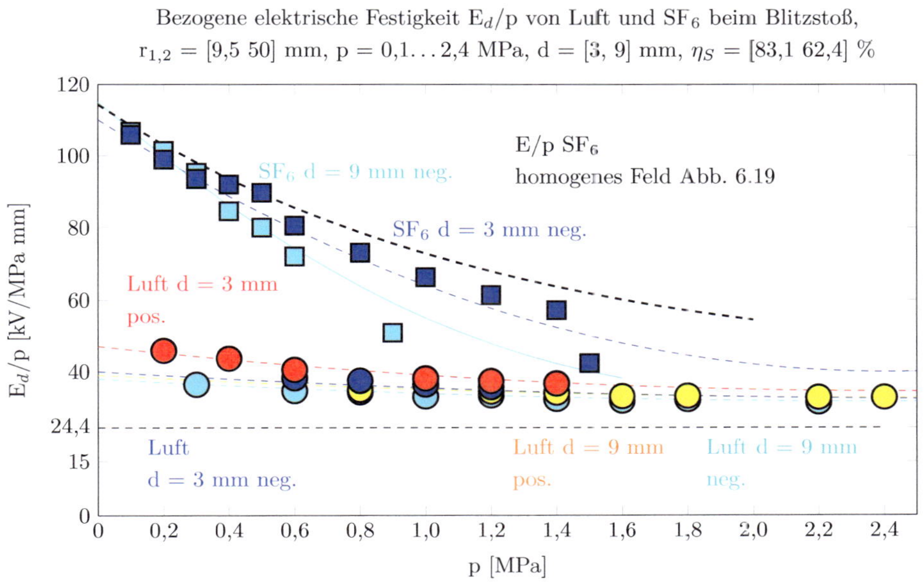

Abbildung 6.53: Bezogene Feldstärke der schwach inhomogenen Anordnung von Luft und SF_6 bei beim positiven und negativen Blitzstoß, $d = [3,\ 9]$ mm

Der Einfluss des Streamers soll anhand von Abb. 6.54 erläutert werden. Es ist der ungestörte Feldverlauf der schwach inhomogenen Anordnung bei einer Durchschlagspannung von $\mathbf{U_d = 260\ kV}$ gegeben (schwarze Kennlinie). Zunächst wird die Streamerausbreitung am Beispiel von Luft erläutert. Von der Kathode auf dem Weg zur Anode (von links nach rechts) generiert ein Elektron weitere Elektronen und positive Ionenpaare. Die ortsfesten Ionen verweilen nahezu statisch an ihrem Platz (geringe Diffusionsbewegung zur Kathode, links), diese sind hier aufgrund der geringen Ionendichte vernachlässigt. Die beweglichen Elektronen sammeln sich als Streamerkopf, diffundieren aufgrund der Raumladungsdichte auseinander. Das elektrische Grundfeld wird vom Streamerfeld überlagert. Das Streamerfeld wächst dynamisch mit steigender Ladungsträgerzahl. So wird schrittweise der überlagerte Feldstärkeverlauf aus Streamereigen- und Grundfeld iterativ berechnet (blaue Kennlinie). Die Zündbedingung ist hier exemplarisch bei $k_S = 14{,}88$ erfüllt (hellblaue Kennlinie) und wurde mittels numerischer Integration gelöst, siehe Gl. (2.28). Ohne Berücksichtigung der Streamerausbreitung läge die Durchschlagspannung bei Luft nach diesem Rechenmodell bei $U_{d,Luft} = \mathbf{268{,}5\ kV}$, d.h. etwa **+3,3 %** höher als der Messwert. Demnach sollte der Streamer prinzipiell berücksichtigt werden, um zuverlässige Rechenwerte zu erlangen. Die Lawine bei Luft benötigt zur Erfüllung der Zündbedingung einem kompletten Durchlauf der gesamten Schlagweite (d = 9 mm) der Elektrodenanordnung.

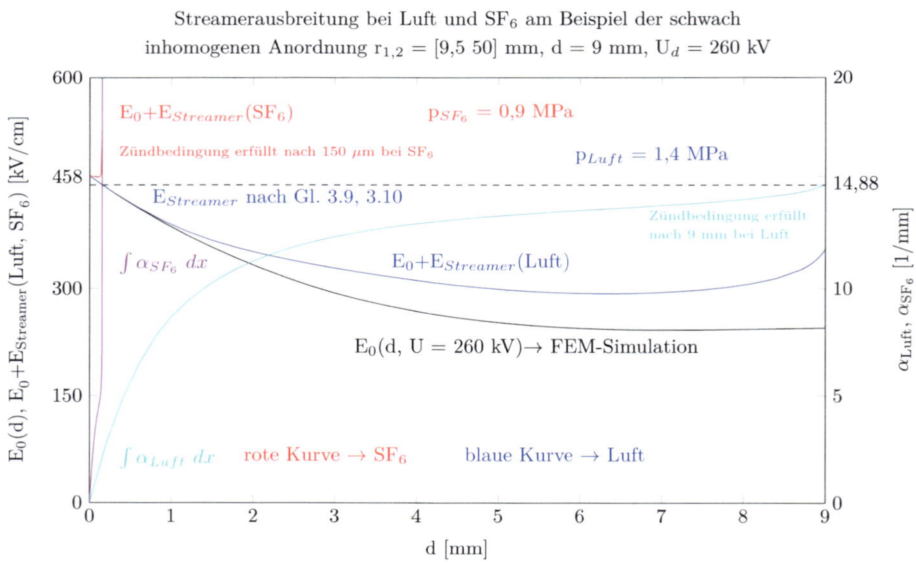

Abbildung 6.54: Streamer-Ausbreitung von Luft und SF_6 am Beispiel der inhomogenen Feldanordnung $r_{1,2}$ = [9,5 50] mm, d = 6 mm, U_d = 260 kV

Am hier gezeigten Beispiel Abb. 6.54 an SF_6 bei 260 kV mit der Streamer-Feld-Überlagerung ist die kritische Ladungsträgermenge bereits nach ca. 150 μm Wegstrecke erzeugt, siehe rote Kennlinie in Abbildung 6.54. Nach diesem Berechnungsmodell liegt die Durchschlagspannung von SF_6 ohne Streamereinfluss (nur Grundfeld, nur schwarze Kennlinie $k_S = 14{,}88$) bei $\mathbf{U}_{d,SF_6} = 297$ **kV**, also um +15% höher. Anhand dieses Beispiels und dem Berechnungsmodell (siehe Kap. 3.5.4 und 6.2.1.5) wird gezeigt, dass der Streamer im Hochdruck $p > 0{,}3$ MPa bei Luft nur einen geringen Einfluss auf die Durchschlagspannung (-3,3 %) hat. Hingegen bei SF_6 zeigte sich eine signifikantere Minderung der Durchschlagspannung. Als Berechnungsgrundlage des Modells des Streamer-Durchschlags diente die Theorie von RAETHER (siehe Kap. 3.3). Hierzu wurde der Ionisationskoeffizient $\bar{\alpha}$ für Luft nach Gl. 2.28 mit den ermittelten Paschen-Parameter und für SF_6 der lineare Ansatz nach Gl. 2.43 verwendet. Dieser Ansatz für SF_6 wurde mit der Näherungsformel der bezogenen Grenzfeldstärke Gl. 6.5 kombiniert, um auch die Ionisationsrate für den Hochdruck hinreichend genau zu berechnen (siehe Gl. A.1). Die Streamerausbreitung wird schrittweise berechnet, siehe Abb. 3.9. In Gl. (6.14) ist dies anhand des Beispiels für Luft gezeigt, für SF_6 muss lediglich $\bar{\alpha}$ für SF_6 nach Gl. 2.43 eingesetzt werden.

6.3 Das stark inhomogene Feld

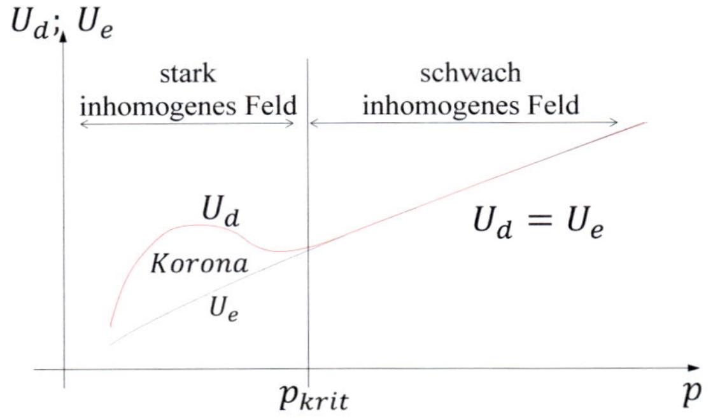

Abbildung 6.55: Schematische Darstellung des Grenzhomogenitätsgrades

Das stark inhomogene Feld zeichnet sich durch Vor- bzw. Teilentladungen aus. Das sind Entladungen, die nicht zum Durchschlag führen. Ein inhomogenes Feld ohne Vorentladungen wird als schwach inhomogenes Feld bezeichnet. Im stark inhomogenen Feld ist die Einsatzspannung kleiner als die Durchschlagspannung $U_e < U_d$. Im schwach inhomogenen Feld und im homogenen Feld ist die Einsatz- und Durchschlagspannung $U_e = U_d$ gleich groß (siehe Abb. 6.55). Bei atmosphärischem Druck liegt die Grenze zwischen dem schwach zum stark inhomogenen Feld bei einem Ausnutzungsfaktor von $\eta_S \leq 20\%$, [53, S. 183]. Diese Grenze kann sich bei höherem Druck verschieben, die Streamer- bzw. Trichelentladungen werden dadurch am Vorwachsen behindert, [53, S. 191]. Durch die hohe Gasdichte sinkt die Reichweite der emittieren UV-Quanten durch Absorption von neutralen Gasteilchen. Das Entladungsverhalten im stark inhomogenen Feld ist mit Hilfe einer Gleichspannung, dem PG26 und einer Kugel-Stab-Anordnung mit definiertem 2 mm-Krümmungsradius an der „Stab-Spitze“ untersucht (Kap. 5.2.5). Die Messergebnisse mit $r_k = 4$ mm befinden sich im Anhang (Abb. A.6 und A.7). Der Vorentladestrom ist mit zwei seriellen Shunts, einem Hochstromshunt (kA) und einem Messwiderstand für kleine Entladeströme (μA… mA) bestimmt worden (siehe Kap. 5.5.2 und Abb. 5.11).

6.3.1 Entladungsverhalten im stark inhomogenen Feld

In den beiden folgenden Darstellungen Abb. 6.56 und Abb. 6.57 ist die negative DC Durchschlagspannung von SF_6 und Luft im schwach bis stark inhomogenen Feld in Abhängigkeit der Schlagweite für mehrere Drücke dargestellt. Ab einer Schlagweite größer $d > 12$ mm zeigt die verwendete Elektrodenanordnung, mit einem Kugelradius von $r_k = 2$ mm ($\eta_S = 20$ %) nach Definition von SCHWAIGER Vorentladungen und somit Eigenschaften des stark inhomogenen Feldes. Bei Normalbedingungen erscheinen Vorentladungen, sobald die Einsatzspannung U_e erreicht ist. Bei dieser Anordnung waren Teilentladungen bereits ab einen Ausnutzungsfaktor von $\eta_S \leq 30$ % (d > 6 mm) von etwa 50 pC (nach IEC 60270) messbar. Der Schlagweitenbereich, **in dem Teilentladungen messbar sind, ist in den Folgenden Diagrammen gestrichelt dargestellt**. Die untere Sensitivitätsgrenze des Shunts lag bei etwa 10 pC. **Der Durchschlag setzt ohne Teilentladung ein**, sobald die Einsatzspannung überschritten und damit die Durchschlagspannung bei Luft oder SF_6 erreicht ist. Das wird in den Abbildungen als durchgezogene Kennlinie dargestellt. Hier stimmen Messpunkte mit den vorberechneten Kennlinien gut überein. Die Entladungserscheinung zeigt ab diesem Druck das Entladungsverhalten des schwach inhomogenen Feldes. Sowohl bei Luft als auch bei SF_6 konnte dieser Effekt beobachtet werden. Jedoch ist das Teilentladungs-Druck-Verhältnis beider Gase unterschiedlich. In Abb. 6.56 ist die Durchschlagspannung bei SF_6 in Abhängigkeit der Schlagweite dargestellt.

Auf der sekundären Ordinatenachse ist der Ausnutzungsfaktor r_S dargestellt. Ab einem Druck von p ≥ 0,6 MPa kann bei SF_6 in dieser Anordnung keine Teilentladung gemessen werden, der Durchschlag setzt sofort ein. Bei Luft tritt dieses Verhalten erst bei höheren Drücken auf, siehe Abb. 6.57. Aufgrund des Wirkungs-, Anregungs- und Absorptionsquerschnittes hat SF_6 eine wesentlich größere Elektronenabsorptionsfähigkeit im Gegensatz zu Luft (Luft ca. $5 \cdot 10^{-20}$ m² und für SF_6 $5 \cdot 10^{-18}$ m² (x100), siehe Kap. 2.4 und 2.3).

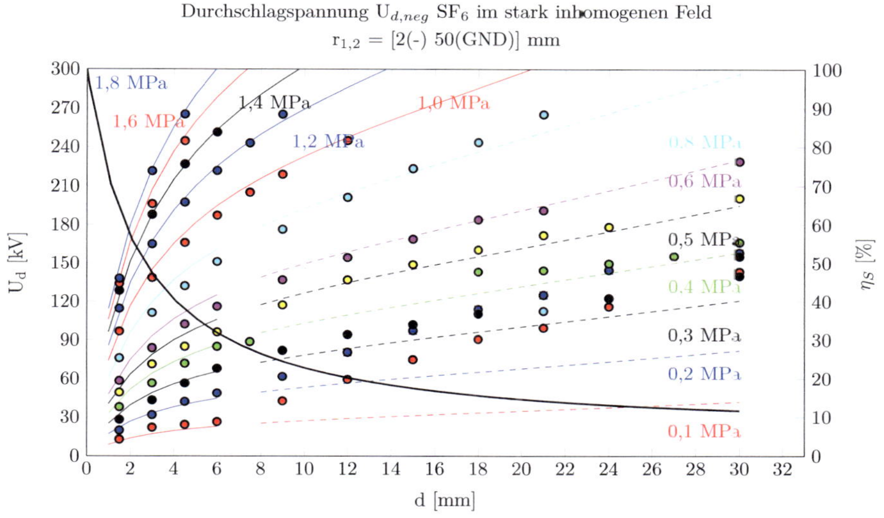

Abbildung 6.56: Negative Durchschlagspannung von SF_6 der Stab-Kugel-Anordnung in Abhängigkeit der Schlagweite bis p = 2,6 MPa, ($r_{1,2}$ = [2, 50] mm)

In Abb. 6.57 liegen die Messpunkte der Durchschlagspannungen bei Drücken größer als $p > 1$ MPa auf den nach Gl. 3.33 vorberechneten Kennlinien. Für diese Durchschlagskennlinien von Luft sind die aus dem homogenen Feld ermittelten Paschen-Parametern angewendet worden, das bestätigt hier nochmals die Gültigkeit der Theorie der Initialen Feldstärke, die in dieser Arbeit erstmals vorgestellt wurde, siehe Abb. 3.9 und Kap. 3.5.4. Die relative Initiale Feldstärke $E_{max}/\bar{E}_i$ dieser 2 mm Stab-Kugel-Anordnungen kann in Abb. A.4 entnommen werden. Auch wie in Kap. 3.5.4 hat diese Anordnungen aufgrund des sehr kleinen Elektrodenradius eine höhere Initiale Feldstärke. Für SF_6 kann Gl. 6.4 zur Berechnung der Durchschlagspannung für so niedrige Ausnutzungsfaktoren benutzt werden. Grundvoraussetzung ist die Abwesenheit von Vor- bzw. Teilentladungen, das ist im Hochdruck der Fall.

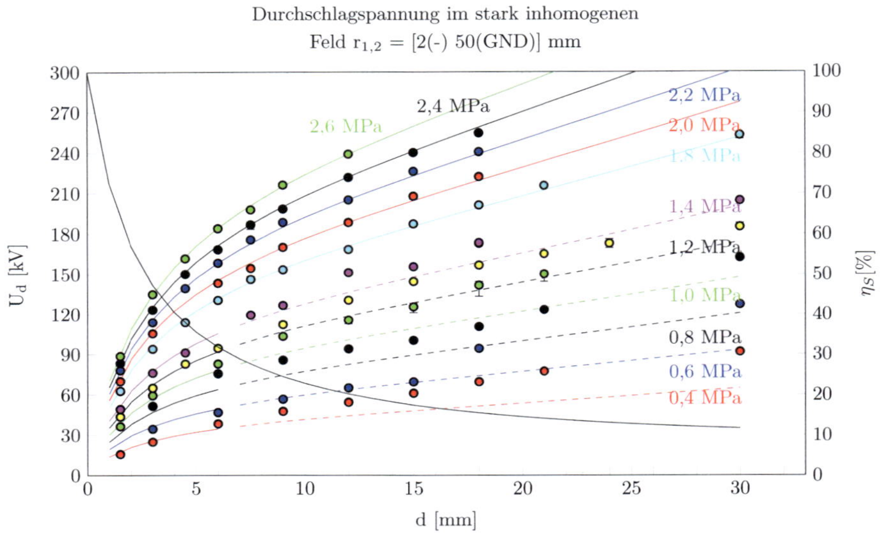

Abbildung 6.57: Negative Durchschlagspannung von Luft in Abhängigkeit der Schlagweite d und einem Druck bis $p = 2{,}6$ MPa einer Stab-Kugel ($r_{1,2} = [2; 50]$ mm)

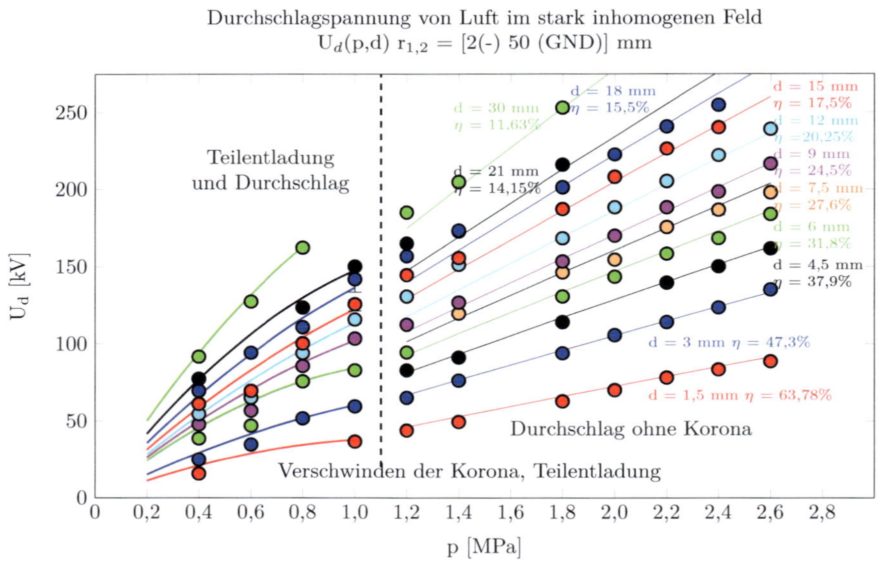

Abbildung 6.58: Negative Durchschlagspannung von Luft, Stab-Kugel-Anordnung als Schlagweiten-Kurvenschar bis p = 2,6 MPa

Die Durchschlagspannung von Luft in Abhängigkeit des Druckes ist in Abb. 6.58 dargestellt. Unterhalb von 1 MPa ist ein nicht-lineares Verhältnis der Durchschlagspannung in Abhängigkeit des Druckes, aufgrund von Koronastabilisierung, sichtbar. Oberhalb von 1,4 MPa ist ein lineares Verhältnis sichtbar. Ab diesem Druck waren keine Vorentladungen messbar.

Die Verringerung des Grenzhomogenitätsgrades η_{SG} kann in Abb. 6.57 in Abhängigkeit des Druckes beobachtet werden. Bei der verwendeten Elektrodenanordnung stimmen die Messpunkte oberhalb eines Druckes von $p > 1{,}0$ MPa und einer Schlagweite kleiner $d < 9$ mm ($\eta_S = 24{,}5$ %) mit dem Ergebnis der Vorberechnung nach Gl. 3.33 für Luft überein. Der Ausnutzungsfaktor ist mit Hilfe einer FEM-Simulation ($\eta_S = f(r_k, d)$, Geometrieabhängigkeit) vorberechnet worden, siehe Abb. 5.3. Ab einem Druck von $p = 1{,}4$ MPa waren innerhalb dieser Messanordnung keine Vorentladungen messbar $d_{max} = 30$ mm, d.h. der Grenzhomogenitätsgrad liegt unterhalb von $\eta_S < 11$ %. Ein ähnliches Verhalten kann in den Abb. A.6 und A.7 im Anhang bei einem Kugelradius von 4 mm beobachtet werden. In Abb. 6.59 ist die Initiale Feldstärke E_i (Kennlinien) und die maximale Feldstärke E_{max} (Messpunkt) dieser verwendeten Anordnung dargestellt. Ab einem Ausnutzungsfaktor $\eta_S < 30$ % und einem Druck $p < 1{,}8$ MPa für Luft ist nach den berechneten Kennlinien zu sehen, dass die Durchschlagsfeldstärke E_d größer als die Initiale Feldstärke E_i ist. In diesem Bereich der gestrichelten Kennlinien behindern Vorentladungen und Raumladungen den Durchschlag. Oberhalb von 1,8 MPa Druck ist für Luft, in der verwendeten Elektrodenkonfiguration, die Initiale Feldstärke gleich der Durchschlagsfeldstärke $U_d = U_e$.

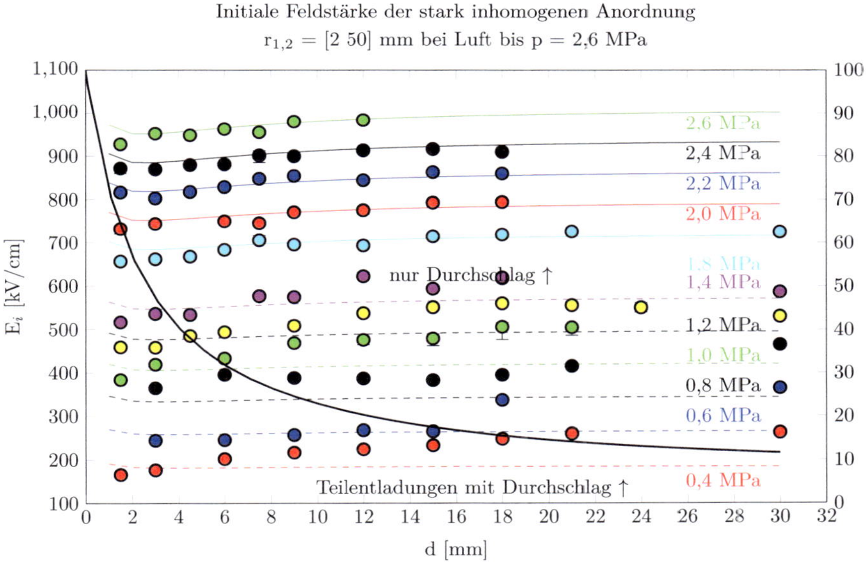

Abbildung 6.59: Initiale Feldstärke E_i von Luft in der stark inhomogenen Anordnung in Abhängigkeit der Schlagweite bis 2,6 MPa

6.3.2 Vorentladestrom

Mit Hilfe der konventionellen Teilentladungsmesstechnik (IEC 60270) kann der Teilentladungspegel für quasi-statische Spannungsformen gemessen werden. Die Teilentladungen und der Entladestrom sind als Spannungsabfall über einem nieder-induktiven Shunt gemessen worden, siehe Abb. 5.5.2. Die

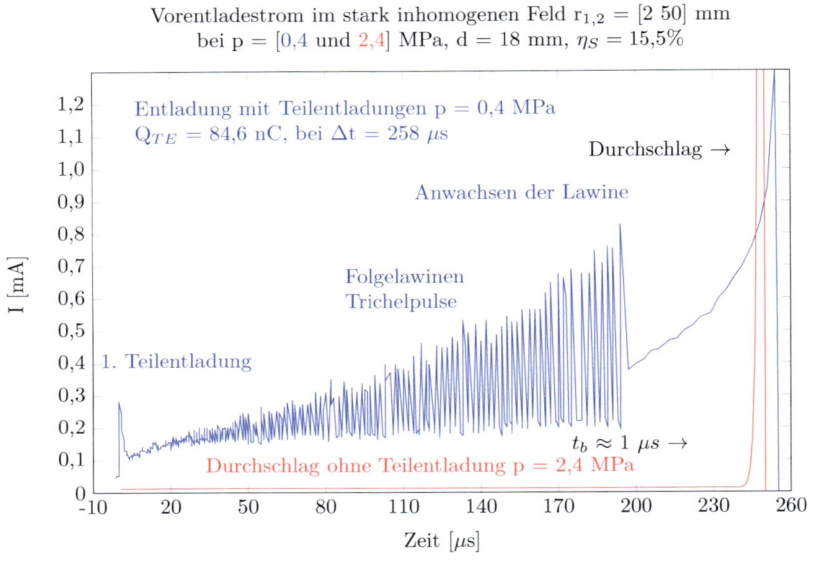

Abbildung 6.60: Vorentladestrom bis zum Durchschlag im stark inhomogenen Feld

Ladungsmenge Q_{TE} kann als zeitliches Integral aus dem Stromverlauf $\int i\ dt$ nach Gl. 6.16 berechnet werden.

$$Q_{TE} = \int_{t_0}^{t_d} i(t)\ dt = \int_{t_0}^{t_d} \frac{u_{Shunt}}{R_{Shunt}}\ dt \tag{6.16}$$

In Abb. 6.60 ist der Entladestrom exemplarisch bei einer Schlagweite von d = 18 mm (η_S = 15,5 %) für zwei Drücke p = [0,4; 2,6] MPa dargestellt. Bei einem Druck von p = 2,6 MPa war keine Teilentladung messbar, deshalb steigt beim Durchschlag der Strom der roten Kurve sehr stark und abrupt an. Bei p = 0,4 MPa ist ein Entladestromverlauf deutlich erkennbar. Nach einer ersten Teilentladung folgen weitere Entladungslawinen mit steigender Amplitude. Nach etwa 200 μs steigt der Entladestrom nach weiteren 60 μs kontinuierlich bis zum Durchschlag an. Die numerische Integration des Stromverlaufs ergab eine gesamte Vorentladungsmenge von Q_{TE} = 84,6 nC. Das Anfangs- und Abbruchkriterium der Integration ergibt sich aus dem Zeitpunkt des ersten Entladevorgangs, dem ersten Vorentladeimpuls und dem kompletten Durchschlag, welcher mit einem Strom von 1 A angesetzt wurde.

Diese Entladestrom-Messung ist für alle Messpunkte durchgeführt. Jede Entladung unterscheidet sich in Form und Verlauf, jede einzelne Entladungskurve in einem Diagramm darzustellen ist demnach nicht sinnvoll. Eine Tendenz kann jedoch anhand der Teilentladungsmenge Q_{TE} für Luft und SF_6 in Abhängigkeit des Druckes dargestellt werden (siehe Abb. 6.61). Es ist zu sehen, dass mit steigendem Druck eine geringere Teilentladung den Durchschlag einleitet. Im gleichen Maße verringert sich auch die Strom-Zeit-Fläche. D.h. die Ladungsträgergeneration ist so stark, dass die Zündbedingung nach sehr kurzer Zeit und Wegstrecke erfüllt ist. Aus einer kleinen anfänglichen Lawine bildet sich unmittelbar ein Streamer, der den Durchschlag einleitet. Selbst wenn die Entladungslawine in das feld-schwache Gebiet hineinläuft, findet keine Verarmung von Ladungsträgern bzw. keine Koronastabilisierung, wie im Niederdruck, statt. Denn durch die hohe Gasdichte, der hohen Feldstärke und bildet sich bereits nach sehr kurzer Wegstrecke ein Streamer mit einer sehr hohen Streamer-Kopf-Ladungsdichte, so dass die Zündbedingung entweder schon erfüllt ist oder der Streamer sich selbst erhalten kann. Die Zeit t_d der Lawine bis zum Durchschlag bei Normaldruck, reduziert sich von mehreren ms auf Bruchteile von μs bei einem Druck größer $p > 0{,}8$ MPa. Bei niederem Druck behindern Teilentladungen und Raumladungen die Vorwachgeschwindigkeit. Im Hochdruck waren Aufbauzeiten von etwa 30 ns messbar.

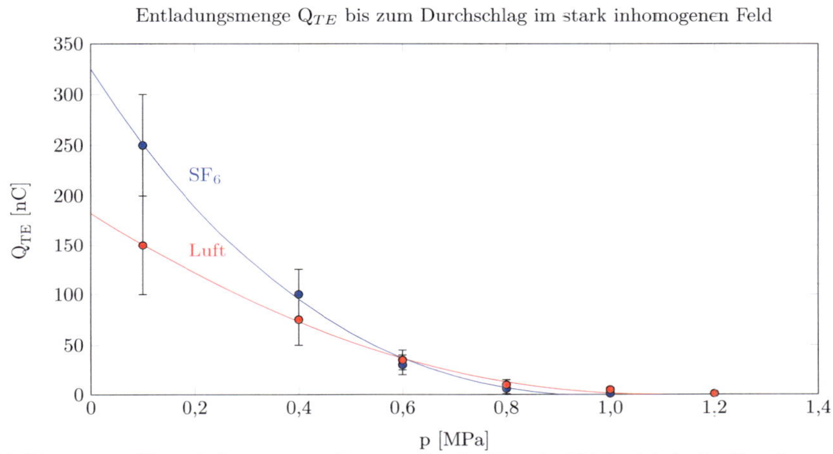

Abbildung 6.61: Vorentladungsmenge bis zum Durchschlag in Abhängigkeit des Druck von Luft und SF_6

Der Effekt, dass bei höherer Gasdichte Vorentladungserscheinungen rückläufig sind, wird in mehreren neuen Publikationen angegeben und beschrieben ([53], [17], [52], [27]). Jedoch wird in diesen Quellen kein Bezug zwischen der Druckabhängigkeit beim Durchschlag im schwach und im stark inhomogenen Feld gezeigt. Des Weiteren sind diese Messungen bei einem Druck kleiner $p < 1$ MPa durchgeführt worden. Dank des verfügbaren Prüfgefäßes konnten in dieser Arbeit Messungen bis 2,6 MPa unternommen werden. Darüber hinaus konnten mit den Durchschlagmessungen im schwach inhomogenen Feld und der Anwendung der Paschen-Parameter in Verbindung mit der relativen Initialen Feldstärke $E_{max}/\bar{E}_i$ nachgewiesen werden, dass die Entladungstheorien nach TOWNSEND, REATHER bzw. PASCHEN gültig sind und mit der Hilfe der Initialen Feldstärke auch bei höheren Drücken und schwach inhomogenen Feldern angewendet werden können. Das Feld zwischen Anode und Kathode darf dabei jedoch keine signifikante Verzerrung durch Raumladungen haben (keine Teilentladung). Ein Nachweis hierfür ist, dass die Durchschlagspannung nach Gl. 3.33 im stark inhomogenen Feld bei hohem Druck nach der klassischen Theorie berechnet wurde und durch Messwerte validiert wurde. Ein Grenzhomogenitätsgrad konnte oberhalb von 1,8 MPa für Luft und oberhalb von 1,0 MPa bei SF_6 mit dieser Anordnung aufgrund von äußere Spannungsfestigkeit nicht ermittelt werden. Abschließend muss nochmals betont werden, dass eine Feldanordnung, bei der keine Vorentladungen auftreten, nach Definition ein schwach inhomogenes Feld darstellt, siehe [5], [53]. **Das Entladungsverhalten einer stark inhomogenen Anordnung ändert sich in Abhängigkeit von Druck. Im Hochdruckbereich wird der Grenzhomogenitätsgrad von η_S zu kleineren η_S-Werten hin verschoben.**

Kapitel 7

Zusammenfassung

Diese vorliegende Arbeit befasste sich mit der elektrischen Festigkeit von Isoliergasen. Die Motivation war: Schwefelhexafluorid (SF_6) als das Standard Isoliergas in Hochspannungsanwendungen umweltfreundlich zu ersetzen. Aufgrund des hohen Treibhauspotentials von SF_6 steigt der Bedarf an alternativen Gasen. Die technischen Vorteile des kompakt gekapselt gasisolierten Hochspannungsdesign der GIS-Technik überwiegen so stark, dass nach alternativen Gasen geforscht und gesucht wird. Einen Rückschritt auf öl-isolierte Systeme ist aus Umwelt- und Brand- bzw. Explosionsgründen nicht gewünscht. Sobald SF_6 nicht mehr verwendet werden darf oder es nicht mehr nachgefragt wird, muss dieses logischerweise substituiert werden. Deshalb war diese Arbeit den umweltfreundliche Isoliergasen (Luft, N_2, O_2) und neuen perfluorierten Gasen (C_3F_7CN) gewidmet. Die hohe elektrische Festigkeit von SF_6 ist der Elektronenaffinität von Fluor-Atomen zu verdanken. Aus Literaturangaben [53] hat SF_6 bei atmosphärischem Druck gegenüber Luft eine dreifach höhere elektrische Festigkeit. Mit dem Druck kann die elektrische Festigkeit von Gasen signifikant gesteigert werden. Nicht bei allen Gasen steigt die elektrische Festigkeit linear mit dem Druck. Es wurde in dieser Arbeit untersucht, ob SF_6 auch bei höheren Gasdrücken ebenfalls um den bei Normaldruck bekannten Faktor 3 besser isoliert als Luft. Aus eigenen Messungen vorangehender Arbeiten [43], [44] konnte bestätigt werden, dass die elektrische Festigkeit von SF_6 nicht linear mit dem Druck ansteigt, Luft zeigte jedoch im untersuchten Druckbereich einen fast linearen Anstieg der elektrischen Festigkeit mit dem Druck. Daraus folgt, dass bei höheren Drücken der Vorteil von SF_6 gegenüber Luft schwindet.

Diese Arbeit basiert auf Fragestellungen nach Dimensionierungskriterien von Luftisolation um SF_6 zu ersetzen und dem Vergleich der elektrischen Festigkeit von unterschiedlichen Gasen bei verschiedenen Randbedingungen wie Inhomogenitäten und Oberflächenrauheiten. Diese Arbeit fokussiert sich auf die selbstständige Gasentladung, da ein Durchschlag aufgrund einer angelegten elektrischen Feldstärke selbstständig zündet. Diese Arbeit definierte anfangs drei Hauptparameter als Untersuchungsrahmen. Der **Einfluss des Volumens** wurde mit einer Variation der Schlagweite und des Druckes abgedeckt. Der Einfluss **der Zeit** wurde mit Hilfe unterschiedlicher Spannungsformen untersucht. Der Einfluss **der Feldinhomogenitäten** wurde mit unterschiedlichen Feldanordnungen im quasi-, schwach- und stark inhomogenen elektrischen Feld untersucht. Randeffekte wie Oberflächenrauheit wurde mit Hilfe unterschiedlich präparierter Elektrodenoberflächen untersucht und vermessen. Der Einfluss der Elektronenanlagerung ist in dieser Arbeit mit dem bekannten elektronegativen SF_6 und dem neuartigen C_3F_7CN-Molekül in Abhängigkeit der Gemisch-Konzentration untersucht worden.

Ein wesentlicher Anspruch der Arbeit war dabei nicht nur mit umfangreichen Messreihen den genannten Fragestellungen nachzugehen, sondern auch die Messergebnisse an den bekannten Durchschlagstheorien zu reflektieren. Im Besonderen wurde dabei der Begriff der Anfangsfeldstärke nach SCHWAIGER modifiziert, so dass diese für Normalbedingungen hergeleiteten Gleichungen auch um den Begriff der relativen Initialen Feldstärke erweitert für Betrachtungen im Hochdruckbereich und bei beliebigen Elektrodenformen im schwach inhomogenen Bereichen gelten.
Ebenso konnte auch durch Berücksichtigung des Streamerfeldes bei der numerischen Auswertung der Zündbedingung Polaritätseffekte bei Durchschlägen in schwach inhomogenen Anordnungen theoretisch verifiziert werden und signifikante Unterschiede beim Durchschlagsverhalten von SF_6 und Luft berechnet werden.
In der Weiterentwicklung wurden diese Überlegungen auch auf nicht ideale Oberflächengeometrien angewendet und mit Messungen an unterschiedlichen Oberflächenrauheiten bestätigt.
Als letzten Punkt der theoretischen Betrachtung konnte durch Auswertungen von Elektronen, Anlagerungs- und Ablöseprozessen auch empirische Näherungsformeln für das Durchschlagsverhalten von elektrisch neutralen und elektroaffinen Mischgasen gefunden werden.

Die hier durch umfangreiche Messungen gewonnenen Paschen-Parameter konnten dabei in sehr engen Toleranzbänden auf deren physikalischen Ausgangsgrößen wie Ionisaionsenergien, Molekülradius und Stoßquerschnitt bezogen werden.

Die unternommenen Untersuchungen und die Darstellung der Messergebnisse sind in dieser Arbeit in zwei Hauptrichtungen, von Feldanordnung (**von homogenen zu stark inhomogenen Feldern**) und zeit-veränderlicher Spannungsform (**von zeitlich konstanter Gleichspannung zu zeitlich schnell veränderlichen Blitzstoßspannungen**), dargestellt. Die folgenden Stichpunkte zeigen das Grundgerüst dieser Arbeit.

- **Zeiteffekt:** Die verwendete Prüfspannungsform ist von Gleichspannung über Wechselspannung und Schaltstoßspannung zur Blitzstoßspannung hin verändert worden. Hiermit ist der Zeiteffekt bzw. der statistische Einfluss auf die elektrische Festigkeit untersucht worden. Eine selbständige Gasentladung benötigt freie Elektronen, die durch Stoßionisation lawinenartig weitere Ladungsträger freisetzen.
- **Feldinhomogenität**: Die in dieser Arbeit dargestellten Messergebnisse beginnen im Quasihomogenen elektrischen Feld $\eta_S > 93$ % und die Elektrodenanordnung wird je im Fortgang der Arbeit zu inhomogeneren Feldanordnungen erniedrigt $\eta_S = 93 \ldots 20$ %. Hierbei wurde der Einfluss der verschiedenen Feldanordnungen untersucht, um Gemeinsamkeiten und Unterschiede zu finden. Aus den empirischen Messdaten und den theoretischen Vorarbeiten von PASCHEN und SCHWAIGER wurde in dieser Arbeit eine neue Größe zur Berechnung der Durchschlagspannung im schwach inhomogenen Feld erarbeitet - **die Initiale Feldstärke**. Mit Hilfe des Begriffs der Initialen Feldstärke können Durchschlagspannungen in schwach inhomogenen Feldern bei unterschiedlichen Drücken und verschiedenen Gasarten numerisch berechnet werden, wenn der Feldverlauf bekannt ist. Durch Einführung der relativen Initialen Feldstärke konnten auch im Hochdruckbereich analog zu SCHWAIGER vereinfachte Näherungen für die Durchschlagspannungen gefunden werden. Bei „stark“ inhomogenen Feldern $\eta_S = 30 \ldots 11$ % sind Aussagen über das Teilentladungsverhalten in Abhängigkeit des Drucks, Schlagweite und Feldanordnung bei SF_6 und Luft bis 2,6 MPa erlangt worden.
- **Volumeneffekt:** Nach dem Paschen-Gesetz ist die Durchschlagspannung im homogenen Feld eine Funktion aus dem Druck-Schlagweiten-Produkt. Es wurde eine große Variation aus dem

Schlagweite und Druck Produkt untersucht $d = 0{,}5 \ldots 45$ mm und $p = 0{,}1 \ldots 2{,}6$ MPa. Messungen mit sehr hoher Blitzstoßspannung bis $pd \approx 30$ MPa (Luft) wurden speziell dafür unternommen (Variation $pd = 297 = 1{,}1 \cdot 27 \approx 300 = 2{,}5 \cdot 11$ MPa mm, $U_d \approx 700$ kV).

- **Randeffekte:**
  - Der Einfluss der Oberflächenrauheit auf die elektrische Festigkeit wurde mit einer Variation von verschiedenen Rauheiten ($R_{max} = 1; 5; 15; 30; 50; 1000\ \mu m$) für Luft und SF_6 untersucht. Ein Einfluss der Oberflächenrauheit ist in dieser Arbeit mit einem neuen Modell der lokalen Feldüberlagerung berücksichtigt worden. Es konnte gezeigt werden, dass Rauheiten oberhalb von 10 μm die elektrische Festigkeit signifikant mindern und der Rauheitseinfluss auf die elektrische Festigkeit von SF_6 höher als die bei Luft ist.
  - Elektronenanlagerung: Sowohl mit SF_6 als auch mit C_3F_7CN ist der Einfluss auf die elektrische Festigkeit bei unterschiedlichen Konzentrationen untersucht worden. Es wurde ein Rechenmodell abgeleitet, welches die elektrische Festigkeit in Abhängigkeit von Druck und Konzentration von Mischgasen berücksichtigt.
  - Streamer-Modell: Nach RAETHER [71], [5] leitet der Streamer den Durchschlag bei Hochdruckentladungen und auch schnellen Blitzstoßspannungen ein. In dieser Arbeit wurde der Einfluss des Streamers zur zusätzlichen Ladungsträgervermehrung mit Hilfe des Streamer-Modells nach RAETHER, FEM-Simulationen und einem neu entwickelten Algorithmus zur Berechnung der Durchschlagspannung im schwach inhomogenen Feldern genutzt. Ein Polaritätseffekt im schwach inhomogenen asymmetrischen Feld kann so rechnerisch nachgewiesen werden. Das Modell des Streamers konnte ebenso für SF_6 angewendet werden. Für schwach elektroaffine Gase (Luft, N_2, O_2 und CO_2), für die das Paschen-Gesetz gilt, wurde das Streamer-Modell mit den Paschen-Parameter A und B erweitert und kombiniert.
  - Bestrahlung der Funkenstrecke. Bei Blitzstoßspannungen war es wichtig die Funkenstrecke zu bestrahlen. Das Isolationsgas wurde nicht vorionisiert, lediglich wurden Startelektronen bereitgestellt. Bei dickwandigen Prüfkesseln, kleinen Schlagweiten, hohem Druck und angewendeter Blitzstoßspannung ist eine Ermittlung der Durchschlagspannung ohne Bestrahlung aufgrund hoher statistischer Streuung nicht möglich. Eine Bestrahlung war notwendig, um genügend Startelektronen bereitzustellen.
  - Vorentladungen im stark inhomogenen Feld: freie Ladungsträger tragen bei Entladungsvorgängen dazu bei, das angelegte elektrische Feld zu beeinflussen. In dieser Arbeit wurde ein spezieller zweistufiger Impulsmessshunt dazu genutzt, hochfrequente Vorentladestromimpulse (TE) und Stoßstromimpulse (Stoßstrom) zu messen. Mit dieser speziell entwickelten Messtechnik ist das Verhalten der Vorentladungen von stark inhomogenen Feldern in Abhängigkeit des Druckes für Luft und SF_6 bis 2,6 MPa untersucht worden.

Das **quasi-homogene Feld** ist bis zu einem Ausnutzungsfaktor $\eta_S \geq 93\%$ mit einer Kugel-Kugel-Funkenstrecke erforscht worden. Die Gültigkeit der Entladungstheorie nach PASCHEN und dessen Paschen-Gesetzt wurde in dieser Arbeit auf praktische Anwendbarkeit und Plausibilität überprüft. Die Durchschlagspannung ist eine Funktion aus dem Schlagweite-Druck-Produkt $p \cdot d$. Streng genommen ist das Paschen-Gesetz nur für homogene raumladungsfreie elektrische Felder gültig. In dieser Arbeit konnte für Luft, Stickstoff, Sauerstoff und Kohlenstoffdioxid, also elektrisch neutrale Gase nachgewiesen werden, dass das Paschen-Gesetz auch für quasi-homogene Felder ($\eta_S > 93\%$) anwendbar ist. Die Beweisführung erfolgte mit Hilfe der numerischen Integration über die generierten

Ladungsträger - Lösung der Zündbedingung. Die Messergebnisse und ein Vergleich mit den Normtabellen für Messfunkenstrecken Tabelle 3.1 bestätigten, dass das Paschen-Gesetz für Luft bis zu einem Druck von p = 2,6 MPa und Spannungen bis 700 kV in der vorliegenden Arbeit anwendbar ist. Die Messungen im Labor wurden bei einem Druck von 0,1 bis 2,6 MPa und Durchschlagspannung bis 750 $kV_{BIL-Peak}$ durchgeführt. Aus den Messergebnissen sind Paschen-Parameter für die natürlichen Gase und Gasgemische (Luft, N_2, O_2 und CO_2) rekursiv aus den Paschen-Kurven ermittelt worden. Die ermittelten Parameter konnten auch in enger Toleranz auf deren physikalischen Korrelation, wie Wirkungsquerschnitt, mittlere freie Weglänge und Ionisierungsenergie zurückgeführt werden. Vergleichbare Ionisierungsenergien von 12...15 eV und Molekülradien von 130...180 pm sind plausibel dargestellt.

Es wurde eine Formulierung der elektrischen Festigkeit für perfluorierte Kohlenwasserstoffe und auch SF_6 in Abhängigkeit des Drucks gefunden. Der mathematische Ansatz bezog sich auf die Stoß-Ionisierung, Anlagerung freier Elektronen und mittlere freie Weglänge - den physikalischen Gaseigenschaften. In Abhängigkeit der Konzentration des F-Gas-Gemisches sind empirisch Parameter ermittelt, die die elektrische Festigkeit von C_3F_7CN-Gemischen und SF_6-Gemischen beschreiben. Die elektrische Festigkeit der F-Gas-Gemische kann mit der gezeigten Näherungsformel berechnet werden.
Weiter zeigte sich, dass die elektrische Festigkeit von SF_6 oberhalb von 0,6 MPa schwach degressiv mit dem Druck ansteigt. Die Ursache hierfür ist die Elektronenablösung zuvor angelagerter Elektronen. Luft und Stickstoff zeigten bei vergleichbaren Feldstärken weiterhin ein lineares Verhalten. Diese Gegenüberstellung bewies, dass das Verhältnis elektrischer Festigkeit zwischen Luft und SF_6 nicht konstant ist. SF_6 hat bei 0,1 MPa Druck die dreifache elektrische Festigkeit von Luft. Bei 1,1 MPa isoliert SF_6 nur noch doppelt so gut wie Luft. Oberhalb von 2,0 MPa kann die elektrische Festigkeit von Luft weiter gesteigert werden $>$750 kV/cm, SF_6 wird bei diesem Druck bereits bei Raumtemperatur flüssig. Bei sehr hohen Feldstärken größer 500 kV/cm hat SF_6 auch eine sehr starke Abhängigkeit der elektrischen Festigkeit mit der Schlagweite im Gegensatz zu Luft.
In dieser Arbeit zeigte sich, dass SF_6 für idealisierte, homogene Felder hervorragende Isoliereigenschaften besitzt. Mit der Tatsache, dass die elektrische Festigkeit von SF_6 oberhalb von 400 kV/cm nur noch schwach anwächst und die elektrische Festigkeit von Luft weiter linear ansteigt zeigt die technische Machbarkeit SF_6 durch Luft ersetzen zu können. Die hohen Konstruktionsdrücke und mechanische Festigkeit müssen beherrscht werden.

Die elektrische Festigkeit von natürlichen Gasen (Luft, N_2, O_2 und CO_2), zeigten dass Sauerstoff, aufgrund der geringen Elektronenaffinität, etwa 10 % besser als Luft isoliert. Stickstoff isoliert etwa 10 % schlechter als Luft, da Stickstoff keine Elektronen anlagert. Kohlenstoffdioxid isoliert 10 % schlechter als Stickstoff, das liegt an der niedrigeren Ionisierungsenergie von CO_2. Generell müssen elektrisch neutrale Gase unter sehr hohem Druck gesetzt werden, damit diese, ähnliche elektrische Festigkeiten wie SF_6 erreichen.

- Das Paschen-Gesetz ist gültig für elektrisch neutrale Gase (Luft, N_2, O_2 und CO_2) bis zu einem Druck von mindestens 2,6 MPa. Durchschlagspannung ist eine Funktion aus dem Druck-Schlagweite-Produkt U_d = f(pd).

- Das Paschen-Gesetz ist nicht gültig für elektrisch neutrale Gase (SF_6, C_3F_7CN, CF_4 oder CF_3I). Die Durchschlagspannung ist **keine** Funktion aus dem Druck-Schlagweite-Produkt $U_d \neq f(pd)$.

- SF_6 isoliert etwa 25 % besser als das neue C_3F_7CN-Molekül bei einer Dampfdruckauslegung für -30 °C.

- SF_6 isoliert:
    - bei p = 0,1 MPa 3 mal besser als Luft.
    - bei p = 0,5 MPa 2,4 mal besser als Luft.
    - bei p = 1,0 MPa 2,2 mal besser als Luft.
    - bei p = 1,5 MPa 1,8 mal besser als Luft.
- Äquivalente elektrische Festigkeit von Luft gegenüber SF_6 :
    - p_{SF_6} = 0,1 MPa → p_{Luft} = 0,3 MPa
    - p_{SF_6} = 0,3 MPa → p_{Luft} = 0,8 MPa
    - p_{SF_6} = 0,5 MPa → p_{Luft} = 1,3 MPa
    - p_{SF_6} = 0,7 MPa → p_{Luft} = 1,5 MPa
    - p_{SF_6} = 0,7 MPa → p_{Luft} = 1,1 MPa + 5 % SF_6

Das schwach inhomogene Feld wurde in dieser Arbeit mit der Fragestellung zur Berechenbarkeit der Durchschlagspannung bei beliebigen inhomogenen Feldern bearbeitet. Nach SCHWAIGER [53, S. 185] schlägt eine inhomogene Feldanordnung durch, sobald die Anfangsfeldstärke überschritten ist. Die Anfangsfeldstärke wurde von SCHWAIGER um 1920 exemplarisch und empirisch für ausgesuchte Elektrodenanordnungen ermittelt. Die Näherungsformeln spiegeln die Durchschlagspannungen und Durchschlagphänomene hinreichend wider. In dieser Arbeit ist dieser Begriff der Anfangsfeldstärke um den Parameter Druck erweitert worden. Zur Herleitung wird der Verlauf des kritischen Pfades der elektrischen Feldstärke benötigt. Mit Hilfe FEM-Simulation-Software kann der exakte Feldverlauf von beliebigen Elektroden-Anordnung berechnet und weiterverarbeitet werden. Der Begriff der „Initialen Feldstärke“ wurde erstmals in dieser Arbeit geprägt. Die Initiale Feldstärke ist an der Grundüberlegung der Anfangsfeldstärke angelehnt. Es war das Ziel die Durchschlagspannung einer beliebigen Elektrodengeometrie zu berechnen. Der erarbeite Algorithmus benötigt den inhomogenen Feldverlauf, um die erzeugte Gesamtladungsträgermenge im Feldstärkeverlauf zu berechnen. In einem weiteren Schritt erfolgte eine Gewichtung und eine Korrelation zwischen dem homogenen Feld und der inhomogenen Feld-Anordnung. Das Verhältnis beider Felder ist nur für das ausgewählte Schlagweiten-Druck-Produkt und Durchschlagspannung gültig. Aus mehreren Stützstellen kann hier eine parametrierbare Kurvenschar des Druckes, Schlagweite und Ausnutzungsfaktor berechnet werden. Die Paschen-Parameter A, B und k die aus dem homogenen Feld empirische ermittelt wurden, können zur Berechnung der Durchschlagspannung des inhomogenen Feldes im Algorithmus mit der Initialen Feldstärke verwendet werden. Laborversuche zeigten hier Gültigkeit 0,1 bis 2,6 MPa Druck und 30 bis 750 kV Spannung.

Im **schwach inhomogenen Feld** konnte die Streamer-Ausbreitung näher untersucht werden. Bei SF_6 erfüllt der Streamer, aufgrund der hohen Ionisationsrate bereits nach kurzer Wegstrecke die Zündbedingung. Bei Luft hingegen wird vergleichsweise eine größere Wegstrecke zur Erfüllung der Zündbedingung benötigt. Weiterhin war auffällig, dass SF_6 wesentlich empfindlicher auf Oberflächenrauheiten reagiert als vergleichsweise Luft. Dieses Phänomen ist auch dem Streamer und der Ionisationsrate geschuldet.
SF_6 kann freie Elektronen, die nicht zum Durchschlag führen, anlagern. Bei Luft können zurückbleibende Raumladungen signifikant die elektrische Festigkeit senken. Eine größere Hysterese-Kurve war zwischen Einsatz- und Durchschlagspannung bei Luft deutlicher messbar als bei SF_6. Nach den Polaritätswechsel können etwa 10-20 % geringere Durchschlagspannungen gemessen werden.

- Die Initiale Feldstärke $E_i = f(p,\ d,\ r_K)$ ist eine Funktion aus Schlagweite, Druck und Elektrodenradius
- Dieser Begriff der Initialen Feldstärke kann für elektrisch neutrale Gase (Luft, N_2, O_2 und CO_2) angewendet werden
- Die Initiale Feldstärke des schwach inhomogenen Feldes ist im Vergleich zur Durchschlagfeldstärke des homogenen Feldes bei Luft größer.
- Die Initiale Feldstärke des schwach inhomogenen Feldes ist im Vergleich zur Durchschlagfeldstärke des homogenen Feldes bei SF_6 nahezu gleich groß.
- Die maximale Feldstärke einer Geometrie ist bei SF_6 aufgrund der Elektronenaffinität ein geeignetes Dimensionierungskriterium
- Der Streamermechanismus hat bei SF_6 einen größeren Einfluss auf den Entladungsaufbau als bei Luft

Das stark inhomogene Feld ist nach Theorie durch Teilentladungen definiert. Nach Literaturangaben [5], [53] und [17] gibt es einen Grenzhomogenitätsfaktor η_{SG} für inhomogene Feld unterhalb dem Teilentladungen einsetzten. Weiterhin ist bekannt, dass dieser Grenzhomogenitätsfaktor druckabhängig ist. In dieser Arbeit wurde erstmals vergleichend gegenübergestellt, dass der kritische Druck und Ausnutzungsfaktor innerhalb einer stark inhomogenen Anordnung für SF_6 und Luft verschieden voneinander sind. Oberhalb von einem Druck von p > 0,6 MPa setzt bei SF_6 ein Durchschlag ohne Teilentladungen, bei einem Ausnutzungsfaktor $\eta_S\ <\ 0{,}2$. Bei gleichen Feldverhältnissen muss Luft unter einen Druck von 1,2 MPa gesetzt werden. Diese Erkenntnis ist für technische Anwendungen und deren Auslegung wichtig. Mit Hilfe einer nicht konventionellen Teilentladungsmessung über das Strom-Zeit-Integral mit einer Shunt-Messung konnte abgeleitet werden, dass bei SF_6 ein Durchschlag schon nach einem relativ kleinen Teilentladungspegel folgt.

Abschließend ist festzuhalten, dass sich diese Untersuchung der elektrischen Festigkeit von SF_6 und alternativen Isoliergasen nur mit den fundamentalen Einflüssen auf die reine elektrische Festigkeit von Gasen im Gasraum, aber mit Berücksichtigung des Metall-Gas-Kontakts, beschäftigt. Aufgrund der idealisierten Feldanordnung ist es möglich, die elektrische Festigkeit der Aspiranten unter gleichen Bedingungen gegenüberzustellen. Ein direkter Umstieg auf diese Gase, ohne eine konstruktive Anpassung des Betriebsmittels mit den Erkenntnissen dieser Arbeit, ist jedoch nicht möglich. Hier müssen noch weitere Einflüsse wie geschichtete Dielektrika, Tripelpunkte und Gleitentladungen auf Oberflächen betrachtet werden.

Kapitel 8

Ausblick

Da sich diese Untersuchung nur auf den Gasdurchschlag und die elektrische Festigkeit im Gas zwischen zwei Elektroden fokussierte, können keine Aussagen über das Isolationsvermögen in einer komplexen hochspannungstechnischen Anordnung getroffen werden. Als weitere Untersuchung sollte das Isolationsvermögen in Kombination von Gas, Elektrodenmaterial und Isolierstoff (Dielektrikum) untersucht werden. Es zeigt sich, dass die elektrische Festigkeit bei orthogonaler Feldstärkekomponente ein vergleichbares Ergebnis und Verhalten wie bei den Gasdurchschlägen zeigt. Bei tangentialer Feldstärke hingegen zeigt SF_6, bessere Isoliereigenschaften aufgrund der Elektronenanlagerung. Gleitentladungen entlang der Isolatoroberfläche oder zwischen zwei geschichteten Grenzen eröffnen weitere neue Fragestellungen. Bei diesem Problem erweitert sich die Untersuchungsmatrix um mehr als einen weiteren Parameter. Die elektrische Permittivität ε_r ist vergleichsweise einfach zu bestimmen. Eine weitaus wichtigere Frage ist, welchen Einfluss SF_6 als Kontaktgas an der Oberfläche eines Kunststoffes hat.

Ein weiterer Punkt ist die Untersuchung von Ultra-Hohen-Spannungen (UHV), denn wie Abb. A.10 zeigt, besitzen die ermittelten Paschen-Parameter im quasi-homogenen Feld $\eta_S > 93$ % auch bis über 1 MV Gültigkeit. Für Betriebsmittel der Spannungsebene 420 kV werden mit 1425 kV (BIL) bzw. 1640 kV mit abgeschnittenem Blitzstoß beaufschlagt. Für diese ultra hohen Spannungen sollten ebenfalls Durchschlagsmessungen unternommen werden. Hierfür sollte der pd-Bereich bis 100 MPa mm erweitert werden.

Anhang A

Anhang

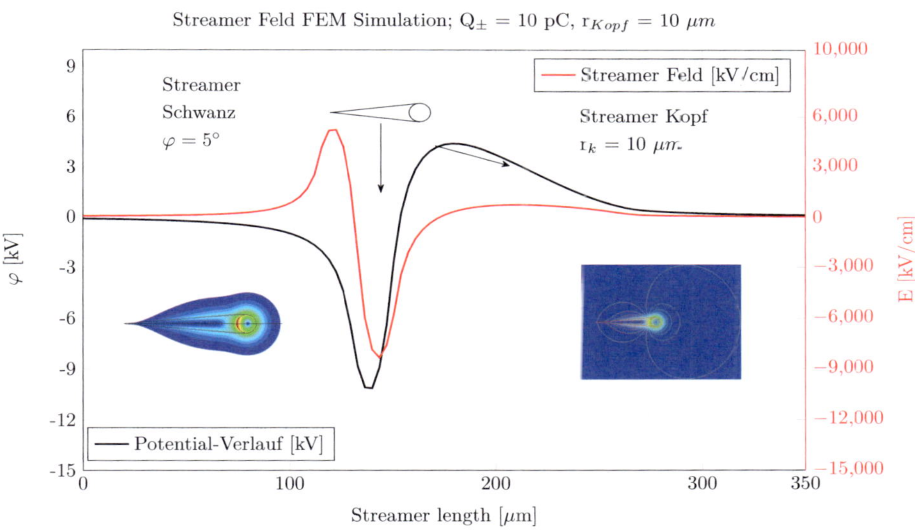

Abbildung A.1: FEM-Streamer-Modell nach RAETHER [69]

In Abb. A.1 kann der Potentialverlauf eines Streamer entlang der axialen Achse entnommen werden. Unter der Annahme, dass sich bei Hochdruckentladungen und kleinen Schlagweiten der Streamer-Kopf nur auf wenige 10 μm ausweitet und eine kritische Ladung von $Q_{krit} = 10$ pC für einen Durchschlag ausreichend sind, bildet diese FEM-Simulation einen plausiblen Feldverlauf wieder. Eine Potentialüberhöhung von etwa 5 kV trägt signifikant zur Ladungsträgervermehrung bei.
Die Simulation des Streamer setzt sich aus dem Streamer-Kopf ($Q_{-} = 10$ pC, Kugel mit $r_k = 10\ \mu$m) und einem kegelförmigen Streamer-Schwanz zusammen. Der Öffnungswinkel des Kegels ist nach Messungen von RAETHER mit $\varphi = 5°$ angegeben. So ergibt sich etwa eine 10-fache Streamer-Schwanz-Länge gegenüber des Streamer-Kopf-Radius. Die Ladung von 10 pC entspricht einem k_S von 17,95, also 62 Mio. freie Ladungsträger. Diese führen nach der Streamer Theorie zum Durchschlag.

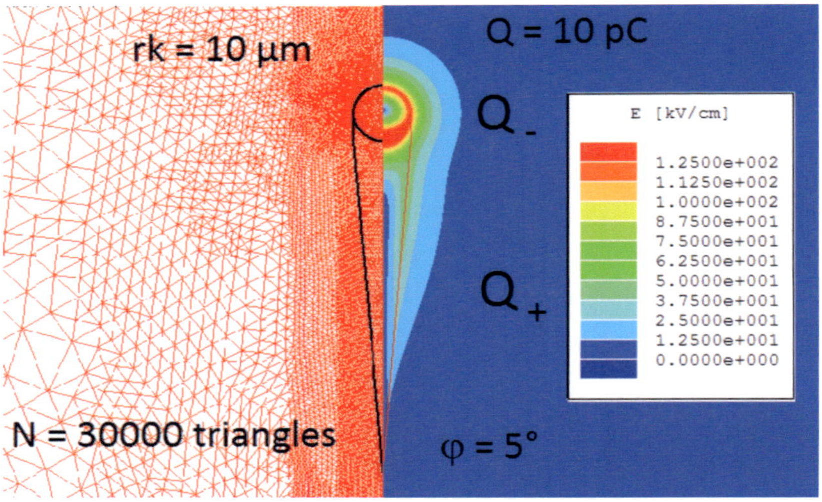

Abbildung A.2: FEM-Simulationsmodell und Mesh

Tabelle A.1: Oberflächenrauheiten R_{max} der untersuchten Elektroden

Einheit	poliert	technisch rau	leicht rau	rau	stark rau	Spitzen
μm	0,2 ... 1	1 ... 5	5 ... 15	15 ... 30	30 ... 50	$\gg$ 100

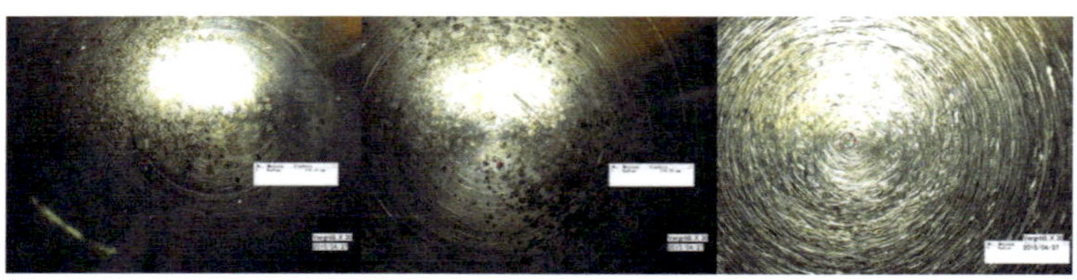

$R_{max} \leq 1$ µm $R_{max} < 5$ µm $R_{max} < 15...30$ µm

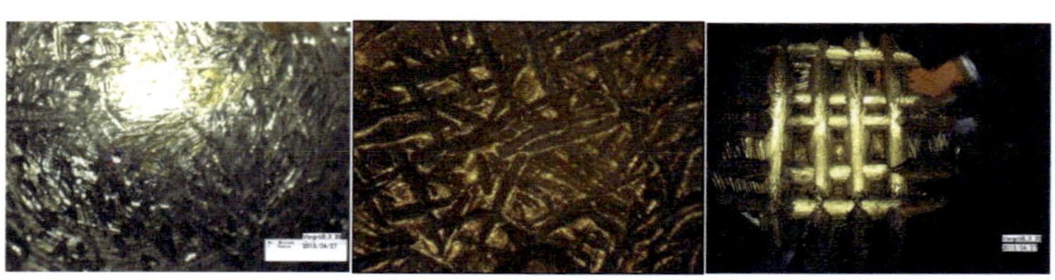

$R_{max} = 30...50$ µm $R_{max} = 50...100$ µm $R_{max} = 1000$ µm

Abbildung A.3: Ausführung der verwendeten Oberflächenrauheiten

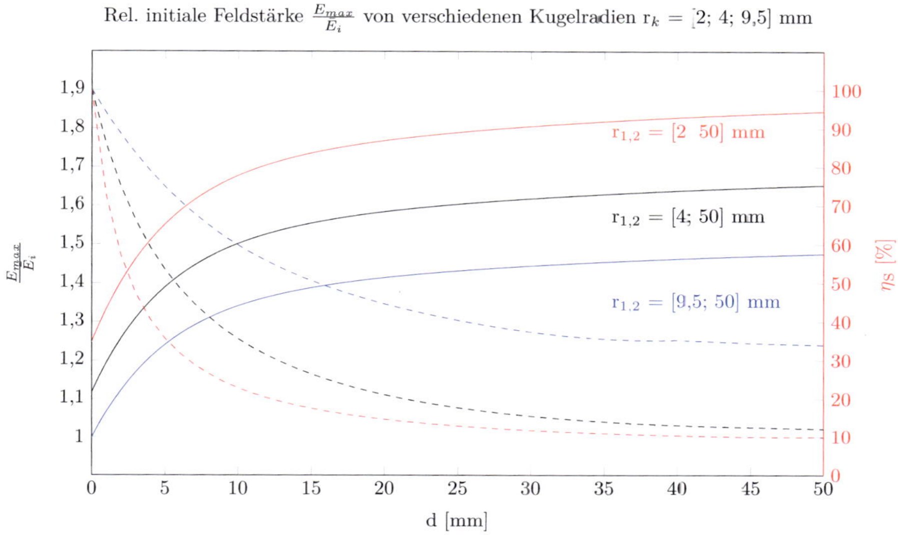

Abbildung A.4: Relative initiale Feldstärke bei verschieden Kugelradien

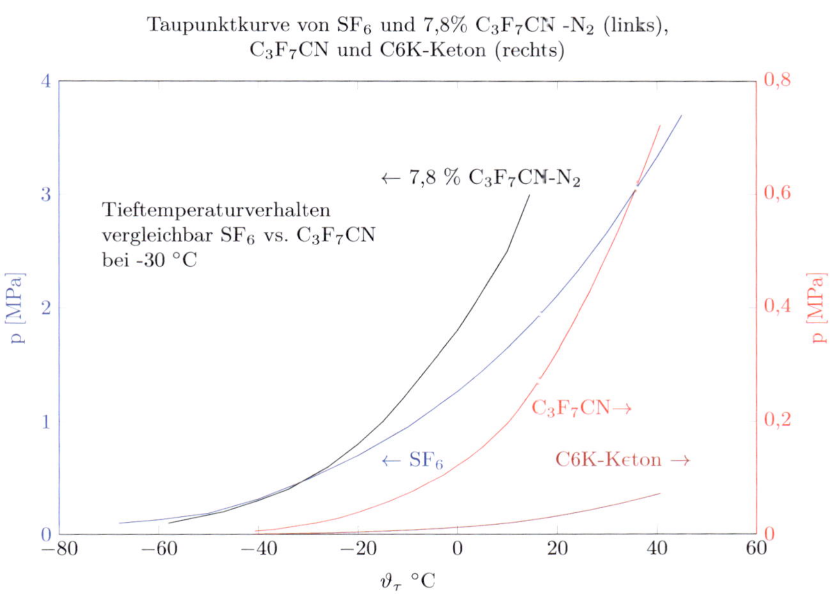

Abbildung A.5: Dampfdruckkurve SF_6, C_3F_7CN, C6K-Keton

Tabelle A.2: Vergleichsmessung mit einer Messfunkenstrecke D_k = 100 mm und um die Luftdichte δ_0 korrigiert

U [kV]	$U_{50-Tabelle}$	U_0	U_{10}	U_{50}	U_{63}	U_{90}	$\frac{U_{50_{Tab}}}{U_{50_{M,k}}}$ [%]
Messwert	59	58,3	58,6	58,91	59	59,26	
δ_0 korrigiert		58,89	59,19	59,5	59,59	59,86	0,85
Messwert	85	83,7	84	85	85,5	85,9	
δ_0 korrigiert		84,54	84,85	85,86	86,36	86,77	1,01
Messwert	110	106,8	108,1	111,3	112,1	112,5	
δ_0 korrigiert		107,88	109,19	112,42	113,23	113,63	1,28

Tabelle A.3: Kalibration durch Messfunkenstrecke $U_{d,neg.}$, D_k = 250 mm

d [mm]	10	30	50	70	100
$U_{d,Tabelle}$ [kV]	16,8	86	137	184	244
$U_{N_{mittel}}$ [V]	3,02	15,47	24,63	33,10	43,90
$ü_{DC}$	5562,91	5559,15	5562,32	5558,91	5558,09
$ü_{DC}$	**5560,28**				

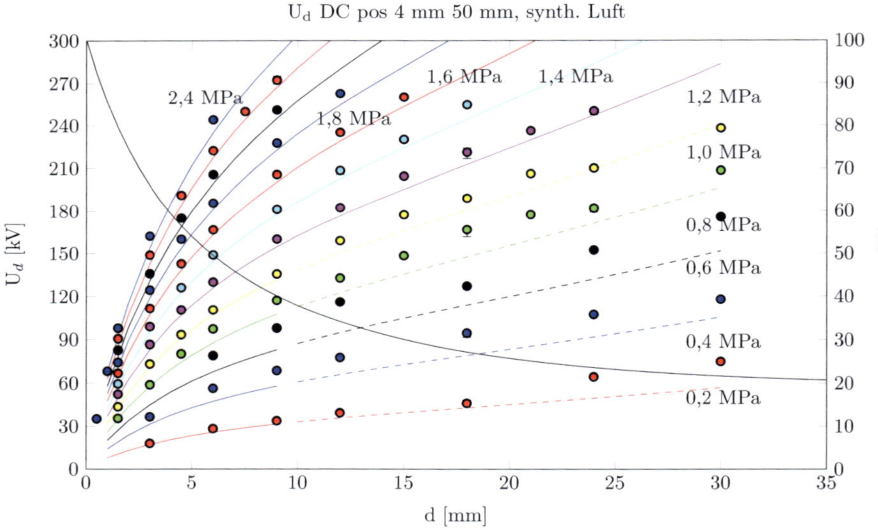

Abbildung A.6: Durchschlagspannung $U_{d,pos}$ $r_{1,2}$ = [4 50] mm, synth. Luft bis 2,4 MPa

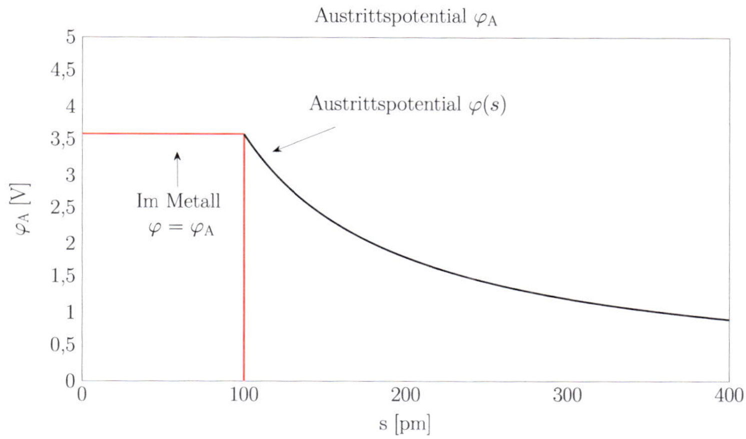

Abbildung A.8: Austrittspotential φ_A

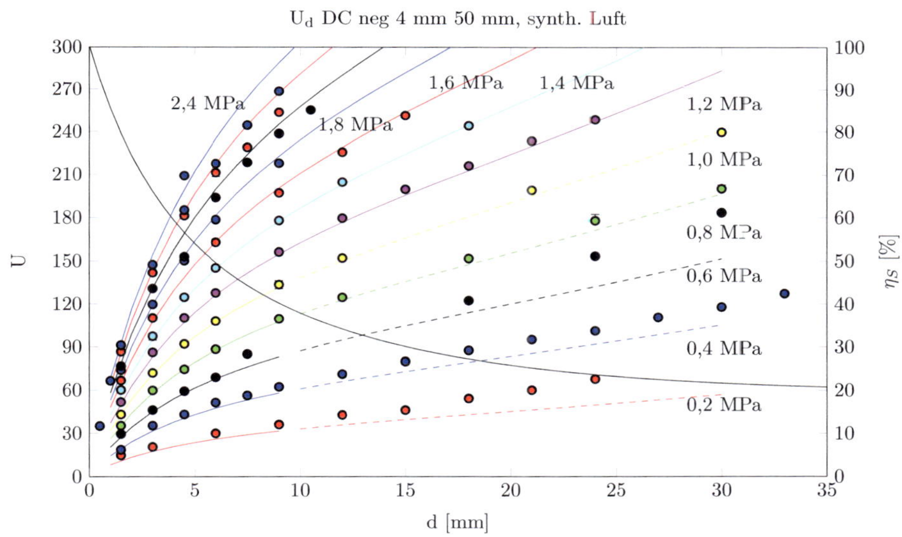

Abbildung A.7: Durchschlagspannung $U_{d,neg}$ $r_{1,2}$ = [4 50] mm, synth. Luft bis 2,4 MPa

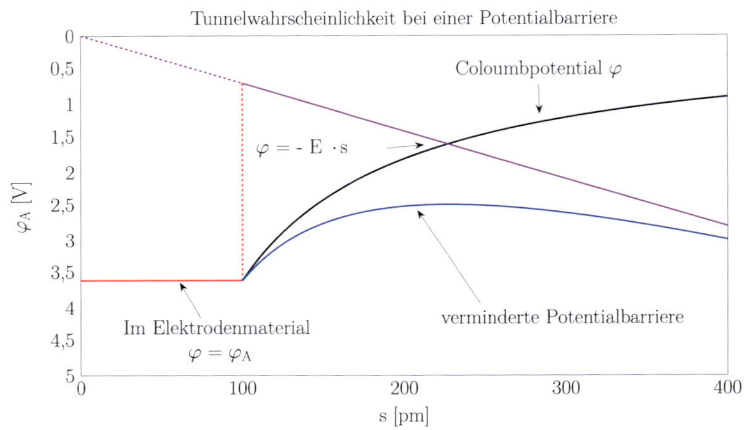

Abbildung A.9: Tunnelwahrscheinlichkeit

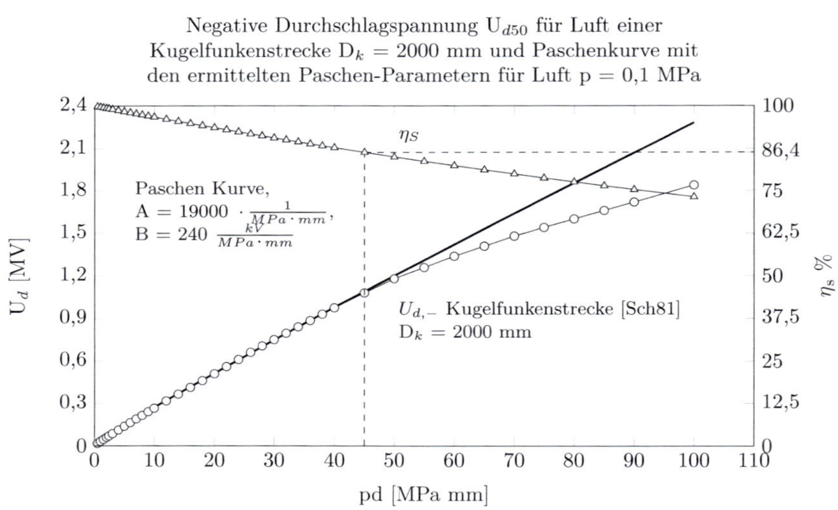

Abbildung A.10: Durchschlagspannung der Messfunkenstrecke und einer Paschenkurve bei den Parametern, D_k = 2000 mm, p = 0,1 MPa bis d = 1000 mm

Tabelle A.4: Ionisationsparameter verschiedener Gase bei p = 0,1 MPa und $\vartheta = 0°C$ [17], [5], [79]

Gas	W_{An} $[eV]$	λ_{An} $[nm]$	W_A $[eV]$	λ_A $[nm]$	λ_{m_g} $[nm]$	λ_{m_e} $[nm]$	b^+ $\frac{cm^2}{Vs}$	b^- $\frac{cm^2}{Vs}$
H	10,2	122	13,6	91				
H_2	10,8	115	15,9	78	110	630	6...6,7	7,9
O	2...4,2	620...295	13,6	91				
O_2	7,9	157	12,1	102	64	360	1,25...1,4	1,73...1,85
N	2,4...3,6	516...344	14,5	85				
N_2	6,3	197	15,6	79,5	58	330	1,25...1,6	1,78
CO_2	10	124	14,4	86,1	39	220	1,1	1,3
SF_6	6,8	182	15,6	79,5	25	130	0,8	0,8
He	19	65	24	51,7				
Ar	11,6	107	15,8	78,5				
Ne	16,6	74,7	21,55	57,5				

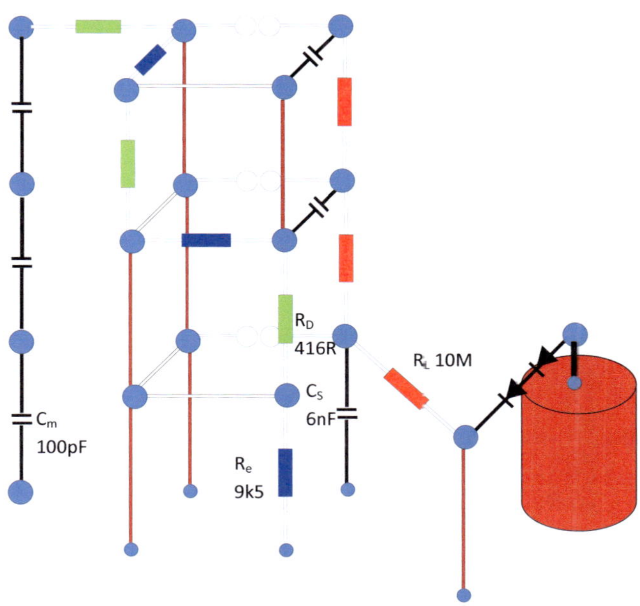

Abbildung A.11: Aufbau des 3-stufigen Marxgenerators aus dem MWB- Baukastensystem

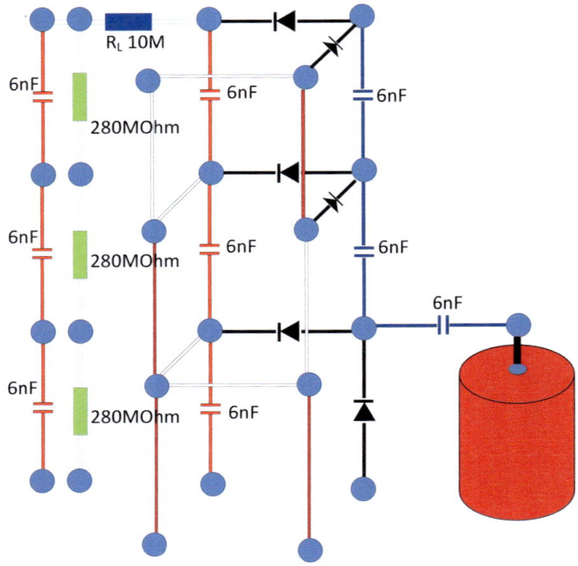

Abbildung A.12: Aufbau der Greinacher-Kaskade aus dem MWB-Baukastensystem

Im Folgenden sind die wichtigsten Gleichungen zur Berechnung der Durchschlagspannung für das homogene, quasi-homogene und schwach inhomogene Feld für SF_6 und natürliche Gase dargestellt. Allgemein ist es ausreichend, die Zündbedingung $\int_0^{x_{krit}} \bar{\alpha}\, dx = k_{G,S} = 13{,}6 \ldots 18{,}4$ zu lösen. Ebenso sind hier Näherungsgleichungen angegeben, die es ermöglichen die Durchschlagspannungen zu berechnen.

- effektiver Ionisierungskoeffizient $\bar{\alpha}$

$$\frac{\bar{\alpha}}{p}(p)_{SF_6} = k_{SF_6} \cdot \left[\frac{E}{p} - \left[12 \cdot \frac{kV}{MPa^3 mm}(p - 4{,}4 \cdot MPa) \cdot p + \left(\frac{E}{p}\right)_0\right]\right] \tag{A.1}$$

$$\frac{\bar{\alpha}}{p}(p)_{Luft} = A \cdot e^{\left(-\frac{B}{E/p}\right)} \tag{A.2}$$

- Durchschlagspannung im homogen und quasi-homogenen Feld
  - SF_6

$$U_{d,SF_6}(p,d) = p \cdot d \cdot \frac{E}{p}(p) \tag{A.3}$$

$$\frac{E}{p}(p)_{SF_6} = 12 \cdot \frac{kV}{MPa^3 mm}(p - 4{,}4 \cdot MPa) \cdot p + \left(\frac{E}{p}\right)_0 \tag{A.4}$$

  - natürliche Gase

$$U_d = \frac{B \cdot pd}{\ln\left(\frac{A \cdot pd}{k_S}\right)} \tag{A.5}$$

- Durchschlagspannung im schwach inhomogenen Feld

– SF_6

$$U_{d,SF_6}(p,d) = \eta_s \cdot p \cdot d \cdot \frac{E}{p}(p) \tag{A.6}$$

$$\frac{E}{p}(p)_{SF_6} = 12 \cdot \frac{kV}{MPa^3 mm}(p - 4{,}4 \cdot MPa) \cdot p + \left(\frac{E}{p}\right)_0 \tag{A.7}$$

$$\begin{aligned} \frac{E}{p}_0 (p)_{SF_6} &= \Delta \frac{E}{p_{\eta_{Ar}}} \cdot e^{-\frac{p}{\alpha_{ab}}} + \frac{E}{p_{0\,\alpha}} \\ &= 74{,}3 \frac{kV}{MPa\ mm} \cdot e^{-\frac{p}{1{,}225 MPa}} + 15{,}6 \frac{kV}{MPa\ mm} \end{aligned} \tag{A.8}$$

– natürliche Gase

$$U_d = \eta_S \cdot \frac{E_{max}}{\bar{E}_i} \cdot \frac{B\ \ pd}{\ln\left(\frac{A \cdot pd}{k_S}\right)} \tag{A.9}$$

$$E_{i_{rel}} \frac{E_{max}}{\bar{E}_i} = \frac{U_d}{\eta_S \cdot d \cdot \bar{E}_i} \tag{A.10}$$

Tabelle A.5: Ablösearbeit verschiedener Kathodenmaterialien, siehe [5] und [17]

Werkstoff	Ablösearbeit W_A $[eV]$	Ablösewellenlänge λ_{ph} $[nm]$
Bariumoxid BaO	1,0	1240
Cäsium Cs	1,86...0,7	666...1771
Aluminium Al	3,95...1,77	314...700
Kupfer Cu	7,82...3,89	158...318
Kupferoxid CuO	5,34	232
Silber Ag	4,74...3,09	262...401
Gold Au	4,90...4,33	253...286
Eisen Fe	4,79...3,92	259...315
Nickel Ni	5,02...3,68	246...337
Molybdän M	4,15...3,22	299...385
Platin Pt	5,36	231
Wolfram W	4,53	274

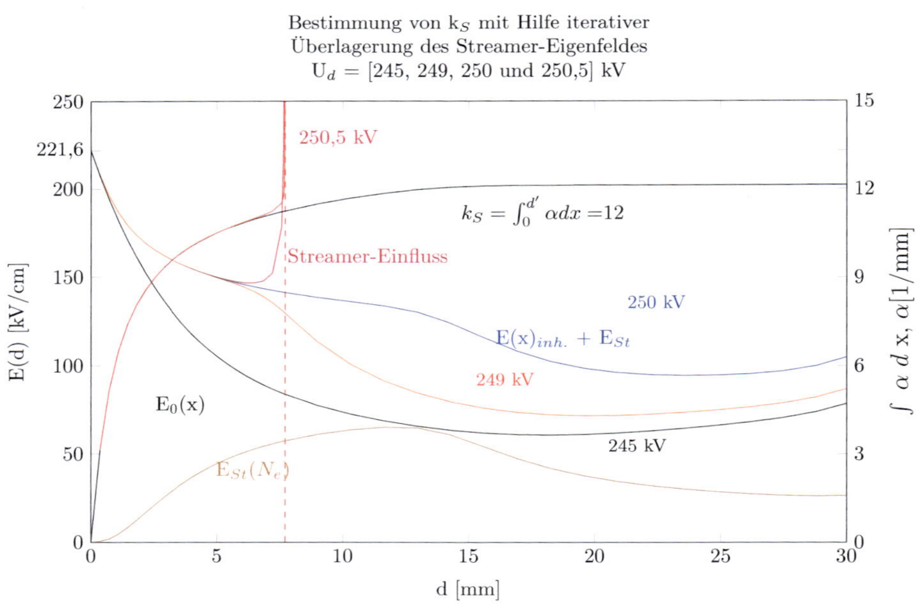

Abbildung A.13: Streamer Aufbau in Nähe der Durchschlagspannung

Literaturverzeichnis

[1] 3M: *Sicherheitsdatenblatt nach Verordnung (EU) 1907/2006 (REACH)*. 33-6330-6. 2014. – 10 S.

[2] ABB: *ABB präsentiert die ersten gasisolierten Mittelspannungs-Schaltfelder mit ökoeffizientem Isoliergas AirPlus*. ABB www.abb.de/. – search AirPlus,Kontakt Julia Feijoo-Sampedro

[3] ALLIBONE, T. E. ; DRING, D. : *Influence of radiation on the sparkover of sphere gaps and crossed cylinders*. Reoc. IEE, 1973 (120). – 815–821 S.

[4] ASCHWANDEN, T. : *Die Ermittlung physikalischer Entladungsparameter in Isoliergasen und Isoliergasgemischen mit einer verbesserten Swarm-Methode*. ETH Zürich, 1985 (Dissertation)

[5] BEYER, M. ; BOECK, W. : *Hochspannungstechnik Theoretische und praktische Grundlagen für die Anwendung*. 1986. – Kap. 7, Seiten 81-144

[6] BOECK, W. : *Isolationssysteme metallgekapselter SF_6-isolierter Schaltanlagen*. VEB Verlag Berlin-Offenb., 1991 (ETG-Fachbericht 34 Gasisolierte Schaltanlagen im Mittel- und Hochspannungsnetz). – 161 Seiten

[7] BUNDESAMT, U. : *EU-Verordnung über fluorierte Treibhausgase*. https://www.umweltbundesamt.de. Version: 2006

[8] BUNDESAMT, U. : *Berichterstattung unter der Klimarahmenkonvention der Vereinten Nationen und dem Kyoto-Protokoll 2014*. Umweltbundesamt (Climate Change |24/2014). http://www.umweltbundesamt.de/publikationen/berichterstattung-unter-der-klimarahmenkonvention. – 965 Seiten

[9] CHANIN, L. ; RORK, G. D.: *Measurements of the First Townsend Ionization Coefficient in Neon and Hydrogen*. Phys. Rev., 1963 (132). – 2547 S.

[10] CHANIN, L. ; RORK, G. D.: *Experimental Determinations of the First Townsend's Ionization Coefficient*. Proc. Roy., 1964 (133). – 1005 S.

[11] DAHL, D. : *Measurements and evaluation of electron transport in electronegative gas mixtures*. 1. ETH Zurich, 2013 (Dissertation ETH No. 21285). – 107 Seiten

[12] DAMS, J. : *Zur Stochastik des Impulsansprechverhaltens SF_6 - isolierter Schaltfunkenstrecken*. 1. VDI Verlag, 1988 (Reihe 21: Elektrotechnik Nr. 29). – 161 Seiten

[13] DIN: *Erzeugung und Messung von Hochspannungen, Regeln für Spannungsmessungen mit einpolig geerdeten Kugelfunkenstrecken*. VDE-Verlag Berlin (9)

[14] DUJKO, S. ; WHITE, R. D. ; PETROVIĆ, Z. L. ; ROBSON, R. E.: A multi-term solution of the nonconservative Boltzmann equation for the analysis of temporal and spatial non-local effects in charged-particle swarms in electric and magnetic fields. In: *Plasma Sources Science and Technology* 20 (2011), Nr. 2, 024013. http://stacks.iop.org/0963-0252/20/i=2/a=024013

[15] DULLNI, D. E. ; OECHSLE, D. F.: *Novelle der F-Gase-Verordnung.* 2014 (Arbeitskreis SF_6, Nr. 517/2015). – 21 Seiten

[16] FINKELMANN, E. : *Der elektrische Durchschlag verschiedener Gase unter hohem Druck.* 1936 (Archiv für Elektrotechnik). – 5 Seiten

[17] GAENGER, B. : *Der elektrische Durchschlag von Gasen.* Springer Berlin Heidelberg, 2013. – ISBN 9783642516085

[18] GAUTSCHI, D. ; KIEFFEL, D. Y.: *Verwendung alternativer Gase in metallgekapselten Hochspannungsanlagen.* 2014 (Stuttgarter Hochspannungssymposium). – 22 Seiten

[19] GAUTSCHI, D. ; KIEFFEL, D. Y.: *Verwendung alternativer Gase in metallgekapselten Hochspannungsanlagen.* 2014 (Stuttgarter Hochspannungssymposium). – 22 Seiten

[20] GAUTSCHI, D. ; POLINK, K. : *Ist SF_6 in Hochspannungsschaltanlagen ersetzbar.* 2014 (Branche Schaltanlagen). – 4 Seiten

[21] GE: *The Alternative to SF6 for High Voltage Application.* GE Grid Solutions www.gegridsolutions.com/. – search G3

[22] GLOBAL, E. : *SF_6 Emission.* http://www.esrl.noaa.gov/gmd/hats/combined/SF6.html. Version: 2015

[23] GURKE, D.-P. G.: *Aufbau einer Messanlage für Untersuchungen elektrischer Gasentladungen im Bereich großer pd-Werte.* Springer Fachmedien Wiesbaden GmbH, 1956

[24] GUTBIER, A. : *Zur Erinnerung an Henri Moissan.* M. Mencke https://books.google.de/books?id=1rM8AAAAIAAJ

[25] HADDAD, A. ; WARNE, D. ; ELECTRICAL ENGINEERS, I. of: *Advances in High Voltage Engineering.* Institution of Engineering and Technology (IEEE power and energy series). https://books.google.de/books?id=_ItI386OYAwC. – ISBN 9780852961582

[26] HAEFLIGER, P. ; FRANCK, P. C.: *Assessing new SF6 Replacement Gases Through Plused Townsend Experiments.* 19 ISH. ISH Pilsen, 2015. – 6 S.

[27] HALLER, R. ; HAMAR, R. ; MARTÍNEK, P. ; MÜLLEROVÁ, E. ; RAMESH, M. ; SUMMER, R. : *Breakdown Behaviour of Gaseous Insulation with Synthetic Air.* ISH Plisen, 2015 (ISH)

[28] HANSON, J. : *Neue gasisolierter Schaltanlage für 145 kV.* 2014 (GIS-Anwender Forum). – 15 Seiten

[29] HAUSCHILD, W. ; KIELMANN, F. : *Über einige grundlegende Entladungsprozesse im Isoliergas SF_6* . 7. Elektrie, 1972 (Band 26). – 198–202 S.

[30] HERING ; MARTIN ; STOHER: *Physik für Ingenieure.* 5. VDI Verlag, 1985 (5). – 743 S.

[31] HESS, D. H.: *Der elektrische Gasdurchschlag.* Akademie-Verlag, Berlin. – 150 S. https://books.google.de/books?id=aEf0BgAAQBAJ. – ISBN 3 528 0 6818 3

[32] HILGARTH, G. : *Hochspannungstechnik.* Tauberverlag Stuttgart, 1997

[33] HINDRICHSEN, P. V.: *Skript Gasdurchschlag.* 2013 (Hochspannungsvorlesung)

[34] HOPF, A. ; ROSSNER, M. : *Elektrische Festigkeit von alternativen Isoliergasen bei hohem Druck.* PESS Dortmud, 2015

[35] HOPF, A. ; ROSSNER, M. ; BERGER, F. : *Discharge Behavior of SF6 and Air in The Strong Inhomogeneous Field at High Pressure.* IEEE EIC Montreal, 2016

[36] HOPF, A. ; ROSSNER, M. ; BERGER, F. : *Dielectric Strength of SF_6 Substitutes, Alternative Insulation Gases and PFC-Gas-Mixtures.* IEEE EIC Balitmore, 2017

[37] HOPF, A. ; ROSSNER, M. ; BERGER, F. : *Die Berechnung der elektrischen Festigkeit, Anfangsfeldstärke und Durchschlagspannung von SF_6 und synthetischer Luft bei hohem Druck im schwach inhomogenen Feld.* VDE Hochspannungstechnik, 2018

[38] HOPF, A. ; ROSSNER, M. ; BERGER, F. ; KÜCHLER, A. : *New Breakdown Calculation Method for Gas-insulated High Voltage Applications.* IEEE EIC Knoxville, 2020

[39] HOPF, A. ; ROSSNER, M. ; BERGER, F. ; PRUCKER, U. : *Dielectric Strength of Alternative Insulation Gases at High Pressure.* ISH Pilsen, 2015

[40] HOPF, A. ; ROSSNER, M. ; BERGER, F. ; PRUCKER, U. : *Dielectric Strength of Alternative Insulation Gases at High pressure - Streamer influence on Paschen's law at high pressure.* CIGRE Russia Ivanovo, 2015

[41] HOPF, A. ; ROSSNER, M. ; BERGER, F. ; PRUCKER, U. : *Dielectric Strength of Alternative Insulation Gases at High Pressure in The Homogeneous Electric Field.* IEEE EIC Seattle, 2015

[42] HOPF, A. ; ROSSNER, M. ; BERGER, F. ; PRUCKER, U. : *Dielectric Strength of Alternative Insulation Gases at High Pressure in The Inhomogeneous Electric Field.* IEEE EIC Seattle, 2015

[43] HOPF, A. : *Diplomarbeit: Untersuchung der elektrischen Festigkeit von Mischgasen in schwach bzw. stark inhomogenen Anordnungen.* HS Coburg, 2010

[44] HOPF, A. : *Masterarbeit: Untersuchung der elektrischen Festigkeit von Mischgasen in schwach inhomogenen Anordnungen.* HS Coburg, 2011

[45] HUGUENOT: *Verwendung alternativer Gas für metallgekapselter Hochspannungsschaltanlagen.* 2014 (GIS Anwenderforum). – 26 Seiten

[46] IEC: *Recommendations for voltage measuremnts by means of sphere gap.* Internation Electrotechnical Commission, Genève (IEC 60052)

[47] IMAMOVIC, D. ; MUHR, M. : *Dielectric Properties of Insulating Gases for HVDC Applications.* 2009. – 6 Seiten

[48] ITIKAWA, Y. : *Cress Section for Elektron Collisions With Carbon Dioxide.* `http://www.nist.gov/data/PDFfiles/jpcrd620.pdf`. Version: 2002

[49] IWASZCZUK, K. ; ZALKOVSKIJ, M. ; STRIKWERDA, A. C. ; JEPSEN, P. U.: Nitrogen plasma formation through terahertz-induced ultrafast electron field emission. In: *Optica* 2 (2015), Feb, Nr. 2, 116–123. `http://dx.doi.org/10.1364/OPTICA.2.000116`. – DOI 10.1364/OPTICA.2.000116

[50] JACKSON, D. A. ; YOUNG, C. ; HURLEY, M. ; WALLINGON, T. ; MABURY, S. : *Atmospheric Degradation of Perfluoro-2-methyl-3-pentanone: Photolysis, Hydrolysis and Hydration.* 1. Enviromental Science and Technology, 2011 (1). – 7 S.

[51] KACHLER, A. J.: *Contribution of the problem of impulse voltage measurements by means of sphere gaps.* 2. 1975 (2nd. Symposium on Highvoltage Engineering). – 217–221 S. – Zürich

[52] KAINAGA, S. ; KAWANO, R. ; UMEMOTO, T. ; YOSHIMURA, M. ; MUTO, H. ; TSURIMOTO, T. : *Fundamental Studies of Gas Insulation Breakdown Process using Optical Emission Spetroscopy.* ISH Plisen, 2015 (ISH)

[53] KÜCHLER, A. : *Hochspannungstechnik Grundlagen Technologie Anwendungen.* 3. 2009. – 626 Seiten

[54] KIEFFEL, D. Y. ; BIQUEZ, F. : *SF6 Alternative Development For High Voltage Switchgears.* 2015 (Seattle). – 5 Seiten

[55] KIND, D. ; KÄRNER, H. : *Hochspannungsisoliertechnik.* 1. 1982. – 197 Seiten

[56] KIND, D. : *Einführung in die Hochspannungs-Versuchstechnik.* Friedr. Vieweg und Sohn, 1972. – ISBN 978–3–528–0305–2

[57] KINDERSBERGER, J. : Ion Density and Stistical Time Lag in SF6 - Calculation and Measurement. In: *8th International Conference on Gas Discharges and their Applications*, 263 - 266

[58] KINDERSBERGER, J. : *The statistical time-lag to discharge inception in SF_6.* 1986

[59] KRIEGER, H. : *Grundlagen der Strahlenphysik und des Strahlenschutzes.* 3. Vieweg + Teubner, 2009 (1). – 728 S.

[60] KUFFEL, E. : *The effect of irradiation on the breakdown voltage of sphere gaps in air under direct and alternating voltages.* 1956 (Proc. Instn. Electr. Eng. C 106). – 133–139 S.

[61] KUFFEL, E. : A Note on the Cross Section for Electron Attachment in Air. In: *Proceedings of the Physical Society* 71 (1958), Nr. 3, 516. http://stacks.iop.org/0370-1328/71/i=3/a=131

[62] LABORATORY, E. S. R.: *Niwot Ridge.* ESRL/GMD FTP Data finder https://www.esrl.noaa.gov. – Colorado United States of America

[63] LOEB, L. : *The Kinetic Theory of Gases.* Dover Publications (Dover phoenix editions). https://books.google.de/books?id=KNhOPFk7CnwC. – ISBN 9780486495729

[64] MASCH, K. : *Über Elektronenionisierung von Stickstoff, Sauerstoff und Luft bei geringen und hohen Drucken.* Bd. 26. Arch. Elektrotechnik, 1932. – 587 S.

[65] MOSCH, W. ; HAUSCHILD, W. : *Hochspannungsisolierung mit Schwefelhexafluorid.* 1. VEB Verlag Technik Berlin, 1978. – 161 Seiten

[66] MOSCH, W. ; HAUSCHILD, W. : *Hochspannungsisolierungen mit SF_6* . Hüttig Verlag, 1979

[67] O'NEILL ; CRAGGS: *Collisional detachment of electrons in SF_6* . Atom. Molec. Phys. J. Phys. B, 1973 (Band 6). – 2643–2640 S.

[68] PETCHARAKS, K. : *Applicability of the Streamer breakdown criterion to inhomogeneous gas gaps.* ETH-Zürich, 1995 (Dissertation). – 181 S.

[69] Raether, H. : *Untersuchung der Elektronenlawine mit der Nebelkammer.* J. Springer https://books.google.de/books?id=bGPatgAACAAJ

[70] Raether, H. : *Zur Entwicklung von Kanalentladungen.* Band 34, Heft 1. Annalen der Physik, 1939. – 8 S. – Jena

[71] Raether, H. : *The Elektron Avalanche and its Development.* B. Appl. sci. Res., 1955 (5). – 25–32 S.

[72] Raether, H. ; Fleder, E. : *Die Ionisierungsvorgänge in Gasen bei Stoßspannung nach Untersuchung mit der Nebelkammer.* Annalen der Physik, 1936. – 22 S. – München

[73] Raizer, Y. ; Kisin, V. ; Allen, J. : *Gas Discharge Physics.* Springer Berlin Heidelberg https://books.google.de/books?id=zd-KMAEACAAJ. – ISBN 9783642647604

[74] Rebholz, H. ; Köhler, W. ; Tenbohlen, S. : *Dielektrische Festigkeit verschiedener Gase in GIS.* 2005 (Stuttgarter Hochspannungssymposium). – 6 Seiten

[75] Rokunohe, T. ; Yagihashi, Y. ; Aoyagi, K. ; Oomori, T. ; Endo, F. : *Development of SF_6-free 72.5 kV GIS.* 2007 (IEEE Transactions on power delivery). – 1869-1876

[76] Rokunohe, T. ; Yagihashi, Y. ; Aoyagi, K. : *Development of SF_6-free 72.5 GIS.* 2007 (IEEE Transactions on Power Delivery). – 8 Seiten

[77] Roth, A. ; Imhof, A. : *Hochspannungstechnik.* Springer Berlin Heidelberg https://books.google.de/books?id=J6qoBwAAQBAJ. – ISBN 9783662365755

[78] Ruíz-Vargas, G. ; Yousfi, M. ; Urquijo, J. de: Electron transport coefficients in the mixtures of H_2O with N_2 , O_2 , CO_2 and dry air for the optimization of non-thermal atmospheric pressure plasmas. In: *Journal of Physics D: Applied Physics* 43 (2010), Nr. 45, 455201. http://stacks.iop.org/0022-3727/43/i=45/a=455201

[79] Rybach, J. : *Physik für Bachelors.* 2007 (2). – 327 Seiten

[80] Schumann: *Elektrotechnische Zeitschrift: Beihefte.* VDE Verlag (79). https://books.google.de/books?id=98YnAQAAMAAJ

[81] Schumann: *Elektrotechnische Zeitschrift: Beihefte.* VDE Verlag (16 99). https://books.google.de/books?id=kk4nAQAAMAAJ. – ISBN 9783778503973

[82] Schwab, A. J.: *Meßgeräte und Meßverfahren.* Bd. 2: *Hochspannungsmesstechnik.* Springer Berlin Heidelberg, 1981. – 278 S. – ISBN 3–540–10545–X

[83] Schwab, F. : *Der Einfluss der Frontsteilheit, der kosmischen und der künstlichen Strahlung auf die Ansprechspannung von Kugel- und Stab-Platte-Funkenstrecken* 1967 (Diss. ETH Zürich). – Zürich

[84] SCHWAIGER, A. : *Lehrbuch Der Elektrischen Festigkeit Der Isoliermaterialien, Etc* https://books.google.de/books?id=8QMGMwEACAAJ

[85] Schwaiger, D. I. A.: *Elektrische Festigkeitslehre.* 1925 (Lehrbuches der elektrischen Festigkeit der Isoliermaterialien). – 487 Seiten

[86] Siemens: *Iljin Electric teams up with Sienems to develop new gas-insulated switchgear.* Siemens m.pulsnews.co.kr/view.php?yeah=2018&no=418128

[87] SIEMENS: *8VN1 blue GIS up to 145 kV.* Siemens Energy https://www.energy.siemens.com/br/en/power-transmission/high-voltage-products/gas-insulated-switchgear. – blue GIS

[88] SIEMENS: *Übergabe von SF_6-freien Hochspannungsgeräten an Kunden.* Siemens https://newscenter.siemens.com/siemens-news/index.php?webcode=50076222&lang=de

[89] SIMKA, P. ; RANJAN, N. : *Dielectric Strength of C_5 Perfuoroketone.* 2015 (ISH 2015 Pilsen). – 6 S.

[90] SMIRNOV, B. : *Theory of Gas Discharge Plasma.* Springer International Publishing (Springer Series on Atomic, Optical, and Plasma Physics). https://books.google.de/books?id=AoZxBQAAQBAJ. – ISBN 9783319110653

[91] SPICE, J. : *Chemische Bindung und Struktur.* Vieweg+Teubner Verlag https://books.google.de/books?id=aEf0BgAAQBAJ. – ISBN 9783663201939

[92] STRIGEL, R. : *Elektrische Stoßfestigkeit.* Springer Berlin Heidelberg https://books.google.de/books?id=r7KpBgAAQBAJ. – ISBN 9783642923050

[93] WANG, Y. Y. ; TIAN, C. Z. ; SHAO, Y. B. ; HUANG, J. H. ; WANG, S. Q. ; LI, Y. M.: *Pattern Recognition of Partial Discharge in GIS based on Improved BP Network.* ISH Plisen, 2015 (ISH)

[94] WARD, A. ; JONES, E. : *Electrical Breakdown in Hydrogen at low Pressures.* Phys. Rev., 1961 (122). – 1357 S.

[95] WIEGART, N. : *A model for the production of initial electrons by detachment of SF_6^--Ions.* IEEE Trans., 1985. – 587–594 S.

[96] XIAO, D. : *Gas Discharge and Gas Insulation.* Springer Berlin Heidelberg (Energy and Environment Research in China). https://books.google.de/books?id=E6GoCgAAQBAJ. – ISBN 9783662480410

[97] YE., X. ; DHOTRE, M. ; MANTILLA, J. D. ; KOTILAINEN, S. : *CFD Analysis of the Thermal Interruption Process of Gases with Low Environmental Impact in High Voltage Circuit Breakers.* 2015 (EIC Seattle). – 4 Seiten

[98] ZEIER, O. : *Durchschlaguntersuchungen in komprimierten Gasen und in flüssiger Kohlensäure.* 1932 (Band 14). – 33 Seiten